自动化国家级特色专业系列规划教材

系 统 工 程 导 论

第 二 版

梁 军 赵 勇 主编

化学工业出版社
·北 京·

系统工程是当代正在迅速发展的一门综合性基础学科，内容涉及系统建模、系统分析、系统设计、系统仿真、系统预测、系统评价和系统决策诸方面，是系统研究和系统应用的桥梁。

本书系统地介绍系统工程理论的基本概念、原理与应用。内容上，第1～3章介绍了系统工程的基础理论与方法论，并指出系统工程与系统科学之间的内在联系，进行社会经济系统及其复杂性分析，培养读者系统论的思维方法；第4～6章就系统分析、系统仿真、系统建模和系统预测方面进行了较为详细的讨论，介绍了多种系统工程研究的思想和方法，以熟悉实际系统工程问题的解决步骤和技术路线；第7、8章阐述了系统评价、系统决策和系统设计的基本方法，使读者掌握一定的系统综合能力，为系统工程思想与方法的实际应用创造条件；第9章结合一些实际应用背景，给出了几个系统工程案例。书中每章配有典型的例题，并在章后配有一定量的思考题、习题。

本书可作为系统工程学科、控制学科、管理学科各专业的本科生、研究生教学用书，也可作为广大教师、科技工作者和工程技术人员的参考书，使用者可根据自己的专业背景和使用目的选取所需内容。

图书在版编目（CIP）数据

系统工程导论/梁军，赵勇主编．—2版．—北京：化学工业出版社，2013.3（2023.8重印）

自动化国家级特色专业系列规划教材

ISBN 978-7-122-16441-4

Ⅰ.①系…　Ⅱ.①梁…②赵…　Ⅲ.①系统工程-高等学校-教材　Ⅳ.①N945

中国版本图书馆CIP数据核字（2013）第018247号

责任编辑：唐旭华　郝英华　　装帧设计：张　辉

责任校对：吴　静

出版发行：化学工业出版社（北京市东城区青年湖南街13号　邮政编码100011）

印　　装：北京七彩京通数码快印有限公司

787mm×1092mm　1/16　印张18¼　字数458千字　2023年8月北京第2版第6次印刷

购书咨询：010-64518888　　售后服务：010-64518899

网　　址：http://www.cip.com.cn

凡购买本书，如有缺损质量问题，本社销售中心负责调换。

定　　价：55.00元

总　序

随着工业化、信息化进程的不断加快，“以信息化带动工业化、以工业化促进信息化”已成为推动我国工业产业可持续发展、建立现代产业体系的战略举措，自动化正是承载两化融合乃至社会发展的核心。自动化既是工业化发展的技术支撑和根本保障，也是信息化发展的主要载体和发展目标，自动化的发展和应用水平在很大意义上成为一个国家和社会现代工业文明的重要标志之一。从传统的化工、炼油、冶金、制药、机械、电力等产业，到能源、材料、环境、军事、国防等新兴战略发展领域，社会发展的各个方面均和自动化息息相关，自动化无处不在。

本系列教材是在建设浙江大学自动化国家级特色专业的过程中，围绕自动化人才培养目标，针对新时期自动化专业的知识体系，为培养新一代的自动化后备人才而编写的，体现了我们在特色专业建设过程中的一些思考与研究成果。

浙江大学控制系自动化专业在人才培养方面有着悠久的历史，其前身是浙江大学于1956年创立的化工自动化专业，这也是我国第一个化工自动化专业。1961年该专业开始培养研究生，1981年以浙江大学化工自动化专业为基础建立的“工业自动化”学科点被国务院学位委员会批准为首批博士学位授予点，1984年开始培养博士研究生，1988年被原国家教委批准为国家重点学科，1989年确定为博士后流动站，同年成立了工业控制技术国家重点实验室，1992年原国家计委批准成立了工业自动化国家工程研究中心，2007年启动了由国家教育部和国家外专局资助的高等学校学科创新引智计划（“111”引智计划）。经过50多年的传承和发展，浙江大学自动化专业建立了完整的高等教育人才培养体系，沉积了深厚的文化底蕴，其高层次人才培养的整体实力在国内外享有盛誉。

作为知识传播和文化传承的重要载体，浙江大学自动化专业一贯重视教材的建设工作，历史上曾经出版过很多优秀的教材和著作，对我国的自动化及相关专业的人才培养起到了引领作用。当前，加强工程教育是高等学校工科人才培养的主要指导方针，浙江大学自动化专业正是在教育部卓越工程师教育培养计划的指导下，对自动化专业的培养主线、知识体系和培养模式进行重新布局和优化，对核心课程教学内容进行了系统性重新组编，力求做到理论和实践相结合，知识目标和能力目标相统一，使该系列教材能和研讨式、探究式教学方法和手段相适应。

本系列教材涉及范围包括自动控制原理、控制工程、检测和传感、网络通信、信号和信息处理、建模与仿真、计算机控制、自动化综合实验等方面，所有成果都是在传承老一辈教育家智慧的基础上，结合当前的社会需求，经过长期的教学实践积累形成的。大部分教材和其前身在我国自动化及相关专业的培养中都具有较大的影响，例如《过程控制工程》的前身是过程控制的经典教材之一、王骥程先生编写的《化工过程控制工程》。已出版的教材，既有国家“九五”重点教材，也有国家“十五”、“十一五”规划教材，多数教材或其前身曾获得过国家级教学成果奖或省部级优秀教材奖。

本系列教材主要面向自动化（含化工、电气、机械、能源工程及自动化等）、计算机科学和技术、航空航天工程等学科和专业有关的高年级本科生和研究生，以及工作于相应领域和部门的科学工作者和工程技术人员。我希望，这套教材既能为在校本科生和研究生的知识拓展提供学习参考，也能为广大科技工作者的知识更新提供指导帮助。

本系列教材的出版得到了很多国内知名学者和专家的悉心指导和帮助，在此我代表系列教材的作者向他们表示诚挚的谢意。同时要感谢使用本系列教材的广大教师、学生和科技工作者的热情支持，并热忱欢迎提出批评和意见。

2011 年 6 月

前 言

系统工程是当前正在迅速发展的一门综合性基础学科，内容涉及系统建模、系统分析、系统设计、系统仿真、系统预测、系统评价和系统决策诸方面，是系统研究和系统应用的桥梁。近半个世纪以来，系统工程的基本理论与方法已经深入应用到工业、农业、国防、科学技术和社会经济各领域，成为国家经济建设和国防建设的重要基础性学科。系统工程学科在我国乃至世界范围内都是一门具有重要地位的学科，其内容的广泛性、学科的交叉性、应用的直接性都非常适合于培养复合型、全面型高级人才。

《系统工程导论》自 2005 年出版以来，受到广泛欢迎并被许多高校选用作为系统工程类课程的教材。经过包括编者在内的多轮教学实践，在认真听取有关专家、读者经验和建议的基础上，对本书进行再版修订，以便更好地适应新形势下的教学要求并尽可能吸纳系统工程学科新的发展成果。

第二版保持了第一版的理论、方法体系和写作特点，删除了一些教学中涉及较少、相对陈旧的内容，增补了一些新颖的理论和方法，主体上仍保持前 8 章的基本结构，包括概述、基础理论与方法论、社会经济系统及其复杂性分析、系统分析、系统模型与仿真、系统预测、系统设计与评价和系统决策，每章配有例题、思考题与习题。为帮助读者更好地运用系统工程的知识解决实际应用问题，特别增加了第 9 章案例分析。

在第二版的修订过程中，第一版的各位作者仍旧负责各自章节。其中，第 1 章由浙江大学王慧教授执笔，第 2 章和第 6 章由浙江大学梁军教授执笔，第 3 章、第 7 章和第 8 章由华中科技大学赵勇教授执笔，第 4 章和第 5 章由浙江大学周立芳副教授执笔，浙江大学葛志强副教授承担了第 9 章内容的选材、整理工作，其中选取的案例全部是编者的学生在学习本科生系统工程类课程时完成的部分大作业。

本书可作为系统工程学科、控制学科、管理学科各专业的本科生、研究生教学用书，也可作为广大教师、科技工作者和工程技术人员的参考书，使用者可根据自己的专业背景和使用目的选取所需内容。

本书配套的电子课件可免费提供给采用本书作为教材的院校使用，如有需要，请发邮件至 cipedu@163.com 索取。

值此第二版完成、出版之际，首先感谢编者众多的本科学生，正是他们出色的大作业论文为案例分析这一章提供了丰富的素材；还要感谢化学工业出版社、浙江大学、华中科技大学的大力支持，使第二版的修订工作得以顺利完成。

限于水平和能力，书中仍难免有不妥之处，衷心希望读者和专家们不吝批评指正。

编者

2013 年 1 月

目 录

1 概 述

脱胎于系统科学的系统工程是一门处于发展阶段的新兴交叉学科，它在系统科学结构体系中属于工程技术类，与其他工程技术学科密切相关却又有很大差别。随着当今科学技术的飞速发展与社会的进步，自然科学与社会科学的相互渗透日益深化，系统工程学科以系统的观点作为出发点、从整体利益最优化考虑问题并进行决策的基本思想与技术已经引起社会的广泛重视，应用的领域十分广阔。

1.1 关于系统

1.1.1 什么是系统

毫无疑问，系统工程是研究“系统”的，那么，这个大家耳熟能详的词有什么含义呢？

一般认为，“系统”一词来源于拉丁语的 systema，是“群”与“集合”的意思。长期以来，它存在于自然界、人类社会以及人类思维描述的各个领域，频繁出现在学术讨论和社会生活中，早已为人们所熟悉。但不同的人或同一个人在不同的场合会对它赋予不同的含义。究竟什么是系统呢？著名科学家钱学森曾给出一个对“系统”的描述性定义：系统是由相互作用和相互依赖的若干组成部分结合的具有特定功能的有机整体。

这个定义与类似的许多定义一样，指出了作为系统的三个基本特征：

a. 系统是由若干元素组成的；

b. 这些元素相互作用、相互依赖；

c. 由于元素间的相互作用，使系统作为一个整体，具有特定的功能。

虽然有关系统的定义有很多种，但都包含了上述三个基本的特征。

例如，在美国的《韦氏（Webster）大辞典》中，“系统”一词被解释为“有组织的或被组织化的整体；结合着的整体所形成的各种概念和原理的结合；由有规则的相互作用、相互依赖的形式组成的诸要素集合”。在日本的 JIS（日本工业标准）中，“系统”被定义为“许多组成要素保持有机的秩序向同一目的的行动的集合体”。前苏联大百科全书中定义“系统”为“一些在相互关联与联系之下的要素组成的集合，形成了一定的整体性、统一性”。《中国大百科全书·自动控制与系统工程》解释“系统”是“由相互制约、相互作用的一些部分组成的具有某种功能的有机整体”。

综上所述，一个形成系统的诸要素的集合具有一定的特性，或者表现一定的行为，而这些特性或行为是它的任何一个部分都不具备的。一个系统是一个由许多要素所构成的整体，但从系统功能来看，它又是一个不可分割的整体，如果硬要把一个系统分割开来，那么它将失去其原来的性质。在物质世界中，一个系统中的任何部分可以被看作一个子系统，而每一个系统又可成为一个更大规模系统中的一个部分。这是一个分析与综合有机结合的思想方法。

19世纪上半叶，自然科学取得了巨大的成就，特别是能量转化、细胞的发现及进化论的建立，使人类对自然过程的相互联系的认识有了很明显的提高。马克思、恩格斯的辩证唯物主义认为，物质世界是由许多相互联系、相互依赖、相互制约、相互作用的事物和过程所形成的统一整体。这也就是系统概念的实质。可见，现代科学技术对于系统思想的发展是有重大贡献的。因为现代科学的发展比过去更要求在多种学科门类之间进行相互联系和相互渗透。这是在更深刻地分析的基础上向更高一级综合发展的新阶段。这种趋势的表现之一就是出现了许多交叉学科与边缘学科。系统科学就是在这种背景下，在研究控制论、信息论、运筹学和一般系统论的过程中产生的一门交叉性学科。现在它已发展成与自然科学、社会科学并列的基础科学，是一门独立于其他各门科学的学科。

关于系统科学，钱学森有个定义，他认为："从系统的角度观察客观世界所建立起来的科学知识体系，就是系统科学。"而运用系统科学的思想，在运筹学、控制论、各门工程学和社会科学知识的支持下，将获得的定性与定量相结合的科学方法又应用于社会实践与各门工程学科，用以处理大型复杂系统的问题便形成了系统工程学科。

1.1.2 系统的特征

由系统的定义，一般系统应具有下述特性。

（1）整体性

系统是由两个或两个以上的可以相互区别的要素，按照作为系统所应具有的综合整体性而构成的。系统的整体性说明，具有独立功能的系统要素以及要素间的相互关系根据逻辑统一性的要求，协商存在于系统整体之中。也就是说，任何一个要素不能离开整体去研究，要素之间的联系和作用也不能脱离整体去考虑。系统不是各个要素的简单集合，否则它就不会具有作为整体的特定功能。而脱离了整体性，要素的机能和要素之间的作用便失去了原有的意义，研究任何事物的单独部分不能得出有关整体性的结论。系统的构成要素和要素之间的机能、要素间的相互联系要服从系统整体的功能和目的，在整体功能的基础上展开各要素及其相互之间的活动，这种活动的总和形成了系统整体的有机行为。在一个系统整体中，即使每个要素并不都很完善，它们也可以协商、综合成为具有良好功能的系统。相反，即使每个要素都是良好的，但作为整体却可能不具备某种良好的功能，也就不能称之为完善的系统。

（2）集合性

集合的概念就是把具有某种属性的一些对象看成一个整体，从而形成一个集合。集合里的各个对象叫做集合的要素（子集）。系统的集合性表明，系统是由两个或两个以上的可以互相区别的要素所组成的。这些要素可以是具体的物质，也可以是抽象的或非物质的软件、组织等。例如，一个计算机系统，一般都是由CPU、存储器、输入输出设备等硬件组成，同时还包含有操作系统、程序开发工具、数据库等软件，它们形成一个完整的集合。

（3）层次性

从系统作为一个相互作用的诸要素的总体来看，它可以分解为一系列的子系统，并存在一定的层次结构，这是系统空间结构的一种形式。在系统层次结构中表述了不同层次子系统之间的从属关系或相互作用关系。不同层次子系统之间存在着动态的信息流与物质流，它们一起构成了系统的整体运动特性，为深入研究复杂系统的结构与功能和有效地进行控制与调节提供了条件。

(4) 相关性

组成系统的要素是相互联系、相互作用的，相关性说明这些联系之间的特定关系和演变规律。例如，城市是一个大系统，它由资源系统、市政系统、文化教育系统、医疗卫生系统、商业系统、工业系统、交通运输系统、邮电通讯系统等相互联系的部分组成，通过系统内各子系统相互协调的运转去完成城市生活和发展的特定目标。各子系统之间具有密切关系，相互影响、相互制约、相互作用，牵一发而动全身。要求系统内的各个子系统根据整体目标，尽量避免系统的“内耗”，提高系统整体运行的效果。

(5) 目的性

通常系统都具有某种目的。为达到既定的目的，系统都具有一定的功能，而这正是区别这一系统和那一系统的标志。系统的目的一般用更具体的目标来体现。比较复杂的社会经济系统都具有不止一个目标，因此，需要用一个指标体系来描述系统的目标。比如，衡量一个工业企业的经营业绩，不仅要考核它的产量、产值指标，而且要考核它的成本、利润和质量指标。在指标体系中的各个指标之间有时是相互矛盾的，有时是互为消长的。为此，要从整体出发，力求获得全局最优的经营效果，这就要求在矛盾的目标之间做好协调工作，寻求平衡或折中方案。为了实现系统的目的，系统必须具有控制、调节和管理的功能，管理的过程也就是系统的有序化过程，使它进入与系统目的相适应的状态。

(6) 适应性

任何一个系统都存在于一定的物质环境之中，因此，它必然要与外界产生物质、能量和信息交换，外界环境的变化必然会引起系统内部各要素的变化。不能适应环境变化的系统是没有生命力的，只有能够经常与外界环境保持最优适应状态的系统，才是具有不断发展势头的理想系统。例如，一个企业必须经常了解市场动态、同类企业的经营动向、有关行业的发展动态和国内外市场的需求等环境的变化，在此基础上研究企业的经营策略，调整企业的内部结构，以适应环境的变化。

1.1.3 系统的分类

在自然界和人类社会中普遍存在着各种不同性质的系统。为了对系统的性质加以研究，需要对系统存在的各种形态加以探讨。

(1) 自然系统与人造系统

按照系统的起源，自然系统是由自然过程和/或自然物（矿物、植物、动物等）所形成的系统，像海洋系统、生态系统等。人造系统则是人们将有关元素按其属性和相互关系组合而成的系统，如人类对自然物质进行加工，制造出各种机器和各种工程系统。

实际上，大多数系统是自然系统与人造系统的复合系统。例如，在人造系统中，有许多是人们运用科学技术，改造了自然系统。随着科学技术的发展，出现了越来越多的人造系统。但是，值得注意的是，许多人造系统的出现，却破坏了自然生态系统的平衡，造成严重的环境污染和对生态系统良性循环的破坏。所幸的是，在走了相当多的弯路后，近年来，人们有意无意地会从系统工程的思想出发，愈来愈注意从自然系统的属性和关系中，探讨与研究人造系统，注意与环境的协调发展。

例如，20 世纪 80 年代，一批专家、学者专家以超前的意识与历史的责任感致力于推动保护原生态的江南水乡古镇。但一些小镇当时的领导只考虑当前利益，进行带有破坏性地大兴土木，修桥造路，不理解、不欢迎教授们的保护性规划，甚至推他们出门。其结果是许多千年古镇的精华不复存在，让人痛心。也有的小镇领导当时就理解和支持了学者们的行动，于是有了我们今天还能看到的周庄、同里、乌镇等江南名镇。这样的例子还有很多。

(2) 实体系统与概念系统

凡是以矿物、生物、机械和人群等实体行为构成要素的系统称之为实体系统。凡是由概念、原理、原则、方法、制度、程序等概念性的非物质实体所构成的系统称为概念系统，如管理系统、军事指挥系统、社会系统等。在实际生活中，实体系统和概念系统在多数情况下是结合的，实体系统是概念系统的物质基础，而概念系统往往是实体系统的中枢神经，指导实体系统的行为。例如，军事指挥系统中既包括军事指挥员的思想、信息、原则、命令等概念系统，也包括计算机系统、通讯设备系统等实体系统。

(3) 动态系统和静态系统

动态系统就是系统的状态变量随时间变化的系统，即系统的状态变量是时间的函数。而静态系统则是表征系统运行规律的数学模型中不含有时间因素，即模型中的变量不随时间变化，它是动态系统的一种极限状态，即处于稳定的系统。大多数系统都是动态系统。但是，由于动态系统中各种参数之间的相互关系是非常复杂的，要找出其中的规律性非常困难。有时为了简化起见而假设系统是静态的，或使系统中的参数随时间变化的幅度很小而视同静态的。

(4) 开放系统与封闭系统

开放系统是指系统与环境之间具有物质、能量与信息的交换的系统。例如，生态系统，商业系统，工厂生产系统。这类系统通过系统内部各子系统的不断调整来适应环境变化，以使其保持相对稳定状态，并谋求发展。开放系统一般具有自适应和自调节的功能。开放系统是具有生命力的系统，一个国家、一个地区、一个企业都应该是一个开放系统，通过和外界环境不断地交换物质、能量和信息，而谋求不断地发展。

封闭系统是指系统与环境之间没有物质、能量和信息的交换，由系统的界限将环境与系统隔开，因而呈一种封闭状态的系统。要使这类系统存在，则要求该系统内部的各个子系统及其相互关系之中存在着某种均衡关系，以保持系统的持续运行。

研究开放系统，不仅要研究系统本身的结构与状态，而且要研究系统所处的外部环境，剖析环境因素对系统的影响方式及影响的程度，以及环境随机变化的因素。由于环境是动态变化着的，具有较大的不确定性，甚至出现突变的环境，所以当一个开放系统存在于某一特定环境之中时，该系统必须具有某些特定的功能。

值得强调的是，现实世界中没有完全意义上的封闭系统。系统的开放性和封闭性概念不能绝对化，只有作为相对的程度来衡量才比较符合实际。

(5) 简单系统、简单巨系统和复杂巨系统

按复杂程度可分为简单系统、简单巨系统和复杂巨系统。简单系统是指组成系统的子系统（要素）数量比较少，而且子系统之间的关系也比较简单的系统。

简单巨系统是指组成系统的子系统数量非常多、种类相对也比较多（如几十种、甚至上百种），但它们之间的关系较为简单的系统。研究处理这类系统的方法不同于一般系统的直接综合法，而是采用统计方法加以概括，耗散结构理论和协同学理论在这方面作出了突出的贡献。

复杂巨系统是指组成系统的子系统数量很多，具有层次结构，它们之间的关系又极其复杂的系统，如生物体系统、人脑系统、社会系统等。其中社会系统是以有意识活动的人作为子系统的，是最复杂的系统，所以又称为特殊的复杂巨系统。这些系统又都是开放的，所以也称为开放的复杂巨系统。

1.2 系统工程

1.2.1 什么是系统工程

系统工程是一门正处于发展阶段的新兴学科，并与其他学科相互渗透、相互影响，但不同专业领域的人对其理解不尽相同，因此，要给出一个统一的定义比较困难。一般认为用定量和定性相结合的系统思想和系统方法处理大型复杂系统的问题，无论是属于系统的设计或组织建立，还是系统的经营管理，都可以看成是一种工程实践，都可以统称为系统工程。

下面列举国内外学术界和工程界对系统工程所作的解释，以帮助我们认识系统工程这门学科的内涵。

① 中国著名学者钱学森指出："系统工程是组织管理系统的规划、研究、设计、制造、试验和使用的科学方法，是一种对所有系统都具有普遍意义的科学方法。""系统工程是一门组织管理的技术。"

② 美国著名学者 H. 切斯纳（H. Chestnut）指出："系统工程认为虽然每个系统都由许多不同的特殊功能部分所组成，而这些功能部分之间又存在着相互关系，但是每一个系统都是完整的整体，每一个系统都要求有一个或若干个目标。系统工程则是按照各个目标进行权衡，全面求得最优解（或满意解）的方法，并使各部分能够最大限度地互相适应。"

③ 日本学者三浦武雄指出："系统工程与其他工程学不同之处在于它是跨越许多学科的科学，而且是填补这些学科边界空白的边缘科学。因为系统工程的目的是研究系统，而系统不仅涉及到工程学的领域，还涉及到社会、经济和政治等领域，为了圆满解决这些交叉领域的问题，除了需要某些纵向的专门技术以外，还要有一种技术从横向把它们组织起来，这种横向技术就是系统工程。也就是研究系统所需的思想、技术和理论等体系化的总称。"

④《中国大百科全书·自动控制与系统工程卷》指出："系统工程是从整体出发合理开发、设计、实施和运用系统的工程技术。它是系统科学中直接改造世界的工程技术。"

⑤ 日本工业标准（JIS）规定："系统工程是为了更好地达到系统目标，而对系统的构成要素、组织结构、信息流动和控制机构等进行分析与设计的技术。"

⑥ 美国军用标准 MIL-STD-499A 定义："系统工程是将科学和工程技术的成就应用于：（ⅰ）通过运用定义、综合、分析、设计、试验和评价的反复迭代过程，将作战需求转变为一组系统性能参数和系统技术状态的描述；（ⅱ）综合有关的技术参数，确保所有物理、功能和程序接口的兼容性，以便优化整个系统的定义和设计；（ⅲ）将可靠性、维修性、安全性、生存性、人因工程和其他有关因素综合到整个工程工作之中，以满足费用、进度、保障性和技术性能指标。"

综上所述，系统工程是以研究大规模复杂系统为对象的一门交叉学科。它是把自然科学和社会科学的某些思想、理论、方法、策略和手段等根据总体协调的需要，有机地联系起来，把人们的生产、科研或经济活动有效地组织起来，应用定量分析和定性分析相结合的方法及计算机等技术工具，对系统的构成要素、组成结构、信息交换和反馈控制等功能进行分析、设计、制造和服务，从而达到最优设计、最优控制和最优管理的目的，以便最充分地发挥人力、物力的潜力，通过各种组织管理技术，使局部和整体之间的关系协调配合，以实现系统的综合最优化。

1.2.2 系统工程解决问题的主要特点

从系统工程的定义可以看出，系统工程的研究对象是大型复杂的人工系统和复合系统；

系统工程的内容是组织协调系统内部各要素的活动，使各要素为实现整体目标发挥适当作用；系统工程的目的是实现系统整体目标最优化。因此，系统工程是一门特殊的工程技术，也是现代化的组织管理技术，更是跨越许多学科的交叉科学。系统工程具有下列一些特点。

(1) 整体性（系统性）

整体性是系统工程最基本的特点，系统工程把所研究的对象看成一个整体系统，这个整体系统又是由若干部分（要素与子系统）有机结合而成的。因此，系统工程在研究系统时总是从整体性出发，从整体与部分之间相互依赖、相互制约的关系中去揭示系统的特征和规律，从整体最优化出发去实现系统各组成部分的有效运转。

(2) 关联性（协调性）

用系统工程方法去分析和处理问题时，不仅要考虑部分与部分之间、部分与整体之间的相互关系，而且还要认真地协调它们的关系。因为系统各部分之间、各部分与整体之间的相互关系和作用直接影响到整体系统的性能，协调它们的关系便可提高整体系统的性能。

(3) 综合性（交叉性）

系统工程以大型复杂的人工系统和复合系统为研究对象，这些系统涉及的因素很多，涉及的学科领域也较为广泛。因此，系统工程必须综合研究各种因素，综合运用各门学科和技术领域的成就，从整体目标出发使各门学科、各种技术有机地配合，综合运用，以达到整体优化的目的。如把人类送上月球的“阿波罗登月计划”，就是综合运用各学科、各领域成就的产物，这样一项复杂而庞大的工程完全是综合运用各种现有科学技术的结果。

(4) 满意性（最优化）

系统工程是实现系统最优化的组织管理技术，因此，系统整体性能的最优化是系统工程所追求并要达到的目的。由于整体性是系统工程最基本的特点，所以系统工程并不追求构成系统的个别部分最优，而是通过协调系统各部分的关系，使系统整体目标达到最优。

1.2.3 系统工程的研究对象与内容

系统工程是一门工程技术，但它与机械工程、电子工程、水利工程等具体的工程学的某些特征又不尽相同。各门工程学都有其特定的工程物质对象，而系统工程的对象，则不限定于某种特定的工程物质对象，任何一种物质系统都能成为它的研究对象，而且还不只限于物质系统，还可以是自然系统、社会经济系统、管理系统、军事指挥系统等。由于系统工程处理的对象主要是信息，所以国外的有些学者认为系统工程是“软科学”(soft science)。

系统工程的主要内容包括系统分析、系统设计、系统模型化、系统的最优化、系统的组织管理、系统评价、系统预测与决策等。其基本任务是研究系统模型化、系统优化与系统评价。为了实现和完成系统目标及任务，系统工程在其方法论的思想下要运用一定的具体方法与手段，即系统工程技术。常用的系统工程技术有系统辨识技术、系统组织管理技术、系统模型化技术、系统优化技术、系统评价技术、系统预测技术、大系统的分解协调技术、系统决策技术，等等。

(1) 系统辨识技术

系统工程研究的对象大多是复杂的大系统，由于系统因素众多，结构复杂，目标多样，功能综合，因此需要共同理解和明确系统的总目标、分目标，以及相应的系统结构层次，为实现这个目的就需要通过系统的辨识来解决。

(2) 系统模型化技术

模型化是系统工程的核心内容。系统模型是系统优化和评价的基础，是系统工程的基本要求，任何一项系统工程都需要先建立模型。按系统模型分类，系统模型化技术主要有结构模型化技术、分析模型技术、系统仿真模型技术。通过系统模型化，就可以对系统进行解剖、观测、计量、变换、试验，掌握系统的本质特征和运行规律。

(3) 系统最优化技术

系统最优化是系统工程追求的主要目标之一。优化技术是应用数学的一个分支。系统工程所用到的优化技术大多数集中在运筹学中，如线性规划、非线性规划、整数规划、动态规划、多目标规划、排队论、对策论等，它们被应用于系统对有限资源的统筹安排，为决策提供有依据的最优方案。在运筹学的应用中，往往是运用模型化方法，将一个已确定研究范围的现实问题，按预期目标，将现实问题中的主要因素及各种限制条件之间的因果关系、逻辑关系建立数学模型，通过模型求解来寻求最优化。

(4) 系统评价技术

系统评价就是对系统的价值进行评定，其主要作用是通过系统评价技术，将系统方案排序，以便从众多的可行方案中找出最优方案，为决策提供依据。迄今为止，评价技术已发展到数十种，但较为常用的有费用-效益分析、关联矩阵法、关联树法、层次分析法、模糊评价法、可能-满意度法等。

(5) 系统预测技术

系统预测是依据过去和现在的有关系统及其环境的已知材料，运用科学的方法和技术，发现和掌握系统发展与运行中的固有规律，并按此规律去探求系统发展的未来。预测的主要作用是为决策者提供科学的预见和决策依据，同时为产生多个系统方案和优化系统方案提供方法手段。系统预测技术可分为定性预测技术与定量预测技术。

(6) 系统决策技术

系统决策是指决策者根据系统的各种行动方案及其可能产生的后果所作的判断或决定。决策分析是比较规范的技术。它所起的作用是使决策过程得到数据和定量分析的支持，使决策所需的信息全面而清晰地展现给决策者，从而有助于决策者正确决策。决策技术按决策环境可分为三种类型：即确定型决策、风险型决策、不确定型决策。

综上所述，系统工程在自然科学与社会科学之间架设了一座沟通的桥梁。通过系统工程，现代数学方法与计算机技术为社会科学研究增加了极为有用的定量分析方法、模拟实验方法、建立数学模型的方法和优化方法。同时，系统工程也为自然科学研究提供了定性分析方法、辩证思维方法，以及深入剖析人与环境相互关系的方法，并为从事自然科学的科学技术人员和从事社会科学的研究人员之间的相互合作开辟了广阔的道路。

1.2.4 系统工程主要理论基础

系统工程的主要理论基础是由一般系统论、大系统理论、经济控制论、控制论、运筹学等学科相互渗透、交叉发展而形成的。本书的第二章将对其中的主要部分如系统最优化理论、控制理论基础、信息论基础等加以介绍。

1.3 系统工程的发展历史

1.3.1 系统工程的产生与发展

系统工程产生于20世纪40年代，在60年代形成了体系。但系统工程像整个科学技术的发展一样源远流长，系统和系统工程的思想可以追溯到我国古代。如战国时期由李冰父子组织建造的四川都江堰水利工程，明朝永乐年间的大铜钟浇铸工程，《孙子兵法》，以及脍炙人口的齐王赛马的故事等。我国古代这些成功的工程技术、军事思想和运筹帷幄的思维方法，都充分体现了全局观念和整体优化观念，蕴涵着朴素的系统工程思想。

20世纪40年代，美国的贝尔电话公司在发展通讯网络时，为缩短科学技术从发明到投入使用的时间，认识到不能只注意电话机和交换台站等设备，更需要研究整个系统，于是采用了一套新方法，首次提出“系统工程”一词。

第二次世界大战期间，由于战争的需要，也由于垄断性大企业对经营管理技术的需求，产生和发展了运筹学。运筹学的广泛应用，以及在这前后出现的信息论、控制论等为系统工程的发展奠定了理论基础，是系统工程产生和发展的重要因素。而电子计算机的出现和应用，则为系统提供了强有力的运算工具和信息处理手段，成为实施系统工程的重要物质基础。美国在研制原子弹的“曼哈顿”计划的实践中，运用系统工程方法取得了显著成效，对推动系统工程的发展取得了一定的作用。表1-1是20世纪40～70年代出现的与系统工程发展有关的各个学科分支一览表。

表1-1 20世纪40～70年代出现的与系统工程发展有关的部分横向联系的学科分支

创始人	分支学科名称	出现时间/年	创始人	分支学科名称	出现时间/年
冯·诺依曼	对策论	1944	W. R. 阿会布	自组织系统原理	1962
冯·贝塔朗菲	一般系统论	1945	R. 罗森	自复制自动机	1965
C.E. 香农	信息论	1948	L. 扎德	模糊集与系统	1969
N. 维纳	控制论	1949	I. 普里高津	耗散结构理论	1970
冯·贝塔朗菲	开放系统理论	1954	艾根	超循环理论	1970
钱学森	工程控制论	1957	J. G. 米勒	生命系统理论	1972
A. H. 哥德	系统工程	1957	汤姆	突变理论	1972
R. 贝尔曼	动态规划论	1961	P. 齐格勒	建模与仿真理论	1972
M. D. 曼萨诺维克	一般系统的数学理论	1962	H. 哈肯	协同学	1977

1957年，美国密执安大学的哥德（A. H. Goode）和麦科尔（R. E. Machal）两位教授合作出版了第一部以“系统工程”命名的书。1958年美国海军特种计划局在研制“北极星”导弹的实践中，提出并采用了“计划评审技术（PERT）”，使研制工作提前两年完成，从而把系统工程引入管理领域。1965年，麦科尔又编写了《系统工程手册》一书，比较完整地阐述了系统工程理论、系统方法、系统技术、系统数学、系统环境等内容。至此，系统工程初步形成了一个较为完整的理论体系。

1969年，“阿波罗”登月计划的实现是系统工程的光辉成就，它标志着人类在组织管理技术上迎来了一个新时代。“阿波罗”飞船和“土星五号”运载火箭，有860多万个零部件，有众多的子系统。各子系统之间纵横交错，相互联系，相互制约。由于使用了系统工程的理论和方法，结果提前两年将3名宇航员送到月球。

进入20世纪70年代以来，系统工程发展到解决大系统的最优化阶段，其应用范围已超出了传统工程的概念。从社会科学到自然科学，从经济基础到上层建筑，从城市规划到生态环境，从生物科学到军事科学，无不涉及系统工程，无不需要系统工程。至此，系统工程经历了产生、发展和初步形成阶段。但是，系统工程作为一门新兴的综合性交叉科学，无论在理论上、方法上、体系上都处于发展之中，它必将随着生产技术、基础理论、计算工具的发展而不断发展。

1.3.2 系统工程在中国

中华民族是一个富有系统思维的伟大民族。从《易经》、《老子》、《孙子兵法》、《黄帝内经》等传统文化圣典，到现代的邓小平理论、科学发展观都强调用整体的、有机联系的、协调有序的、动态的观点去观察和处理问题。这种优秀的文化传统与现代系统研究相结合，定将产生、升华出更高水平的系统思想，形成独特的系统科学学派。

钱学森是国际上著名的系统学学者，是系统科学开创时期就参与工作的著名学者。20 世纪 50 年代初，他创建了工程控制论；在领导我国航天科学技术的实践中，发展了自己的系统工程思想，创造了总体设计的方法，提出了在国际上独树一帜的建立系统科学体系的思想。

系统工程在我国的研究和应用始于 20 世纪 60 年代初期。当时，在钱学森教授的倡导和支持下，国防尖端技术领域应用系统工程方法取得了显著成效。自 20 世纪 70 年代后期以来，系统工程在我国的研究和应用进入了一个前所未有的新时期：系统工程作为重点学科列入了全国科学技术发展规划；在高等学校设置了系统工程专业，培养各个层次的人才；中国自动化学会系统工程专业委员会和中国系统工程学会相继成立。从此，系统工程在我国的研究工作便由初期的传播系统工程的理论、方法到独立开展系统工程的理论、方法的研究。在系统工程的应用方面，注重结合我国实际情况，开发系统工程的应用研究，已在能源系统工程、军事系统工程、社会系统工程、人口系统工程、农业系统工程等大型系统工程方面取得了一定的成效。目前，系统工程与我国现代化建设的密切关系正在为更多的人所认识，系统工程必将在我国的现代化建设中发挥愈来愈大的作用。

1.3.3 研究趋势与展望

目前系统工程的发展趋势主要在下面几个方面。

① 系统工程作为一门交叉学科，日益向多学科渗透和交叉发展。由于自然科学与社会科学的相互渗透日益深化，为了使科学技术、经济、社会协调发展，需要社会学、经济学、系统科学、数学、计算机科学与各门技术学科的综合应用。

另一方面，社会经济系统的规模日益庞大，影响决策的因素越来越复杂，在决策过程中有许多不确定的因素需要考虑。因此，现代决策理论中不仅要应用数学方法，还要应用心理学和行为科学，同时还需要广泛应用计算机这个现代化工具，形成决策支持系统和以计算机为核心的决策专家系统。

② 系统工程作为一门软科学，日益受到人们的重视。从 20 世纪 70 年代开始，人们在重视硬技术的同时也注重起软技术，并探讨人在系统中的作用，对系统的研究也从“硬件（hardware)”扩展到“软件（software)”，后来又提出“斡件（orgware)”，即协调硬件与软件的技术，近年来又有人提出要研究“人件（humanware)”，即探讨人类活动系统。

系统工程的研究对象往往可以分为“硬系统”和“软系统”两类。所谓硬系统一般是偏工程、物理型的，它们的机理比较清楚，因而比较容易使用数学模型来描述，有较多的定量方法可以计算出系统的最优解。这种硬系统虽然结构良好，但常常由于计算复杂，计算费用昂贵，有时不得不采取一些软方法处理，如人-机对话方法、启发式方法等，引入人的经验判断，使复杂的问题得以简化。

所谓软系统一般是偏社会、经济的系统，它们的机理比较模糊，完全用数学模型来描述比较困难，需要用定量与定性相结合的方法来处理。其一个主要特点就是在系统中加入了人的因素，吸取人的智慧与直觉。当然，软系统也可以用近似的硬系统来代替。这种软系统的“硬化”处理，首先是要把某些定性的问题定量化，然后采取定量为主、定性为辅的方法来处理。

③ 系统工程的应用领域日益扩大，进而推动系统工程理论和方法不断发展与完善。近年来，模糊决策理论、多目标决策和风险决策的理论和方法、智能化决策支持系统、系统动力学、层次分析法、情景分析法、冲突分析、柔性系统分析、计算机决策支持系统、计算机

决策专家系统等方法层出不穷，展示了系统工程广阔的发展远景。

钱学森提出“开放的复杂巨系统”的概念，对于系统科学的发展是一个重大突破，也是一项开创性贡献。这一科学思想认为，解决开放的巨系统问题，需要从定性到定量的综合集成方法，需要将专家群体的经验、智慧、数据、信息和计算机有机结合。从定性到定量往往是螺旋式循环进行的，通过综合集成，可以激发出新的思想和智慧的火花，使认识逐步逼近实际。

1.4 系统工程的应用领域

随着社会与科学的进步，系统工程的应用日益广泛，其范围从工程系统到社会经济系统，几乎遍及工程技术和社会经济的各个方面。

① 社会系统工程　它的研究对象是整个社会，是一个开放的复杂巨系统，具有多层次、多区域、多阶段的特点。近年来的趋势是探讨一种从定性到定量，综合运用多种学科处理复杂巨系统的方法论。著名的一篇论文是钱学森、戴汝为、于景元的《一个科学新领域——开放的复杂巨系统及其方法论》。

② 经济系统工程　运用系统工程的方法研究宏观经济系统的问题，如国家的经济发展战略、综合发展计划、经济指标体系、投入-产出分析、积累与消费分析、产业结构分析、消费结构分析、价格系统分析、投资决策分析、资源合理分配、综合国力分析、世界经济模型等。

③ 企业系统工程　研究与预测市场情况、新产品开发、CIMS及并行工程、计算机辅助设计/制造/生产管理系统、计划管理系统、全面质量管理与成本核算系统、成本-效益分析、财务分析、组织理论等。

④ 城市管理系统工程　研究城市规划及发展战略、紧急调度、防灾对策、供水与供电管理、三废处理、商业和工农业合理布局、住宅小区管理、环境保护、物质供应、交通规划与管理等。

⑤ 生态环境系统工程　研究大气生态系统、大地生态系统、流域生态系统、森林与生物生态系统、城市生态系统等的系统分析、规划、建设、防治等方面的问题，并研究环境监测系统、环境计量预测模型、环境污染防治等。

⑥ 能源系统工程　研究能源合理结构、能源需求预测、能源开发规模预测、能源生产优化模型、能源合理利用模型、电力系统规划、节能规划、能源数据库、新能源开发利用计划等问题。

⑦ 自然资源系统工程　研究自然资源的综合利用规划、对资源的保护规划、水能利用规划、防洪规划、水污染控制等。

⑧ 交通运输系统工程　研究铁路、公路、航运、航空综合运输规划及其发展战略，铁路、公路运输、航运、空运调度系统，综合运输优化模型，综合运输效益分析等。

近十年刚刚兴起的智能交通系统（Intelligent Traffic System）是一个典型的系统工程应用范例。

⑨ 农业系统工程　研究农业发展战略、大农业及立体农业的战略规划、农业结构分析、农业综合规划、农业区域规划、农业政策分析、农业投资规划、农产品需求预测、农业产品发展速度预测、农业投入-产出分析、农作物合理布局、农作物栽培技术规划、农业系统多层次开发模型等。

⑩ 教育系统工程 研究人才需求预测、人才与教育规划、人才结构分析、教育政策分析等。

⑪ 人口系统工程 研究人口总目标、人口参数、人口指标体系、人口系统数学模型、人口系统动态特性分析、人口政策分析、人口区域规划、人口系统稳定性等。

⑫ 军事系统工程 研究国防战略、作战模拟、情报、通讯与指挥自动化系统、系统武器装备发展规划、后勤保障系统、国防经济学、军事运筹学等。

需要说明的是，系统工程应用范围很广，其研究和应用有自身的规律性。我们在掌握基本概念后，必须在注重基础理论学习的同时，注意理论联系实际，结合实际例子分析问题，要有创新的思想与方法来解决复杂系统所呈现出来的问题，以做出综合效益最佳的决策。

思考题与习题

1 理解国内外学术界和工程界对系统和系统工程的不同定义，分析这些定义的内涵和侧重点。

2 系统工程与系统科学的联系和区别是什么？

3 试论钱学森关于建立系统科学体系的思想。

4 你所理解的“系统工程”是一个什么概念？能否结合一个例子谈谈看法？

2 系统工程的基础理论与方法论

2.1 系统最优化理论

经过多年的研究与发展，人们逐渐认识到，系统工程是一门交叉学科，其最基础的理论涉及系统最优化、系统控制与系统的信息处理三个方面。

系统工程作为运用各种具体工程技术进行系统研究、系统规划、系统设计、系统实施、系统运行、系统管理的综合科学技术，其核心目标之一是使系统运行在最优状态，因此，系统最优化技术是其最重要的理论支撑。按照系统设计、建模和分析的不同特点，与系统工程有关的系统优化理论主要包括线性规划、非线性规划、整数规划、动态规划等内容，如果考虑到最优化技术在不同应用领域中的拓展，还应包括排队论、对策论、决策论等，这些都属于运筹学的研究范畴。

2.1.1 线性规划

线性规划是系统优化理论体系中产生较早、应用广泛的一个分支，其中的内容是求取线性函数在线性等式或不等式约束下达到最小或最大值的问题。首先讨论两个例子。

【例 2-1】 某工厂有三种原料 B_1,B_2 和 B_3，储量分别为 170kg,100kg 和 150kg。现用此三种原料生产两种产品 A_1 和 A_2。已知每生产 1kg A_1 需要原料 5kg B_1,2kg B_2 和 1kg B_3。每生产 1kg A_2 需要原料 2kg B_1,3kg B_2 和 5kg B_3。又知每千克 A_1 产品利润为 10 元，每千克 A_2 产品利润为 18 元。问在工厂现有资源条件下，应如何安排生产，才使工厂获得最大利润。

解 设安排 A_1,A_2 产品的产量分别为 x_1 kg 和 x_2 kg，则产品的总利润为 $10x_1+18x_2$ 元。然而，产量 x_1 和 x_2 不能无限制扩大，要考虑到仓库中原料存量的限制。就原料 B_1 来说，生产 x_1 kg A_1 要消耗 $5x_1$ kg B_1，生产 x_2 kg A_2 要消耗 $2x_2$ kg B_1，因此共消耗 B_1 为 $(5x_1+2x_2)$kg。同样，当生产 A_1 为 x_1 kg,A_2 为 x_2 kg 时，共消耗 B_2 为 $(2x_1+3x_2)$kg，共消耗 B_3 为 (x_1+5x_2)kg。由于原料 B_1,B_2,B_3 的存储量限制，各原料总消耗量应不高于存储量，即 $5x_1+2x_2\leqslant 170$(kg)，$2x_1+3x_2\leqslant 100$(kg)，$x_1+5x_2\leqslant 150$(kg)。最后，考虑到 x_1 和 x_2 为产品的产量，因此不能为负数，$x_1\geqslant 0$，$x_2\geqslant 0$。这样，该问题的数学模型为

$$\max\quad 10x_1+18x_2 \tag{2-1}$$

$$\begin{aligned}\text{s.t.}\quad & 5x_1+2x_2\leqslant 170\\ & 2x_1+3x_2\leqslant 100\\ & x_1+5x_2\leqslant 150\\ & x_1\geqslant 0,\ x_2\geqslant 0\end{aligned} \tag{2-2}$$

这是一个典型的线性规划问题，其中“s. t.”为“subject to”的缩写，意为“受限于”。

【例 2-2】 某企业共有 m 个生产基地生产同一种产品，产量分别为 $a_1, a_2, \cdots, a_m$。该产品主要销售地 n 个，销量分别为 $b_1, b_2, \cdots, b_n$。将产品从第 i 个产地运到第 j 个销地的单位运输成本为 c_{ij}，对应的运输量为 $x_{ij}, i=1,2,\cdots,m$；$j=1,2,\cdots,n$。问在产量与销量持平的前提下，如何设计运输方案使运费最低？

解 首先，在假设运输量为 x_{ij} 的条件下其总的运费为 $\sum_{i=1}^{m}\sum_{j=1}^{n} c_{ij}x_{ij}$。其次，要考虑到从任意产地运出的量要等于该产地的产量，即 $\sum_{j=1}^{n} x_{ij} = a_i$，$i = 1,2,\cdots,m$。第三，还要考虑到运到任意销地的量要等于该销地能销出的量，即 $\sum_{i=1}^{m} x_{ij} = b_j$，$j = 1,2,\cdots,n$。最后，也要考虑到 x_{ij} 的产品数量属性，即 $x_{ij} \geqslant 0$，$i=1,2,\cdots,m$；$j=1,2,\cdots,n$。因此，该运输方案可由以下模型求解得到

$$\min \sum_{i=1}^{m}\sum_{j=1}^{n} c_{ij}x_{ij} \tag{2-3}$$

$$\begin{aligned} \text{s.t.}\quad & \sum_{j=1}^{n} x_{ij} = a_i,\quad i = 1,2,\cdots,m \\ & \sum_{i=1}^{m} x_{ij} = b_j,\quad j = 1,2,\cdots,n \\ & x_{ij} \geqslant 0;\ i = 1,2,\cdots,m;\ j = 1,2,\cdots,n \end{aligned} \tag{2-4}$$

将上述方程约束条件部分的第一式两边对 i 求和，第二式两边对 j 求和，有

$$\sum_{i=1}^{m} a_i = \sum_{i=1}^{m}\sum_{j=1}^{n} x_{ij} = \sum_{j=1}^{n} b_j \tag{2-5}$$

即意味着产量与销量持平（或称为产销平衡）。该问题又称为运输规划问题。

上述两个例子表明，线性规划模型由三个基本要素构成：①决策变量，如例 2-1 中的 x_1 和 x_2，例 2-2 中的 $x_{ij}, i=1,2,\cdots,m$；$j=1,2,\cdots,n$。决策变量是问题中要确定的未知量，决策者通过调控决策变量来选取不同的方案、设计、措施以达到最优目的。②目标函数，如例 2-1 中的 $\max\ 10x_1+18x_2$，例 2-2 中的 $\min \sum_{i=1}^{m}\sum_{j=1}^{n} c_{ij}x_{ij}$。目标函数通常是决策变量的函数，表达了“何为最优”的准则和目标，规定了优化问题的实际意义。③约束条件，如例 2-1 和例 2-2 中由“s. t.”规定的部分。约束条件指决策变量取值时受到的各种资源和条件的限制，表达了一种“有条件优化”的概念，通常为决策变量的等式或不等式方程。如果决策变量的取值是连续的，且目标函数和约束条件都是决策变量的线性函数，则称为线性规划问题。如果决策变量的取值为整数点，则称为整数规划问题；如果部分决策变量取值连续而其余取值为整数，则称为混合整数规划问题；如果目标函数和约束条件中存在任何的非线性因子，则称为非线性规划问题。

根据实际求解问题的不同，线性规划模型往往有多种表达形式。为便于讨论和制订统一求解方法，人们规定了线性规划问题的标准方程形式如下。

$$\min\ c_1x_1+c_2x_2+\cdots+c_nx_n \tag{2-6}$$

$$\text{s.t.}\quad \begin{aligned} & a_{11}x_1+a_{12}x_2+\cdots+a_{1n}x_n=b_1 \\ & a_{21}x_1+a_{22}x_2+\cdots+a_{2n}x_n=b_2 \\ & \vdots \\ & a_{m1}x_1+a_{m2}x_2+\cdots+a_{mn}x_n=b_m \\ & x_1,x_2,\cdots,x_n\geqslant 0 \end{aligned} \tag{2-7}$$

式中，x_i 为决策变量，c_i, a_{ij}, b_j 为实常数，且 $b_j\geqslant 0$，$i=1,2,\cdots,m$；$j=1,2,\cdots,n$。

利用向量和矩阵符号可以将上述标准形式简写为

$$\min \quad \boldsymbol{C}^{\mathrm{T}}\boldsymbol{X} \tag{2-8}$$

$$\text{s.t.}\quad \boldsymbol{AX}=\boldsymbol{b} \tag{2-9}$$

$$\boldsymbol{X}\geqslant 0$$

式中，$\boldsymbol{A}$ 为矩阵，$\boldsymbol{b},\boldsymbol{C},\boldsymbol{X}$ 均为向量，即

$$\boldsymbol{A}=\begin{bmatrix} a_{11} & a_{12} & \cdots & a_{1n} \\ a_{21} & a_{22} & \cdots & a_{2n} \\ \vdots & \vdots & \ddots & \vdots \\ a_{m1} & a_{m2} & \cdots & a_{mn} \end{bmatrix}$$

$$\boldsymbol{b}=[b_1 \quad b_2 \quad \cdots b_m]^{\mathrm{T}}$$

$$\boldsymbol{C}=[c_1 \quad c_2 \quad \cdots \quad c_n]^{\mathrm{T}}$$

$$\boldsymbol{X}=[x_1 \quad x_2 \quad \cdots \quad x_n]^{\mathrm{T}}$$

式中，上脚标 T 为转置。

线性规划问题的分析讨论能采用标准形式的前提是任何线性规划模型均能等价地化为标准形式，这可以通过如下的形式变换实现。

① 对于

$$\min \quad \boldsymbol{C}^{\mathrm{T}}\boldsymbol{X} \tag{2-10}$$

$$\text{s.t.}\quad \boldsymbol{AX}\leqslant\boldsymbol{b} \tag{2-11}$$

$$\boldsymbol{X}\geqslant 0$$

引进松弛变量 $\boldsymbol{Y}=[y_1\ y_2\cdots\ y_m]^{\mathrm{T}}$，可得等价的

$$\min \quad \boldsymbol{C}^{\mathrm{T}}\boldsymbol{X}+\boldsymbol{O}_m\boldsymbol{Y}$$

$$\text{s.t.}\quad \boldsymbol{AX}+\boldsymbol{Y}=\boldsymbol{b}$$

$$\boldsymbol{X},\boldsymbol{Y}\geqslant 0$$

对应于标准型的矩阵为 $[\boldsymbol{A} \quad \boldsymbol{I}_m]$，对应于目标函数的系数向量为 $\begin{bmatrix}\boldsymbol{C}\\ \boldsymbol{O}_m\end{bmatrix}$，决策变量为$m+n$ 个，即

$$\min \quad \boldsymbol{C}_1^{\mathrm{T}}\boldsymbol{Z} \tag{2-12}$$

$$\text{s.t.}\quad \boldsymbol{A}_1\boldsymbol{Z}=\boldsymbol{b} \tag{2-13}$$

$$\boldsymbol{Z}\geqslant 0$$

式中，$\boldsymbol{C}_1=\begin{bmatrix}\boldsymbol{C}\\ \boldsymbol{O}_m\end{bmatrix}$，$\boldsymbol{Z}=\begin{bmatrix}\boldsymbol{X}\\ \boldsymbol{Y}\end{bmatrix}$，$\boldsymbol{A}_1=[\boldsymbol{A} \quad \boldsymbol{I}_m]$，$\boldsymbol{I}_m$ 为 m 维单位矩阵，$\boldsymbol{O}_m$ 为 m 维零向量。

② 若约束条件为 $\boldsymbol{AX}\geqslant\boldsymbol{b}$ 且其余不变，则加入松弛变量后的方程为

$$\boldsymbol{AX}-\boldsymbol{Y}=\boldsymbol{b}$$

③ 对于目标函数求极大的情况

$$\begin{aligned} \max \quad & \boldsymbol{C}^{\mathrm{T}}\boldsymbol{X} \\ \text{s. t.} \quad & \boldsymbol{A}\boldsymbol{X}=\boldsymbol{b} \\ & \boldsymbol{X}\geqslant 0 \end{aligned}$$

则化为等价的

$$\begin{aligned} \min \quad & -\boldsymbol{C}^{\mathrm{T}}\boldsymbol{X} \\ \text{s. t.} \quad & \boldsymbol{A}\boldsymbol{X}=\boldsymbol{b} \\ & \boldsymbol{X}\geqslant 0 \end{aligned}$$

④ 如果在某个实际的线性规划问题中，对一部分变量不要求非负约束，例如 x_1 可取（$-\infty\sim+\infty$）间的任意值，则对此变量 x_1，可引入两个只取正值的虚拟变量 $u_1, v_1\geqslant 0$，令 $x_1=u_1-v_1$，并在相应的目标函数和约束条件中均以（u_1-v_1）代替 x_1，则非负约束成为 $u_1, v_1, x_2, \cdots, x_n\geqslant 0$，变量个数为（$n+1$）。

【例 2-3】 将下列线性规划模型转化为标准形式。

$$\min \quad -x_1+2x_2-3x_3 \tag{2-14}$$

$$\begin{aligned} \text{s. t.} \quad & x_1+x_2+x_3\leqslant 7 \\ & x_1-x_2+x_3\geqslant 2 \\ & 3x_1-x_2-2x_3=-5 \\ & x_1, x_2\geqslant 0 \end{aligned} \tag{2-15}$$

解 对约束条件的前面两个方程分别引入松弛变量 $x_6\geqslant 0$，$x_7\geqslant 0$，且规定 $c_6=c_7=0$；再令 $x_3=x_4-x_5$ 并增加条件 x_4，$x_5\geqslant 0$。这样，上述线性规划模型化为标准形式如下。

$$\min \quad -x_1+2x_2-3x_4+3x_5 \tag{2-16}$$

$$\begin{aligned} \text{s. t.} \quad & x_1+x_2+x_4-x_5+x_6=7 \\ & x_1-x_2+x_4-x_5-x_7=2 \\ & -3x_1+x_2+2x_4-2x_5=5 \\ & x_1, x_2, x_4, x_5, x_6, x_7\geqslant 0 \end{aligned} \tag{2-17}$$

目前，线性规划问题的求解基本采用两种方法：低维线性规划（如两个决策变量）问题的图解求法和高维线性规划（三个决策变量以上）问题的单纯形求法，并且随着计算机软件技术的迅速发展，已有许多性能优良的商品化单纯形算法软件。

一般，不论是线性规划还是下面将要讨论的整数规划、非线性规划，满足约束条件的决策变量向量 $\boldsymbol{X}=[x_1\ x_2\ \cdots\ x_n]^{\mathrm{T}}$ 在 n 维空间中构成的点的集合称为解的可行域，而可行域中使目标函数达到最优的解点称为最优解，相应于最优解的目标函数值称为最优值。对线性规划问题来说，如果仅含有两个决策变量，则其可行域可以在平面上画出，最优解可由图解法确定。

用图解法求解线性规划问题时不必将线性规划模型化为标准形式，其求解过程一般经历以下几步：以两个决策变量为轴在平面上建立直角坐标系；图示由线性等式和不等式构成的约束条件，标出可行域；图示并移动目标函数，寻找最优解。

【例 2-4】 用图解法解下列线性规划。

$$\min \quad -x_1-4x_2 \tag{2-18}$$

$$\begin{aligned} \text{s. t.} \quad & x_1+x_2\leqslant 4 \\ & -x_1+x_2\leqslant 2 \\ & x_1, x_2\geqslant 0 \end{aligned} \tag{2-19}$$

解 ① 以 x_1, x_2 为坐标轴画出直角坐标系。

② 分别画出 $x_1+x_2=4$，$-x_1+x_2=2$，$x_1=0$，$x_2=0$ 四条直线，则该问题的可行域为这四条直线包围的内部区域 s，如图 2-1 阴影部分所示。

③ 目标函数的等值线方程为 $-x_1-4x_2=z$。因为要找的最优解在可行域内使目标函数具有最小值，所以让等值线 $-x_1-4x_2=z$ 沿 z 减小的方向在可行域内尽量平行移动，直到图中 $x_1=1$，$x_2=3$ 的位置，如果再移动就移出了可行域 s。于是，点 (1,3) 即为问题的最优解，目标函数的最优值为 -13。

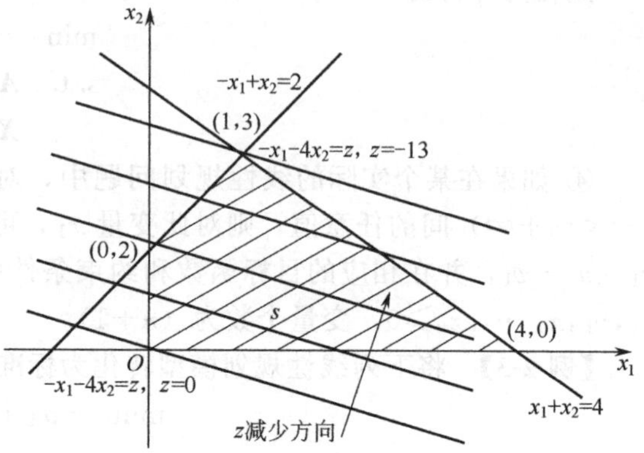

图 2-1 图解法求解线性规划

2.1.2 整数规划

许多实际问题的求解中，都要求部分甚至全部决策变量取整数值，如一台设备、五个人等，这类数学规划问题称为整数规划，其中，要求全部决策变量都必须取整数值的称为纯整数规划；部分决策变量取整数值的称为混合整数规划。有时，要求决策变量为只能取 0 或 1 的逻辑变量，则称为 0-1 规划。

【例 2-5】 某厂生产 A_1 和 A_2 两种产品，需要经过 B_1, B_2, B_3 三道工序加工。单件工时和利润以及各工序每周工时定额见表 2-1。问工厂应如何安排生产才能使总利润最大？

表 2-1 工厂加工条件与利润

项　目	B_1	B_2	B_3	利润/(元/件)
A_1	0.3	0.2	0.2	25
A_2	0.7	0.1	0.5	40
工时定额/(小时/周)	250	100	150	

解 设工厂每周生产 A_1 产品 x_1 件，A_2 产品 x_2 件。则按工时定额要求，对 B_1 工序来说，有

$$0.3x_1+0.7x_2\leqslant 250$$

同理，对于 B_2 工序和 B_3 工序，有

$$0.2x_1+0.1x_2\leqslant 100$$

和

$$0.2x_1+0.5x_2\leqslant 150$$

另外，由于 x_1 为 A_1 的件数，因此 $x_1\geqslant 0$ 且只能取整数；同样，$x_2\geqslant 0$ 且只能取整数。

按表 2-1 的最后一栏的利润系数，生产 x_1 件 A_1 和 x_2 件 A_2 所能获取的总利润为 $25x_1+40x_2$，因此，该问题的数学模型为

$$\max\ 25x_1+40x_2 \tag{2-20}$$

$$\text{s.t.}\ \begin{cases} 0.3x_1+0.7x_2\leqslant 250 \\ 0.2x_1+0.1x_2\leqslant 100 \\ 0.2x_1+0.5x_2\leqslant 150 \\ x_1\geqslant 0,\ x_2\geqslant 0 \text{ 且取整数} \end{cases} \tag{2-21}$$

这是一个纯整数规划问题。

【例 2-6】 背包问题：一个经典的 0-1 规划问题。一个背包的总容积为 V，现要在 n 种

物品中选装。设物品 j 的质量为 w_j，体积为 v_j，$j=1,2,\cdots,n$。问如何装包，使得既不超过背包的容积，又使装的总质量最大。这一问题有广泛的应用背景，如装集装箱、装船、装车等。

解 设针对于物品 j，变量

$$x_j=\begin{cases}1,\ \text{物品}\ j\ \text{被装入背包}\\0,\ \text{物品}\ j\ \text{未装入背包}\end{cases}\quad j=1,2,\cdots,n$$

则所有被选装物品的总体积为 $\sum_{j=1}^{n}v_jx_j$，总质量为 $\sum_{j=1}^{n}w_jx_j$，该问题的数学模型为

$$\max\ \sum_{j=1}^{n}w_jx_j \tag{2-22}$$

$$\begin{aligned}\text{s.t.}\ & \sum_{j=1}^{n}v_jx_j\leqslant V\\ & x_j=0,1,\quad j=1,2,\cdots,n\end{aligned} \tag{2-23}$$

这是一个 0-1 规划问题。

对于整数规划问题的求解，人们常有以下两种朴素直观的推断。第一，既然决策变量取有限整数，那么各决策变量有限取值的排列组合所构成的可行方案总是有限的，利用计算机进行各种方案的穷举比较总能得到最好的方案。例如上述背包问题，最多有 2^{n-1} 种装包方案。然而，这样的穷举比较方法，在 n 较大时计算量将会剧增，这种现象称为“组合爆炸”。更何况对于混合整数规划问题，若干变量的取值选择本来就是无穷多个。第二，先放弃变量的整数性要求，解相应线性规划问题（如例 2-5 中，若无约束条件中的整数要求，就是一个线性规划问题），然后对线性规划问题的最优解进行“四舍五入”，取整数作为整数规划的解。这种做法在一般情况下是不成功的，因为线性规划解的整数近似点有时根本不是相应整数规划问题的可行解！即便是整数规划问题的可行解，也未必恰好是最优解。例如，考虑如下整数规划问题。

$$\begin{aligned}\max\ & 3x_1+13x_2\\ \text{s.t.}\ & 2x_1+9x_2\leqslant 40\\ & 11x_1-8x_2\leqslant 82\\ & x_1\geqslant 0,\ x_2\geqslant 0\ \text{且取整数}\end{aligned}$$

定义域为图 2-2 中多边形 $OABD$ 内的整点（包括多边形边界上），其最优解为 C 点（$x_1=2$，$x_2=4$）。放弃整数要求后相应线性规划的可行域为多边形 $OABD$ 内的所有点（包括多边形边界上），其最优解为 B 点（$x_1=9.2$，$x_2=2.4$）。对 B 点进行“四舍五入”后的 E 点（$x_1=9$，$x_2=2$）根本不是整数规划的可行解，甚至 B 点周围的四个点都不是整数规划的可行解。

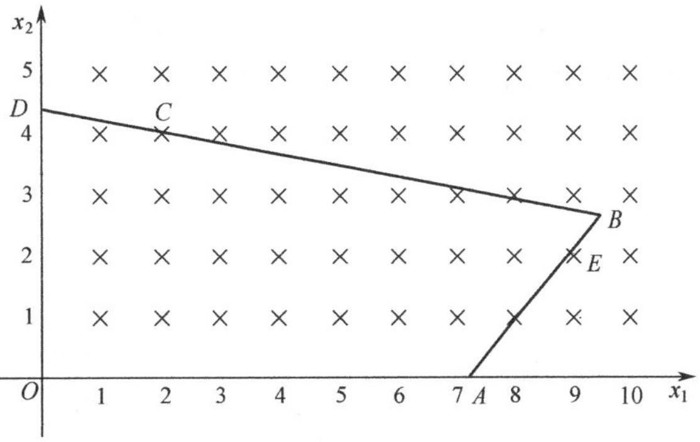

图 2-2 整数规划的“四舍五入”求解

目前，常用的求解整数规划的方法是分枝定界法和割平面法。作为一种最基本的方法，下面介绍分枝定界法。

设有最大化的整数规划问题A，与它相应的线性规划问题（即在整数规划中去掉了决策变量的整数取值要求）为B。从解问题B开始，若B的最优解符合A中的整数条件，则A的最优解即为B的最优解；若B的最优解不符合A的整数条件，则B的最优解对应的最优值必是A的最优值Z^*的上界，记为$\overline{Z}$，而A的某一任意可行解的目标函数值将是Z^*的一个下界$\underline{Z}$。分枝定界法就是不断将B的可行域分成子区域（称为分枝），并在每个子区域中确定A的上界$\overline{Z}$和下界$\underline{Z}$（称为定界）的方法。逐步减小$\overline{Z}$和增大$\underline{Z}$，最终得到Z^*。下面用例子说明这一过程。

【例 2-7】 求解问题

$$\max\ 40x_1+90x_2 \tag{2-24}$$

$$\text{s.t.}\ \begin{cases} 9x_1+7x_2\leqslant 56 \\ 7x_1+20x_2\leqslant 70 \\ x_1\geqslant 0,\ x_2\geqslant 0 \text{ 且取整数} \end{cases} \tag{2-25}$$

解 记上述原问题为A。先考虑A中去掉整数约束条件后的线性规划问题B，即

$$\max\ 40x_1+90x_2 \tag{2-26}$$

$$\text{s.t.}\ \begin{cases} 9x_1+7x_2\leqslant 56 \\ 7x_1+20x_2\leqslant 70 \\ x_1\geqslant 0,\ x_2\geqslant 0 \end{cases} \tag{2-27}$$

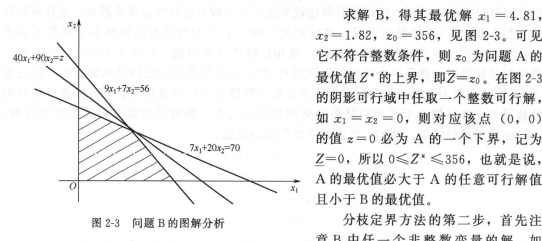

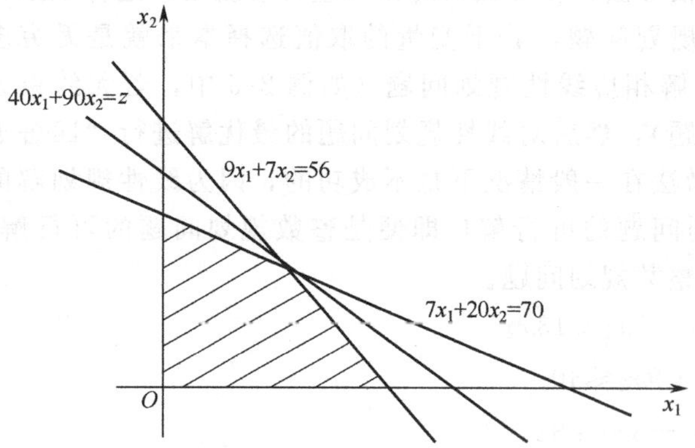

图 2-3 问题B的图解分析

求解B，得其最优解$x_1=4.81$，$x_2=1.82$，$z_0=356$，见图2-3。可见它不符合整数条件，则z_0为问题A的最优值Z^*的上界，即$\overline{Z}=z_0$。在图2-3的阴影可行域中任取一个整数可行解，如$x_1=x_2=0$，则对应该点(0，0)的值$z=0$必为A的一个下界，记为$\underline{Z}=0$，所以$0\leqslant Z^*\leqslant 356$，也就是说，A的最优值必大于A的任意可行解值且小于B的最优值。

分枝定界方法的第二步，首先注意B中任一个非整数变量的解，如x_1。在问题B中最优解为$x_1=4.81$，于是对B通过增加两个约束条件$x_1\leqslant 4$和$x_1\geqslant 5$可将B分解为两个子问题B_1和B_2，即将B的可行域在$x_1=4.81$前后分割为两个子可行域（称为分枝），如图2-4所示。对应的B_1和B_2分别为

B_1：

$$\max\ 40x_1+90x_2$$

$$\text{s.t.}\ \begin{cases} 9x_1+7x_2\leqslant 56 \\ 7x_1+20x_2\leqslant 70 \\ 0\leqslant x_1\leqslant 4 \\ x_2\geqslant 0 \end{cases}$$

B_2：

$$\max\ 40x_1+90x_2$$

$$\text{s.t.}\quad 9x_1+7x_2\leqslant 56$$
$$7x_1+20x_2\leqslant 70$$
$$x_1\geqslant 5$$
$$x_2\geqslant 0$$

将 B 分枝为 B_1 和 B_2 尽管影响了 B 的求解，但却不影响问题 A 的求解，因为被割去的部分（图 2-4 中界于 $x_1=4$ 和 $x_1=5$ 之间的垂直条状域）是 x_1 取非整数的部分。这称为第一次迭代，得到最优解为：B_1（$z_1=349$，$x_1=4$，$x_2=2.1$）和 B_2（$z_2=341$，$x_1=5$，$x_2=1.57$）。显然并未得到全部变量都是整数的解。因 $z_1>z_2$，故将$\overline{Z}$改为 349，即对于 A 的整数最优解值 Z^*，应有 $0\leqslant Z^*\leqslant 349$。

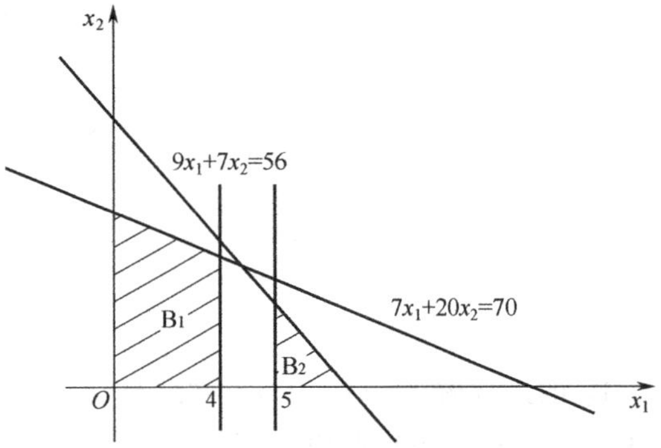

图 2-4 问题 B 的分枝

继续对 B_1 和 B_2 进行分解。因 $z_1>z_2$，故先分解 B_1 为两枝。此次沿 x_2 方向分解，增加约束条件 $x_2\leqslant 2$，称为问题 B_3；增加约束条件$x_2\geqslant 3$，称为问题 B_4。在图 2-4 中舍去 $x_2>2$ 与 $x_2<3$ 之间的可行域，再进行第二次迭代。

B_3：

$$\max\quad 40x_1+90x_2$$
$$\text{s.t.}\quad 9x_1+7x_2\leqslant 56$$
$$7x_1+20x_2\leqslant 70$$
$$0\leqslant x_1\leqslant 4$$
$$0\leqslant x_2\leqslant 2$$

B_4：

$$\max\quad 40x_1+90x_2$$
$$\text{s.t.}\quad 9x_1+7x_2\leqslant 56$$
$$7x_1+20x_2\leqslant 70$$
$$0\leqslant x_1\leqslant 4$$
$$x_2\geqslant 3$$

先求解 B_3，其最优解为 $z_3=340$，$x_1=4$，$x_2=2$。由于 B_3 的最优解都为整数，因此（4,2）为A 的一个可行解，而 A 的最优解值应不小于 z_3，因此 z_3 应设为 Z^* 新的下限，$\underline{Z}=z_3=340$。再解 B_4，得其最优解值为 $z_4=327$，即 B_4 中的所有目标函数值（包括整数点也包括非整数点）皆小于此时 Z^* 的下限，所以再分解 B_4 已无必要。对 B_3、B_4 分析的结果，找到了 Z^* 一个新的下限 z_3，而原先位于 B_1 中 Z^* 的上限$\overline{Z}=349$ 亦不复存在。回头再观察 B_2，其最优值为 $z_2=341$，因此可定 Z^* 新的上限为$\overline{Z}=z_2=341$，即 $340\leqslant Z^*\leqslant 341$。

既然 B_1 中已不存在 Z^* 的上限，于是分解 B_2 得问题 B_5（增加约束条件 $x_2\leqslant 1$）和 B_6（增加 $x_2\geqslant 2$）。

B_5：

$$\begin{aligned}\max\ & 40x_1+90x_2\\ \text{s. t.}\ & 9x_1+7x_2\leqslant 56\\ & 7x_1+20x_2\leqslant 70\\ & x_1\geqslant 5\\ & 0\leqslant x_2\leqslant 1\end{aligned}$$

B_6：

$$\begin{aligned}\max\ & 40x_1+90x_2\\ \text{s. t.}\ & 9x_1+7x_2\leqslant 56\\ & 7x_1+20x_2\leqslant 70\\ & x_1\geqslant 5\\ & x_2\geqslant 2\end{aligned}$$

B_5 的最优解 $z_5=308$，$x_1=5.44$，$x_2=1$；B_6 无可行解。由于 $z_5<\underline{Z}=340$，因此 Z^* 不在 B_5 和 B_6 中，可以断定 $Z^*=\underline{Z}=z_3=340$，而对应于 Z^* 的 A 的最优解为 B_3 中的 $x_1=4$，$x_2=2$。

上述求解过程是通过反复的分枝（分解可行域）、定界（确定 Z^* 的上界$\overline{Z}$和下界$\underline{Z}$）、剪枝（剪除最优解值小于下界的可行域）而完成的，并且正是由于该方法大面积剪除无最优整数解的区域，因此计算效率比穷举法高得多。

2.1.3 非线性规划

如果目标函数或约束条件方程中存在任何非线性因子，则问题为非线性规划。非线性规划在工程、军事、经济等许多领域都得到广泛的应用。

【例 2-8】 设平面上有 m 个点，找覆盖这 m 个点的最小圆盘。

解 设 m 个点为 $\boldsymbol{p}_i$，$i=1,2,\cdots,m$，则平面上任一点 $\boldsymbol{x}$ 到这 m 个点的距离最大者满足

$$f(\boldsymbol{x})=\max_{1\leqslant i\leqslant m}\{\|\boldsymbol{x}-\boldsymbol{p}_i\|\} \tag{2-28}$$

则以 $\boldsymbol{x}$ 为圆心，$f(\boldsymbol{x})$ 为半径的圆盘必覆盖这 m 个点，于是问题转化为求解最小半径的圆盘问题，即

$$\min\ \max_{1\leqslant i\leqslant m}\{\|\boldsymbol{x}-\boldsymbol{p}_i\|\} \tag{2-29}$$

这是一个无约束的非线性规划问题。

【例 2-9】 设有 n 个商店，其位置和对货物的需求都是已知的，货物由 m 个仓库提供，仓库容量已知。决定这 m 个仓库建于何处，使仓库提供各商店货物时的运量与路程之积的总和最小。

解 设 (x_i,y_i) 为仓库的平面位置，c_i 为仓库的容量，(a_j,b_j) 为各商店的位置，r_j 为各商店对货物的需求量，$i=1,2,\cdots,m$；$j=1,2,\cdots,n$。再设 w_{ij} 为从第 i 个仓库到第 j 个商店的运量，$i=1,2,\cdots,m$；$j=1,2,\cdots,n$，则运量与路径之积的总和为

$$\sum_{i=1}^{m}\sum_{j=1}^{n}w_{ij}\ \sqrt{(x_i-a_j)^2+(y_i-b_j)^2} \tag{2-30}$$

于是该问题的数学模型为

$$\min\ \sum_{i=1}^{m}\sum_{j=1}^{n}w_{ij}\ \sqrt{(x_i-a_j)^2+(y_i-b_j)^2} \tag{2-31}$$

$$\text{s.t.} \quad \sum_{j=1}^{n} w_{ij} \leqslant c_i, \ i = 1,2,\cdots,m$$
$$\sum_{i=1}^{m} w_{ij} = r_i, \ j = 1,2,\cdots,n \qquad (2\text{-}32)$$
$$w_{ij} \geqslant 0; \ i = 1,2,\cdots,m; \ j = 1,2,\cdots,n$$

式中，(x_i, y_i) 和 w_{ij} 都是决策变量，$i=1,2,\cdots,m$；$j=1,2,\cdots,n$。这是一个有约束的非线性规划问题。

非线性规划的一般形式为

$$\min \ f(\boldsymbol{x}) \qquad (2\text{-}33)$$
$$\text{s.t.} \quad g_i(\boldsymbol{x}) \geqslant 0, \ i=1,2,\cdots,m$$
$$h_j(\boldsymbol{x})=0, \ j=1,2,\cdots,l \qquad (2\text{-}34)$$

式中，目标函数 $f(\boldsymbol{x})$、不等式约束条件 $g_i(\boldsymbol{x})$ 和等式约束条件 $h_j(\boldsymbol{x})$ 三者中至少有一个是非线性函数。当不存在约束条件，即决策变量 $\boldsymbol{x}$ 可取任意点时，则

$$\min \ f(\boldsymbol{x}) \qquad (2\text{-}35)$$

称为无约束非线性规划问题。

非线性规划的约束条件有时写成域约束形式，令

$$\boldsymbol{S}=\{\boldsymbol{x} \mid g_i(\boldsymbol{x}) \geqslant 0, i=1,2,\cdots,m; h_j(\boldsymbol{x})=0, j=1,2,\cdots,l\}$$

称 $\boldsymbol{S}$ 为可行域，$\boldsymbol{S}$ 中的点为可行点，上述约束非线性规划问题式(2-33) 和式(2-34) 等价于

$$\min \ f(\boldsymbol{x})$$
$$\text{s.t.} \quad \boldsymbol{x} \in \boldsymbol{S} \qquad (2\text{-}36)$$

而无约束非线性规划问题等价于

$$\min \ f(\boldsymbol{x}), \ \boldsymbol{x} \in \mathfrak{R}^n \qquad (2\text{-}37)$$

$\mathfrak{R}^n$ 是 n 维欧氏空间。

非线性规划问题的求解一般通过两种途径来实现，一种是基于目标函数和约束条件的函数解析性质直接加以求解的解析解法，多适用于具有良好函数解析性质的少数非线性规划问题；另一种是基于循环迭代算法的数值求解法，适用于大部分非线性规划问题。在进一步讨论之前，先引入非线性规划问题全局最优解和局部最优解的定义。

定义 2-1　全局最优解

设 $f(\boldsymbol{x})$ 为目标函数，$\boldsymbol{S}$ 为可行域，$\boldsymbol{x}^* \in \boldsymbol{S}$。若对每一个 $\boldsymbol{x} \in \boldsymbol{S}$ 都有 $f(\boldsymbol{x}) \geqslant f(\boldsymbol{x}^*)$，则称 $\boldsymbol{x}^*$ 为极小化问题式(2-36) 的全局最优解（最小）。

定义 2-2　局部最优解

设 $f(\boldsymbol{x})$ 为目标函数，$\boldsymbol{S}$ 为可行域，$\boldsymbol{x}^* \in \boldsymbol{S}$。若存在 $\boldsymbol{x}^*$ 的一个 ε 邻域 $\boldsymbol{S}_\varepsilon$，使得对每一个 $\boldsymbol{x} \in \boldsymbol{S}_\varepsilon$ 都有 $f(\boldsymbol{x}) \geqslant f(\boldsymbol{x}^*)$，则称 $\boldsymbol{x}^*$ 为极小化问题式(2-36) 的局部最优解（最小）。

凸规划是非线性规划中一种重要的特殊情况，具有许多良好的解析性质，可以用解析解法求解。

定义 2-3　设 $\boldsymbol{S}$ 为 $\mathfrak{R}^n$ 中的一个集合，若对 $\boldsymbol{S}$ 中任意两点，连接它们的线段仍属于 $\boldsymbol{S}$，即对 $\boldsymbol{S}$ 中任意两点 $\boldsymbol{x}_1, \boldsymbol{x}_2$ 及每个实数 $\lambda \in [0,1]$，都有

$$\lambda \boldsymbol{x}_1 + (1-\lambda)\boldsymbol{x}_2 \in \boldsymbol{S}$$

则称 $\boldsymbol{S}$ 为凸集，$\lambda \boldsymbol{x}_1 + (1-\lambda)\boldsymbol{x}_2$ 称为 $\boldsymbol{x}_1$ 和 $\boldsymbol{x}_2$ 的凸组合。

定义 2-4　设 $\boldsymbol{S}$ 为 $\mathfrak{R}^n$ 中的非空凸集，f 是定义在 $\boldsymbol{S}$ 上的实函数。如果对任意的 $\boldsymbol{x}_1, \boldsymbol{x}_2 \in \boldsymbol{S}$

及每个数$\lambda\in(0,1)$，都有$f[\lambda \boldsymbol{x}_1+(1-\lambda)\boldsymbol{x}_2]\leqslant\lambda f(\boldsymbol{x}_1)+(1-\lambda)f(\boldsymbol{x}_2)$，则称$f$为$\boldsymbol{S}$上凸函数。如果对任意相异的$\boldsymbol{x}_1,\boldsymbol{x}_2\in\boldsymbol{S}$及每个数$\lambda\in(0,1)$，都有$f[\lambda \boldsymbol{x}_1+(1-\lambda)\boldsymbol{x}_2]<\lambda f(\boldsymbol{x}_1)+(1-\lambda)f(\boldsymbol{x}_2)$，则称$f$为$\boldsymbol{S}$上的严格凸函数。如果$-f$为$\boldsymbol{S}$上的凸函数，则称$f$为$\boldsymbol{S}$上的凹函数。

定义 2-5 若式(2-33)的$f(\boldsymbol{x})$是凸函数，式(2-34)的$g_i(\boldsymbol{x})$是凹函数，$h_j(\boldsymbol{x})$是线性函数，则求凸函数在凸集上的极小点问题称为凸规划。

凸规划的解析解具有以下性质。

引理 2-1 设$\boldsymbol{S}$是$\mathfrak{R}^n$中的凸集，f是定义在$\boldsymbol{S}$上的凸函数，则f在$\boldsymbol{S}$的内部连续。

引理 2-2 设f是一个凸函数，$\boldsymbol{x}\in\mathfrak{R}^n$，在$\boldsymbol{x}$处$f(\boldsymbol{x})$取有限值，则$f$在$\boldsymbol{x}$处沿任何方向都存在右侧导数和左侧导数（包括$\pm\infty$）。

定理 2-1 设$\boldsymbol{S}$是$\mathfrak{R}^n$中的非空凸集，f是定义在$\boldsymbol{S}$上的凸函数，则f在$\boldsymbol{S}$上的局部极小点就是全局极小点，且极小点的集合为凸集。

在非线性规划问题中，一个最主要的困难是如何判断所得到的极值点正是所需要的全局极值点而非局部极值点，因此定理 2-1 表明，对于凸规划可以不必进行这样的判别而在得到极值点后直接停止求解。

进一步解析求解非线性规划问题（包括凸规划）需要应用目标函数的梯度和 Hesse 矩阵的概念，如定义 2-6、定义 2-7 所述。

定义 2-6 设函数$f(\boldsymbol{x})$，$\boldsymbol{x}\in\mathfrak{R}^n$存在一阶偏导数，则称向量

$$\nabla f(\boldsymbol{x})=\left[\frac{\partial f}{\partial x_1}\ \frac{\partial f}{\partial x_2}\ \cdots\ \frac{\partial f}{\partial x_n}\right]^{\mathrm{T}}$$

为$f(\boldsymbol{x})$在点$\boldsymbol{x}=[x_1\ \ x_2\ \ \cdots\ \ x_n]^{\mathrm{T}}$处的梯度。

定义 2-7 设函数$f(\boldsymbol{x})$存在二阶偏导数，则称矩阵

$$\boldsymbol{H}(\boldsymbol{x})=\begin{bmatrix}\dfrac{\partial^2 f}{\partial x_1^2} & \dfrac{\partial^2 f}{\partial x_1\partial x_2} & \cdots & \dfrac{\partial^2 f}{\partial x_1\partial x_n}\\ \dfrac{\partial^2 f}{\partial x_2\partial x_1} & \dfrac{\partial^2 f}{\partial x_2^2} & \cdots & \dfrac{\partial^2 f}{\partial x_2\partial x_n}\\ \vdots & \vdots & \ddots & \vdots\\ \dfrac{\partial^2 f}{\partial x_n\partial x_1} & \dfrac{\partial^2 f}{\partial x_n\partial x_2} & \cdots & \dfrac{\partial^2 f}{\partial x_n^2}\end{bmatrix}$$

为$f(\boldsymbol{x})$在点$\boldsymbol{x}=[x_1\ \ x_2\ \ \cdots\ \ x_n]^{\mathrm{T}}$处的 Hesse 矩阵。

由梯度和 Hesse 矩阵的上述定义，无约束非线性规划问题(2-37)的局部极小点的解析解可由以下定理求出。

引理 2-3 局部极小点的一阶必要条件

设函数$f(\boldsymbol{x})$在点$\boldsymbol{x}^*$处可微，若$\boldsymbol{x}^*$是局部极小点，则梯度$\nabla f(\boldsymbol{x}^*)=0$。

引理 2-4 局部极小点的二阶必要条件

设函数$f(\boldsymbol{x})$在点$\boldsymbol{x}^*$处二次可微，若$\boldsymbol{x}^*$是局部极小点，则梯度$\nabla f(\boldsymbol{x}^*)=0$，并且 Hesse 矩阵$\boldsymbol{H}(\boldsymbol{x}^*)$是半正定的。

为判断某点$\boldsymbol{x}^*$是否为极值点，有以下定理。

定理 2-2 设函数$f(\boldsymbol{x})$在点$\boldsymbol{x}^*$处二次可微，若梯度$\nabla f(\boldsymbol{x}^*)=0$且 Hesse 矩阵$\boldsymbol{H}(x^*)$正定，则$\boldsymbol{x}^*$是局部极小点。

【例 2-10】 求解 $\min\ f(x_1,x_2)=\frac{1}{3}x_1^3+\frac{1}{3}x_2^3-x_2^2-x_1$。

解 由 $f(\boldsymbol{x})$ 的定义

$$\frac{\partial f}{\partial x_1}=x_1^2-1,\ \frac{\partial f}{\partial x_2}=x_2^2-2x_2$$

$$\nabla f=[x_1^2-1\quad x_2^2-2x_2]^{\mathrm{T}}$$

令$\nabla f=\boldsymbol{0}$，得 $f(\boldsymbol{x})$ 的四个驻点为 $[1\quad 0]^{\mathrm{T}}$，$[1\quad 2]^{\mathrm{T}}$，$[-1\quad 0]^{\mathrm{T}}$ 和 $[-1\quad 2]^{\mathrm{T}}$。而$f(\boldsymbol{x})$ 的 Hesse 矩阵为

$$\boldsymbol{H}(\boldsymbol{x})=\begin{bmatrix}2x_1 & 0\\ 0 & 2x_2-2\end{bmatrix}$$

由此可知，在四个驻点处的 Hesse 矩阵分别为 $\begin{bmatrix}2 & 0\\ 0 & -2\end{bmatrix}$，$\begin{bmatrix}2 & 0\\ 0 & 2\end{bmatrix}$，$\begin{bmatrix}-2 & 0\\ 0 & -2\end{bmatrix}$和$\begin{bmatrix}-2 & 0\\ 0 & 2\end{bmatrix}$。由于第一个和第四个 Hesse 矩阵不定，根据定理 2-2，第一、第四个驻点不是极小点。而第三个驻点处的 Hesse 矩阵是负定的，因此第三个驻点也不是极小点（实际上为极大点）。惟有第二个驻点的 Hesse 矩阵正定，因此是局部极小点。

对于有约束的非线性规划问题式(2-33)、式(2-34)，解析求解其全局极值点要复杂得多，限于篇幅，下面仅给出凸规划问题最优解的充分条件。

定理 2-3 设在式(2-33)、式(2-34) 中，$f(\boldsymbol{x})$ 是凸函数，$g_i(\boldsymbol{x})$，$i=1,2,\cdots,m$ 是凹函数，$h_j(\boldsymbol{x})$，$j=1,2,\cdots,n$ 是线性函数，可行域为 $\boldsymbol{S}$，若存在 $\boldsymbol{x}^*\in\boldsymbol{S}$ 和 $w_i\geqslant 0$，$i\in I$ 及v_j，$j=1,2,\cdots,n$，使得

$$\nabla f(\boldsymbol{x}^*)-\sum_{i\in I}w_i\nabla g_i(\boldsymbol{x}^*)-\sum_{j=1}^{l}\nabla h_j(\boldsymbol{x}^*)=\boldsymbol{0} \tag{2-38}$$

则 $\boldsymbol{x}^*$ 是全局最优解，其中，$I=\{i|g_i(\boldsymbol{x}^*)=0\}$是 $\boldsymbol{x}^*$ 处使 $g_i(\boldsymbol{x})$ 为 0 的指标集。

应该指出，解析法求解非线性规划问题，不论是无约束还是有约束，一般均只能求解低维空间中较为简单的问题，对于较复杂的非线性规划问题，更有效的是数值迭代算法。

数值迭代法的基本思想是：为了求函数 $f(\boldsymbol{x})$ 的最优解，首先给定一个初始估计 $\boldsymbol{x}^{(0)}$，然后按某种规则（即算法）找出比 $\boldsymbol{x}^{(0)}$更好的解 $\boldsymbol{x}^{(1)}$ {对极小值问题，$f[\boldsymbol{x}^{(1)}]<f[\boldsymbol{x}^{(0)}]$；对极大值问题，$f[\boldsymbol{x}^{(1)}]>f[\boldsymbol{x}^{(0)}]$}，再按此种规则找出比 $\boldsymbol{x}^{(1)}$ 好的解 $\boldsymbol{x}^{(2)}$……如此循环即可得到一个解序列$\{\boldsymbol{x}^{(k)}\}$。若这个解序列有极限 $\boldsymbol{x}^*$，即

$$\lim_{k\to\infty}\|\boldsymbol{x}^{(k)}-\boldsymbol{x}^*\|=0 \tag{2-39}$$

则称它收敛于 $\boldsymbol{x}^*$。

现假定已迭代到第 k 个点 $\boldsymbol{x}^{(k)}$，若从 $\boldsymbol{x}^{(k)}$ 出发沿任何方向移动都无法找到一个更好的点，则 $\boldsymbol{x}^{(k)}$ 为局部极值点，迭代过程停止；若从 $\boldsymbol{x}^{(k)}$ 出发至少存在一个方向可找到更好的点，则可选定该方向 $\boldsymbol{p}^{(k)}$，沿此方向前进适当一步，得到下一个迭代点 $\boldsymbol{x}^{(k+1)}$，且 $f[\boldsymbol{x}^{(k+1)}]$优于$f[\boldsymbol{x}^{(k)}]$。$\boldsymbol{x}^{(k+1)}$可以按下式构造

$$\boldsymbol{x}^{(k+1)}=\boldsymbol{x}^{(k)}+\lambda_k\boldsymbol{p}^{(k)} \tag{2-40}$$

式中，$\boldsymbol{p}^{(k)}$称为搜索方向，λ_k 为步长。

由于计算机的字长有限，这种迭代一般很难得到绝对的精确解，当迭代过程满足所要求的精度时即可停止迭代，常用的迭代停止条件如下。

① 根据相继两次迭代的绝对误差

$$\|\boldsymbol{x}^{(k+1)}-\boldsymbol{x}^{(k)}\|<\varepsilon_1,\ |f[\boldsymbol{x}^{(k+1)}]-f[\boldsymbol{x}^{(k)}]|<\varepsilon_2$$

② 根据相继两次迭代的相对误差

$$\frac{\| x^{(k+1)} - x^{(k)} \|}{\| x^{(k)} \|} < \varepsilon_3,\ \frac{| f[x^{(k+1)}] - f[x^{(k)}] |}{| f[x^{(k)}] |} < \varepsilon_4$$

这时要求分母不接近于零。

③ 根据目标函数梯度的模

$$\| \nabla f[x^{(k)}] \| < \varepsilon_5$$

式中，$\varepsilon_1, \varepsilon_2, \varepsilon_3, \varepsilon_4, \varepsilon_5$ 都是事先规定的迭代允许误差。

这样，数值迭代算法可经历以下步骤。

① 选定初始迭代点 $x^{(0)}$，并令 $k=0$。

② 确定搜索方向 $p^{(k)}$。

③ 从 $x^{(k)}$ 出发，沿 $p^{(k)}$ 求步长 λ_k，以产生下一个迭代点 $x^{(k+1)}$。

④ 检查得到的新点 $x^{(k+1)}$ 是否为极值点，或满足一定的停止条件。若是，则停止迭代；否则令 $k=k+1$ 转②继续迭代。

据上述分析，数值迭代类求解非线性规划问题的关键在于如何确定可行的搜索方向 $p^{(k)}$ 和如何确定沿 $p^{(k)}$ 方向的搜索步长 λ_k，尤其是 $p^{(k)}$ 的确定决定了不同寻优算法的性质和结构。下面先讨论无约束非线性规划问题的几种迭代算法，然后讨论有约束非线性规划问题的迭代算法。

最速下降法是一类最简单的、仅利用目标函数一阶微分条件（梯度）的迭代算法，其原理是在每次迭代中沿最速下降方向（即负梯度方向）进行搜索，迭代公式为

$$\begin{aligned} & x^{(k+1)} = x^{(k)} + \lambda_k p^{(k)} \\ & p^{(k)} = -\nabla f[x^{(k)}] \\ & \lambda_k:\ f[x^{(k)} + \lambda_k p^{(k)}] = \min_{\lambda \geqslant 0}\ f[x^{(k)} + \lambda p^{(k)}] \end{aligned} \tag{2-41}$$

算法 2-1

① 给定初点 $x^{(1)} \in \mathfrak{R}^n$ 和允许误差 ε，置 $k=1$。

② 计算搜索方向 $p^{(k)} = -\nabla f[x^{(k)}]$。

③ 若 $\| \nabla f\ [x^{(k)}]\ \| < \varepsilon$，则停止搜索，否则，从 $x^{(k)}$ 出发沿 $p^{(k)}$ 搜索最优步长 λ_k，使得

$$f[x^{(k)} + \lambda_k p^{(k)}] = \min_{\lambda \geqslant 0}\ f[x^{(k)} + \lambda p^{(k)}]$$

④ 令 $x^{(k+1)} = x^{(k)} + \lambda_k p^{(k)}$，置 $k=k+1$，转②。

最速下降法是一种极易实现的算法。从局部看，最速下降方向确是目标函数值下降最快的方向，选择这样的方向进行搜索是有利的；但以全局看，当迭代点接近极值点时，每次迭代移动的步长很小，即使向极值点移近很小的距离，也要经历不少锯齿状的“弯路”，因此收敛速度总体上很慢。

如果目标函数是二次可微的，则利用其二次可微条件（Hesse 矩阵），就可以得到广义牛顿迭代算法如下。

$$\begin{aligned} & x^{(k+1)} = x^{(k)} + \lambda_k p^{(k)} \\ & p^{(k)} = -H^{-1}[x^{(k)}]\nabla f[x^{(k)}] \\ & \lambda_k:\ f[x^{(k)} + \lambda_k p^{(k)}] = \min_{\lambda \geqslant 0}\ f[x^{(k)} + \lambda p^{(k)}] \end{aligned} \tag{2-42}$$

其基本原理是用一个二次函数局部地逼近 $f(x)$，然后求此近似函数的极小点。式(2-42)中，$H^{-1}[x^{(k)}]$ 是 Hesse 矩阵的逆矩阵。

算法 2-2

① 给定初始点 $\boldsymbol{x}^{(0)}$ 和允许误差 ε，置 $k=1$。

② 计算 $\nabla f[\boldsymbol{x}^{(k)}]$；$\boldsymbol{H}[\boldsymbol{x}^{(k)}]$，$\boldsymbol{H}^{-1}[\boldsymbol{x}^{(k)}]$。

③ 若 $\|\nabla f[\boldsymbol{x}^{(k)}]\|<\varepsilon$，则停止迭代；否则，令

$$\boldsymbol{p}^{(k)}=-\boldsymbol{H}^{-1}[\boldsymbol{x}^{(k)}]\nabla f[\boldsymbol{x}^{(k)}]$$

④ 从 $\boldsymbol{x}^{(k)}$ 出发，沿 $\boldsymbol{p}^{(k)}$ 做一维搜索，即

$$f[\boldsymbol{x}^{(k)}+\lambda_k\boldsymbol{p}^{(k)}]=\min_{\lambda\geqslant 0} f[\boldsymbol{x}^{(k)}+\lambda\boldsymbol{p}^{(k)}]$$

并令

$$\boldsymbol{x}^{(k+1)}=\boldsymbol{x}^{(k)}+\lambda_k\boldsymbol{p}^{(k)}$$

⑤ 置 $k=k+1$ 转②。

广义牛顿法的突出优点是收敛很快，但也有几个缺点。一是 Hesse 矩阵的逆 $\boldsymbol{H}^{-1}[\boldsymbol{x}^{(k)}]$ 未必每点都存在；二是即使 $\boldsymbol{H}^{-1}[\boldsymbol{x}^{(k)}]$ 存在也未必正定，因而牛顿方向不一定是下降方向；三是求 Hesse 矩阵的逆比较困难。为克服这两个缺点，人们提出了拟牛顿法，它设法构造另一个矩阵 $\overline{\boldsymbol{H}}[\boldsymbol{x}^{(k)}]$ 直接逼近 $\boldsymbol{H}^{-1}[\boldsymbol{x}^{(k)}]$ 而不是用 $\boldsymbol{H}[\boldsymbol{x}^{(k)}]$ 求取 $\boldsymbol{H}^{-1}[\boldsymbol{x}^{(k)}]$。由于构造 $\overline{\boldsymbol{H}}[\boldsymbol{x}^{(k)}]$ 的方法不同，因而有不同的拟牛顿法，例如常用的变尺度法。

共轭梯度法是以共轭方向作为搜索方向的一类算法，基本思想是把共轭性与最速下降原理相结合，利用已知点处的梯度构造一组共轭方向，并沿此组方向进行搜索，求出目标函数的极小点。共轭梯度法的迭代公式为

$$\begin{aligned}
&\boldsymbol{x}^{(k+1)}=\boldsymbol{x}^{(k)}+\lambda_k\boldsymbol{p}^{(k)}\\
&\boldsymbol{p}^{(k+1)}=-\nabla f[\boldsymbol{x}^{(k+1)}]+\beta_k\boldsymbol{p}^{(k)}\\
&\beta_k=\frac{\|\nabla f[\boldsymbol{x}^{(k+1)}]\|^2}{\|\nabla f[\boldsymbol{x}^{(k)}]\|^2}\\
&\lambda_k: f[\boldsymbol{x}^{(k)}+\lambda_k\boldsymbol{p}^{(k)}]=\min_{\lambda\geqslant 0} f[\boldsymbol{x}^{(k)}+\lambda\boldsymbol{p}^{(k)}]
\end{aligned}\tag{2-43}$$

算法 2-3

① 给定点 $\boldsymbol{x}^{(1)}$ 和迭代允许误差 $\varepsilon>0$，置 $\boldsymbol{y}^{(1)}=\boldsymbol{x}^{(1)}$，则

$$\boldsymbol{p}^{(1)}=-\nabla f[\boldsymbol{y}^{(1)}],\quad k=j=1$$

② 若 $\|\nabla f[\boldsymbol{y}^{(j)}]\|<\varepsilon$，则停止计算；否则，做一维搜索求 λ_j，满足

$$f[\boldsymbol{y}^{(j)}+\lambda_j\boldsymbol{p}^{(j)}]=\min_{\lambda\geqslant 0} f[\boldsymbol{y}^{(j)}+\lambda\boldsymbol{p}^{(j)}]$$

令

$$\boldsymbol{y}^{(j+1)}=\boldsymbol{y}^{(j)}+\lambda_j\boldsymbol{p}^{(j)}$$

③ 如果 $j<n$，则做④；否则，进行⑤。

④ 计算 $\nabla f[\boldsymbol{y}^{(j+1)}]$，置

$$\boldsymbol{p}^{(j+1)}=-\nabla f[\boldsymbol{y}^{(j+1)}]+\beta_j\boldsymbol{p}^{(j)}$$

式中，$\beta_j=\dfrac{\|\nabla f[\boldsymbol{x}^{(j+1)}]\|^2}{\|\nabla f[\boldsymbol{x}^{(j)}]\|^2}$，置 $j=j+1$ 转②。

⑤ 令 $\boldsymbol{x}^{(k+1)}=\boldsymbol{y}^{(n+1)}$，$\boldsymbol{p}^{(1)}=-\nabla f[\boldsymbol{y}^{(1)}]$，置 $k=k+1$ 转②。

对于有约束的非线性规划问题，通常用以下三个方法处理其约束条件进而实现数值迭代求解。第一种方法是将迭代点序列严格控制在可行域内，从而执行的迭代过程实际上为无约束优化过程。第二种方法称为序列无约束优化方法，简称 SUMT 方法。该方法通过将约束项处理成制约函数项加入到目标函数中形成新的广义目标函数，从而将有约束问题化为广义目标函数下的无约束问题，再利用前述的无约束优化迭代算法求解。拉格朗日乘子法就是这

类方法的一个特例。第三种是在迭代点附近的序列线性化或序列二次函数逼近方法，通过运用迭代点附近的泰勒展开，将有约束的非线性规划近似为极易求解的线性规划或二次规划以实现迭代求解。后两类方法近年来得到了越来越广泛的应用。

序列无约束优化方法中常用的制约函数基本上有两类：一类为罚函数，又称为外点法；另一类为障碍函数，又称为内点法。考虑以下有约束非线性规划问题。

$$\begin{aligned} &\min \ f(\boldsymbol{x}) \\ &\text{s.t.} \ g_i(\boldsymbol{x}) \geqslant 0, \quad i=1,2,\cdots,m \\ &\qquad h_j(\boldsymbol{x})=0, \quad j=1,2,\cdots,l \end{aligned} \tag{2-44}$$

式中，$f(\boldsymbol{x}),g_i(\boldsymbol{x}),h_j(\boldsymbol{x})$（$i=1,2,\cdots,m$；$j=1,2,\cdots,l$）是 $\mathfrak{R}^n$ 上的连续函数。

罚函数的基本思想是，利用目标函数和约束函数组成广义目标函数 $F(\boldsymbol{x},\sigma)$，即

$$F(\boldsymbol{x},\sigma)=f(\boldsymbol{x})+\sigma P(\boldsymbol{x}) \tag{2-45}$$

$F(\boldsymbol{x},\sigma)$ 具有这样的性质：当点 x 位于可行域以外时，$F(\boldsymbol{x},\sigma)$ 取值很大，而且离可行域越远其值越大；当点在可行域内时，函数 $F(\boldsymbol{x},\sigma)=f(\boldsymbol{x})$。这样，可将原来问题转化成关于广义目标函数 $F(\boldsymbol{x},\sigma)$ 的无约束优化问题，即

$$\min \ F(\boldsymbol{x},\sigma)=f(\boldsymbol{x})+\sigma P(\boldsymbol{x}) \tag{2-46}$$

再利用无约束优化问题数值迭代算法（如共轭梯度法）即可实现求解。在极小化过程中，若 $\boldsymbol{x}$ 不是可行点，则 $\sigma P(\boldsymbol{x})$ 取很大正值，其作用是迫使迭代点尽量靠近可行域，通常将 $\sigma P(\boldsymbol{x})$ 称为罚项，σ 称为罚因子，$F(\boldsymbol{x},\sigma)$ 又称为罚函数。

可以看出，这类方法的关键是构造 $P(\boldsymbol{x})$，其一般方式为

$$P(\boldsymbol{x})=\sum_{i=1}^{m}\Phi[g_i(\boldsymbol{x})]+\sum_{j=1}^{l}\Psi[h_j(\boldsymbol{x})] \tag{2-47}$$

Φ 和 Ψ 是满足下列条件的连续函数

$$\Phi(y)=\begin{cases}0, & y\geqslant 0\\ >0, & y<0\end{cases} \tag{2-48}$$

$$\Psi(y)=\begin{cases}0, & y-0\\ >0, & y\neq 0\end{cases} \tag{2-49}$$

通常，取下述函数

$$\Phi(\boldsymbol{x})=[\max\ \{0,-g_i(\boldsymbol{x})\}]^{\alpha}$$

$$\Psi(\boldsymbol{x})=|h_j(\boldsymbol{x})|^{\beta}$$

式中，$\alpha\geqslant 1$，$\beta\geqslant 1$ 均为给定常数，通常 $\alpha=\beta=2$。

另外，实际计算中，罚因子 σ 的选择很重要。σ 太小，则罚函数的极小点与原约束优化问题的极小点差距较大；σ 太大，给计算增加困难。一般是取一个趋向无穷大的严格递增函数列 $\{\sigma_k\}$。

对于只有不等式约束的非线性规划问题

$$\begin{aligned} &\min \ f(\boldsymbol{x}) \\ &\text{s.t.} \ g_i(\boldsymbol{x}) \geqslant 0,\ i=1,2,\cdots,m \end{aligned} \tag{2-50}$$

还可以采用障碍函数法，迭代过程总是从可行域的内点出发并保持在可行域内。

设 $f(\boldsymbol{x}),g_i(\boldsymbol{x})$（$i=1,2,\cdots,m$）是连续函数，可行域为 $\boldsymbol{S}=\{\boldsymbol{x}\mid g_i(\boldsymbol{x})\geqslant 0,\ i=1,2,\cdots,m\}$。为保持迭代点含于可行域内部，定义障碍函数为

$$F(\boldsymbol{x},r)=f(\boldsymbol{x})+rB(\boldsymbol{x}) \tag{2-51}$$

式中，$B(\boldsymbol{x})$ 是连续函数，当点 $\boldsymbol{x}$ 趋于可行域边界时，$B(\boldsymbol{x})\to\infty$，$r$ 是很小的正数。

这样，当 $\boldsymbol{x}$ 趋向边界时，函数 $F(\boldsymbol{x},r)\to\infty$；否则，由于 r 很小，则函数 $F(\boldsymbol{x},r)$ 的取值近似于 $f(\boldsymbol{x})$。因此，式(2-50) 近似等价于

$$\begin{aligned}&\min\ F(\boldsymbol{x},r)\\&\text{s. t.}\ \ \boldsymbol{x}\in \text{int}\boldsymbol{S}\end{aligned}\tag{2-52}$$

式中，int $\boldsymbol{S}$ 意为 $\boldsymbol{S}$ 内部。两种典型的 $B(\boldsymbol{x})$ 为

$$B(\boldsymbol{x})=\sum_{i=1}^{m}\frac{1}{g_i(\boldsymbol{x})}$$

$$B(\boldsymbol{x})=-\sum_{i=1}^{m}\lg[g_i(\boldsymbol{x})]$$

由于 $B(\boldsymbol{x})$ 的作用，在可行域边界形成“围墙”，自动阻止迭代点趋向边界，因此式(2-52) 相当于无约束优化问题。同样，r 的取值对式(2-52) 的求解有很大影响，r 越小式(2-52) 的最优解越逼近于式(2-50) 的最优解；但 r 太小将带来较大的计算问题。合理的做法是取一个严格单调递减且趋于零的障碍因子数列 $\{r_k\}$。

如果通过某种方法（如非线性函数的泰勒展开）将非线性规划问题的目标函数和约束函数在每个迭代点附近逼近为较简单的函数形式，如线性函数或二次多项式函数，则原非线性规划问题就简化为线性规划问题或较易求解的二次规划问题，大大降低了问题求解的难度。这一处理思想导致了逐次函数逼近类算法的产生。

逐次函数逼近思想最简单的是逐次线性规划算法。考虑如下非线性规划问题。

$$\begin{aligned}&\min\ f(\boldsymbol{x})\\&\text{s. t.}\ \ g_i(\boldsymbol{x})\geqslant 0,\ i=1,2,\cdots,m\\&\qquad h_j(\boldsymbol{x})=0,\ j=1,2,\cdots,l\end{aligned}\tag{2-53}$$

式中，$f(\boldsymbol{x}),g_i(\boldsymbol{x}),h_j(\boldsymbol{x})$是一阶可微的函数。设 $\boldsymbol{x}^{(k)}$ 是第 k 步迭代点，则在 $\boldsymbol{x}^{(k)}$ 附近对 $f(\boldsymbol{x}),g_i(\boldsymbol{x}),h_j(\boldsymbol{x})$做泰勒展开

$$\begin{aligned}f(\boldsymbol{x})&=f[\boldsymbol{x}^{(k)}]+\nabla f^{\mathrm{T}}[\boldsymbol{x}^{(k)}][\boldsymbol{x}-\boldsymbol{x}^{(k)}]+o[\boldsymbol{x}-\boldsymbol{x}^{(k)}]\\&\approx f[\boldsymbol{x}^{(k)}]+\nabla f^{\mathrm{T}}[\boldsymbol{x}^{(k)}][\boldsymbol{x}-\boldsymbol{x}^{(k)}]\end{aligned}\tag{2-54}$$

$$\begin{aligned}g_i(\boldsymbol{x})&=g_i[\boldsymbol{x}^{(k)}]+\nabla g_i^{\mathrm{T}}[\boldsymbol{x}^{(k)}][\boldsymbol{x}-\boldsymbol{x}^{(k)}]+o[\boldsymbol{x}-\boldsymbol{x}^{(k)}]\\&\approx g_i[\boldsymbol{x}^{(k)}]+\nabla g_i^{\mathrm{T}}[\boldsymbol{x}^{(k)}][\boldsymbol{x}-\boldsymbol{x}^{(k)}]\\&\quad i=1,2,\cdots,m\end{aligned}\tag{2-55}$$

$$\begin{aligned}h_j(\boldsymbol{x})&=h_j[\boldsymbol{x}^{(k)}]+\nabla h_j^{\mathrm{T}}[\boldsymbol{x}^{(k)}][\boldsymbol{x}-\boldsymbol{x}^{(k)}]+o[\boldsymbol{x}-\boldsymbol{x}^{(k)}]\\&\approx h_j[\boldsymbol{x}^{(k)}]+\nabla h_j^{\mathrm{T}}[\boldsymbol{x}^{(k)}][\boldsymbol{x}-\boldsymbol{x}^{(k)}]\\&\quad j=1,2,\cdots,l\end{aligned}\tag{2-56}$$

将式(2-54)、式(2-55)、式(2-56) 代入到式(2-53) 中

$$\begin{aligned}&\min\ f[\boldsymbol{x}^{(k)}]+\nabla f^{\mathrm{T}}[\boldsymbol{x}^{(k)}][\boldsymbol{x}-\boldsymbol{x}^{(k)}]\\&\text{s. t.}\ \ g_i[\boldsymbol{x}^{(k)}]+\nabla g_i^{\mathrm{T}}[\boldsymbol{x}^{(k)}][\boldsymbol{x}-\boldsymbol{x}^{(k)}]\geqslant 0,\quad i=1,2,\cdots,m\\&\qquad h_j[\boldsymbol{x}^{(k)}]+\nabla h_j^{\mathrm{T}}[\boldsymbol{x}^{(k)}][\boldsymbol{x}-\boldsymbol{x}^{(k)}]=0,\quad j=1,2,\cdots,l\end{aligned}\tag{2-57}$$

则式(2-57) 是线性规划。

式(2-54)、式(2-55)、式(2-56) 成立的前提条件是 $\boldsymbol{x}$ 距 $\boldsymbol{x}^{(k)}$ 足够近，因此为保证线性近似的误差足够小，需满足

$$\|\boldsymbol{x}-\boldsymbol{x}^{(k)}\|\leqslant\delta\tag{2-58}$$

也即下一个迭代点的步长满足

$$\| x^{(k+1)}-x^{(k)} \| \leqslant \delta \tag{2-59}$$

求解式(2-57)，得到一个 $x^{(k+1)}$，若

$$x^{(k+1)} \in S=\{x \mid g_i(x)\geqslant 0, h_j(x)=0, i=1,2,\cdots,m; j=1,2,\cdots,l\}$$

则可将 $x^{(k+1)}$ 作为新的迭代点，否则缩小 δ 值，重新求解式(2-57)。

如果目标函数 $f(x)$ 二次可微，则可通过对 $f(x)$ 的二次泰勒逼近和对 $g_i(x), h_j(x)$ 的一次线性逼近，将复杂的非线性规划问题化为简单易解的二次规划问题，这种方法称为逐次二次规划算法。下面，在讨论逐次二次规划之前，先介绍二次规划的求解方法。

二次规划是非线性规划的一种特殊情形，它的目标函数是二次实函数，约束函数是线性的，其形式简单，便于求解。考虑如下二次规划问题。

$$\min \ \frac{1}{2}x^{\mathrm{T}}Hx+C^{\mathrm{T}}x \tag{2-60}$$

$$\text{s.t.} \quad Ax=b$$

式中，H 是 n 阶对称方阵，A 是 $m\times n$ 矩阵，A 的秩为 m，b 是 m 维向量。

为求解式(2-60)，构造拉格朗日函数如下。

$$L(x,\lambda)=\frac{1}{2}x^{\mathrm{T}}Hx+C^{\mathrm{T}}x-\lambda(Ax-b) \tag{2-61}$$

式中，λ 是拉格朗日乘子。

设 x^* 是式(2-60) 的最优解，相应的拉格朗日乘子为 λ^*，则运用求极值的必要条件引理 2-3，得

$$x^*=-QC+R^{\mathrm{T}}b \tag{2-62}$$

$$\lambda^*=RC-Sb \tag{2-63}$$

式中

$$Q=H^{-1}-H^{-1}A^{\mathrm{T}}(AH^{-1}A^{\mathrm{T}})^{-1}AH^{-1}$$

$$R=(AH^{-1}A^{\mathrm{T}})^{-1}AH^{-1}$$

$$S=-(AH^{-1}A^{\mathrm{T}})^{-1}$$

因此，只要各系数矩阵满足一定条件，二次规划可以很方便地加以解析求解。正因为如此，将一般非线性规划化为一系列的二次规划求解有很重要的意义。

继续考虑非线性规划问题式(2-53)，这里 $f(x)$ 是二次可微函数，其余不变。设 $x^{(k)}$ 是第 k 步的迭代点，则在 $x^{(k)}$ 附近做泰勒展开

$$\begin{aligned} f(x)=&f[x^{(k)}]+\nabla f^{\mathrm{T}}[x^{(k)}][x-x^{(k)}]+\\ &\frac{1}{2}[x-x^{(k)}]^{\mathrm{T}}H[x^{(k)}][x-x^{(k)}]+o\{[x-x^{(k)}]^{\mathrm{T}}[x-x^{(k)}]\} \\ \approx& f[x^{(k)}]+\nabla f^{\mathrm{T}}[x^{(k)}][x-x^{(k)}]+\frac{1}{2}[x-x^{(k)}]^{\mathrm{T}}H[x^{(k)}][x-x^{(k)}] \end{aligned} \tag{2-64}$$

式中，$H[x^{(k)}]$为 $x^{(k)}$ 点的 Hesse 矩阵。

$g_i(x)$ 和 $h_j(x)$ 在 $x^{(k)}$ 点的展开式与逐次线性规划的展开式(2-55)、式(2-56) 相同，即只到线性项。因此，由式(2-64)、式(2-55)、式(2-56)，得到在 $x^{(k)}$ 点的二次规划为

$$\begin{aligned} \min \ & f[x^{(k)}]+\nabla f^{\mathrm{T}}[x^{(k)}][x-x^{(k)}]+\frac{1}{2}[x-x^{(k)}]^{\mathrm{T}}H[x^{(k)}][x-x^{(k)}] \\ \text{s.t.} \ & g_i[x^{(k)}]+\nabla g_i^{\mathrm{T}}[x^{(k)}][x-x^{(k)}]\geqslant 0, \quad i=1,2,\cdots,m \\ & h_j[x^{(k)}]+\nabla h_j^{\mathrm{T}}[x^{(k)}][x-x^{(k)}]=0, \quad j=1,2,\cdots,l \end{aligned} \tag{2-65}$$

可以进行解析求解。当然，为保证线性逼近和二次逼近的精度，亦要求 x 距 $x^{(k)}$ 足够近，如

逐次线性规划中所讨论。

2.1.4 动态规划

20 世纪 50 年代初，美国数学家贝尔曼等根据一类多阶段决策问题的特点，提出了解决这类问题的最优化原理，从而创立了最优化理论的一个新的分支——动态规划。在其后的 50 多年中，动态规划在工程技术、经济和军事等众多领域得到了广泛应用并取得了迅速发展，成为解决多阶段决策问题的主要方法。

一个多阶段决策过程最优化问题的动态规划模型通常包含以下要素。

阶段：对整个过程的自然划分，通常根据时间顺序或空间特征来划分阶段，以便按阶段的次序解优化问题。阶段变量一般用 $k=1, 2, \cdots, n$ 表示。

状态：表示每个阶段开始时过程所处的自然状况，它应能描述过程的特征并且具有无后效性，即当某阶段的状态给定时，这个阶段以后过程的演变与该阶段以前各阶段的状态无关，通常还要求状态是直接或间接可以观测的。

描述状态的变量称状态变量，变量允许取值的范围称允许状态集合，用 x_k 表示第 k 阶段的状态变量，它可以是一个向量。用 X_k 表示第 k 阶段的允许状态集合。n 个阶段的决策过程有 $n+1$ 个状态，x_{n+1} 表示 x_n 演变的结果。根据过程演变的具体情况，状态变量可以是离散的或连续的。状态变量有时也简称为状态。

决策：当一个阶段的状态确定后，可以作出各种选择从而演变到下一阶段的某个状态，这种选择手段称为决策或控制。描述决策的变量称决策变量，用 $u_k(x_k)$ 表示第 k 阶段处于状态 x_k 时的决策变量，它是 x_k 的函数，用 $U_k(x_k)$ 表示 x_k 的允许决策集合。决策变量有时也简称决策。

策略：决策组成的序列称为策略，由初始状态 x_1 开始的全过程的策略记作 $p_{1n}(x_1)$，即 $p_{1n}(x_1)=\{u_1(x_1),u_2(x_2),\cdots,u_n(x_n)\}$。由第 k 阶段的状态 x_k 开始到终止状态的后部子过程的策略记作 $p_{kn}(x_k)$，即 $p_{kn}(x_k)=\{u_k(x_k),u_{k+1}(x_{k+1}),\cdots,u_n(x_n)\}$，$k=2,3,\cdots,n-1$。类似地，由第 k 到 j 阶段的子过程的策略记作 $p_{kj}(x_k)=\{u_k(x_k),u_{k+1}(x_{k+1}),\cdots,u_j(x_j)\}$。可供选择的策略有一定的范围，称为允许策略集合，用 $P_{1n}(x_1)$，$P_{kn}(x_k)$，$P_{kj}(x_k)$表示。

定义 2-8 状态转移方程：在确定性过程中，一旦某阶段的状态和决策为已知，下阶段的状态便完全确定，用状态转移方程表示这种演变规律，写作

$$x_{k+1}=T_k(x_k,u_k), \quad k=1,2,\cdots,n \tag{2-66}$$

定义 2-9 指标函数和最优值函数：指标函数是衡量过程优劣的数量指标，它是定义在全过程和所有后部子过程上的数量函数，用 $V_{kn}(x_k,u_k,x_{k+1},\cdots,x_{n+1}),k=1,2,\cdots,n$ 表示。指标函数应具有可分离性，即 V_{kn} 可表为 $x_k,u_k,V_{k+1,n}$ 的函数，记为

$$V_{kn}(x_k,u_k,x_{k+1},\cdots,x_{n+1})=\varphi_k[x_k,u_k,V_{k+1,n}(x_{k+1},\cdots,x_{n+1})] \tag{2-67}$$

并且函数 φ_k 对于变量 $V_{k+1,n}$ 是严格单调的。

过程在第 j 阶段的阶段指标取决于状态 x_j 和决策 u_j，用 $v_j(x_j,u_j)$ 表示，指标函数由 v_j，$j=1,2,\cdots,n$ 组成，常取阶段指标之和的形式，即

$$V_{kn}(x_k,u_k,\cdots,x_{n+1}) = \sum_{j=k}^{n} v_j(x_j,u_j) \tag{2-68}$$

根据状态转移方程，指标函数 V_{kn} 还可以表示为状态 x_k 和策略 $p_{kn}(x_k)$ 的函数，即 $V_{kn}(x_k,p_{kn})$。在 x_k 给定时指标函数 $V_{kn}(x_k,p_{kn})$ 对 $p_{kn}(x_k)$ 的最优值称为最优值函数，记作 $f_k(x_k)$，即

$$f_k(x_k)=\underset{p_{kn}\in P_{kn}(x_k)}{\text{opt}} V_{kn}(x_k,p_{kn}) \tag{2-69}$$

式中，opt 可取 max 或 min。

定义 2-10 最优策略和最优轨线：使指标函数 $V_{kn}(x_k,p_{kn})$ 达到最优值的策略是从 k 开始的后部子过程的最优策略，记作 $p_{kn}^*=\{u_k^*,\cdots,u_n^*\}$。$p_1^*$ 是全过程的最优策略，简称最优策略。从初始状态 x_1 出发，过程按照 p_{1n}^* 和状态转移方程演变所经历的状态序列 $\{x_1^*,x_2^*,\cdots,x_{n+1}^*\}$ 称最优轨线。

定理 2-4 对于初始状态 $x_1\in X_1$，策略 $p_{1n}^*=\{u_1^*,u_2^*,\cdots,u_n^*\}\in P_{1n}(x_1)$ 是最优策略的充要条件是对于任意的 k，$1<k\leqslant n$，有

$$V_{1n}(x_1,p_{1n}^*)=\underset{p_{1,k-1}\in P_{1,k-1}(x_1)}{\text{opt}}\left[V_{1,k-1}(x_1,p_{1,k-1})+\underset{p_{kn}\in P_{kn}(x_k)}{\text{opt}} V_{kn}(x_k,p_{kn})\right] \tag{2-70}$$

式中，x_k 是由 x_1，$p_{1,k-1}$ 和状态转移方程 $x_{j+1}=T_j(x_j,u_j)$，$j=1,2,\cdots,k-1$ 所确定的第 k 阶段的状态。

定理 2-5 最优性原理：若 $p_{1n}^*\in P_{1n}(x_1)$ 是最优策略，则对于任意的 k，$1<k<n$，它的子策略 p_{kn}^* 对于由 x_1 和 $p_{1,k-1}^*$ 确定的以 x_k^* 为起点的第 k 到 n 后部子过程而言，也是最优策略。即：不论过去的状态和决策如何，对于前面的决策形成的当前状态而言，余下的各个决策必定构成最优策略。

定理 2-6 $\{f_k(x_k)\}$，$\{u_k^*\}$ 分别是最优值函数序列和最优决策序列的充要条件是满足下列递推方程，即

$$f_k(x_k)=\underset{u_k\in U_k(x_k)}{\text{opt}}\left[v_k(x_k,u_k)+f_{k+1}(x_{k+1})\right],\quad k=n,n-1,\cdots,2,1 \tag{2-71}$$

或者表示为

$$f_k(x_k)=v_k(x_k,u_k^*)+f_{k+1}\left[T_k(x_k,u_k^*)\right],\quad k=n,n-1,\cdots,2,1 \tag{2-72}$$

以及

$$f_{n+1}(x_{n+1})=\varphi(x_{n+1}) \tag{2-73}$$

$$x_{k+1}=T_k(x_k,u_k),\quad x_k\in X_k,\quad k=n,n-1,\cdots,2,1 \tag{2-74}$$

这就是动态规划的基本方程，为解决实际问题提供了有效的计算方法。

式(2-73) 是决策过程的终端条件，当 x_{n+1} 只取固定的状态时称固定终端；当 x_{n+1} 可在终端集合 X_{n+1} 中变动时称自由终端。

一般来说，建立一个多阶段决策过程的动态规划模型包括以下几个步骤。

① 将过程划分为恰当的阶段。

② 正确选择状态变量 x_k，使它既能描述过程的状态，又满足无后效性，同时确定允许状态集合 X_k。

③ 选择决策变量 u_k，确定允许决策集合 $U_k(x_k)$。

④ 写出状态转移方程。

⑤ 确定阶段指标 $v_k(x_k,u_k)$ 及指标函数 V_{kn} 的形式。

⑥ 写出基本方程，即最优函数值满足的递推方程，以及端点条件。

关于动态规划更深入的内容超出了本章的范围，有兴趣的读者可参阅运筹学类书籍。下面介绍两个例子。

【例 2-11】 图 2-5 是一个线路网，连线上的数字表示两点间的距离，试寻找一条由 A 到 G 的最短路线。该问题称为最短路线问题。

解 此问题中，阶段按过程的演变划分，状态由各阶段的位置确定，决策为从各个状态出发的走向，即有 $x_{k+1}=u_k(x_k)$。阶段指标为相邻两段状态间的距离 $d_k[x_k,u_k(x_k)]$，指标

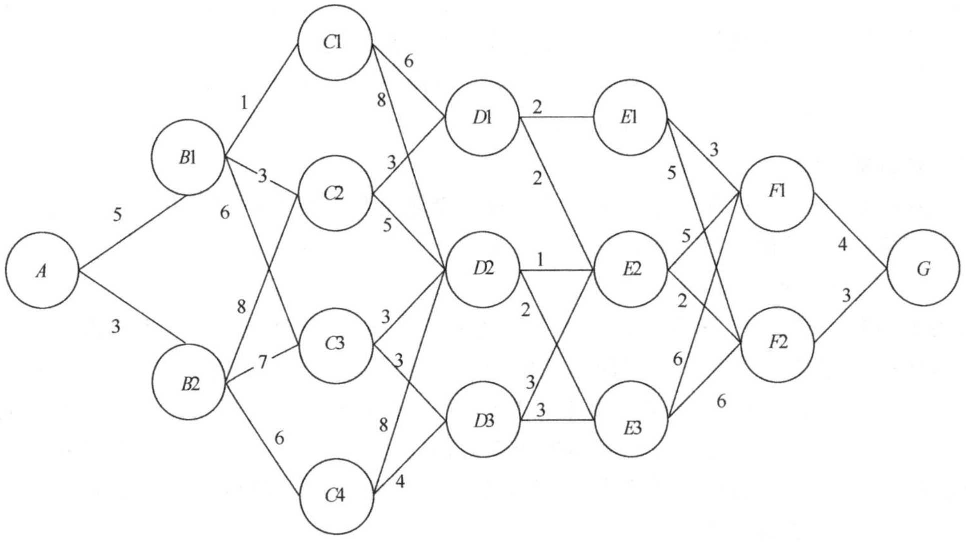

图 2-5 最短路线问题

函数为阶段指标之和，最优函数 $f_k(x_k)$ 是由 x_k 出发到终点的最短距离。基本方程为

$$f_k(x_k)=\min_{u_k(x_k)}\{d_k[x_k,u_k(x_k)]+f_{k+1}(x_{k+1})\},\quad k=n,n-1,\cdots,2,1$$

$$f_{n+1}(x_{n+1})=0$$

利用这个模型可以计算出最短路线为 $AB1C2D1E2F2G$，相应的最短距离为 18。

【例 2-12】 一台设备随着使用年限的增加，由于效率降低而收入减少，但维修费用却在增长。设备使用多长时间进行更新可使某一时间内的总收入达到最大，称为设备更新问题。

生产设备每年初要做出“继续使用”还是“报废更新”的决定。假定当设备年龄为 t 时，一年的收入为 $r(t)$，一年的维修费为 $d(t)$，更新的费用为 $q(t)$（新设备的购价扣除旧设备的回收价）。已知 $k=1$ 年初有一台年龄为 s 的设备，试制订一个 n 年的更新计划，使总收入最大。设第 n 年末年龄为 t 的设备回收为 $\varphi(t)$ 已知。

解 状态 x_k 为第 k 年设备的年龄 t，决策 u_k 为第 k 年更新设备，记作 R，或继续使用，记作 K，于是状态转移为

$$x_{k+1}=\begin{cases}1, & u_k=R\\ t+1, & u_k=K\end{cases}$$

阶段指标为一年的收入，即

$$v_k(t,u_k)=\begin{cases}r(0)-d(0)-q(t), & u_k=R\\ r(t)-d(t), & u_k=K\end{cases}$$

指标函数为阶段指标之和，最优函数 $f_k(t)$ 为第 k 年初一台年龄为 t 的设备到过程终结时可得到的最大收入，满足

$$f_k(t)=\max\begin{cases}r(0)-d(0)-q(t)+f_{k+1}(1), & u_k=R\\ r(t)-d(t)+f_{k+1}(t+1), & u_k=K\end{cases}$$

$$0\leqslant t\leqslant s+n;\ k=n,n-1,\cdots,2,1$$

终端条件是

$$f_{n+1}(t)=\varphi(t)$$

由上两式递推算至 $f_1(s)$ 即为全过程最大收入，并得到最优策略。如果收入、维修费等除

与设备年龄 t 有关外，还与时间有关，并且要考虑到折扣因子 α（$0\leqslant\alpha\leqslant1$），表示一年以后收入的实际价值仅等于现年的 α 倍，那么最优函数应修改为

$$f_k(t)=\max\begin{cases}r_k(0)-d_k(0)-q_k(t)+\alpha f_{k+1}(1), & u_k=R\\ r_k(t)-d_k(t)+\alpha f_{k+1}(t+1), & u_k=K\end{cases}$$

2.1.5 多目标规划

线性规划、非线性规划、整数规划等处理的都是单目标函数的最优化问题。然而，许多实际问题都有多个优化目标，而且有些目标函数之间是相互矛盾的，因此常需要处理多目标规划，如例 2-13 所示。

【例 2-13】 某厂生产两种产品 A 和 B，其中 A 产品是畅销产品，供不应求，每月至少生产 1 万件，每件利润为 1 元。但因原料限制，A 产品月产量不能超过 3 万件。生产一件 B 产品所需工时与生产一种 A 产品所需工时相同，但每件 B 产品利润 3 元。在工人不加班的正常情况下，每月两种产品产量总和不低于 5 万件，也不高于 7 万件，且产量超过 5 万件的部分叫做超产量。工厂希望：①A 的产量要多；②为使工人不加班，超产量要少；③利润要多。试建立该问题的模型。

解 设 A 的月产量 x_1 万件，B 的月产量 x_2 万件。此问题有三个目标

$$\begin{aligned}&\max\ x_1\\&\min\ x_1+x_2-5\\&\max\ x_1+3x_2\end{aligned}$$

约束条件有

总产量大于等于 5 万件；

总产量不能超过 7 万件；

A 产品产量介于 1 万件与 3 万件之间；

产量 x_1,x_2 具有非负属性。

为表达清楚起见，第二个目标用极大值表示，即 $\max\ 5-x_1-x_2$，则此问题的数学模型为

$$\begin{aligned}\max\ &[f_1(x_1,x_2),f_2(x_1,x_2),f_3(x_1,x_2)]\\ \text{s.t.}\ & x_1+x_2\geqslant5\\ & x_1+x_2\leqslant7\\ & 1\leqslant x_1\leqslant3\\ & x_2\geqslant0\end{aligned}$$

式中，$f_1(x_1,x_2)=x_1$，$f_2(x_1,x_2)=5-x_1-x_2$，$f_3(x_1,x_2)=x_1+3x_2$。显然，这是多目标规划问题。

多目标规划的标准形式为

$$\begin{aligned}\max\ &[f_1(\boldsymbol{x}),f_2(\boldsymbol{x}),\cdots,f_p(\boldsymbol{x})]\\ \text{s.t.}\ & g_i(\boldsymbol{x})\leqslant0;\ i=1,2,\cdots,m\end{aligned}\tag{2-75}$$

在多目标规划中，由于目标函数之间相互矛盾特点［如例中的 $f_1(x_1,x_2)$ 和 $f_2(x_1,x_2)$］，一般多个目标函数不能同时达到极值点，总体最优实际上是多个目标之间折中、平衡的结果，为表达这一概念，需用到非劣解的定义。

定义 2-11 设 $\boldsymbol{S}=\{\boldsymbol{x}\mid g_i(\boldsymbol{x})\leqslant0,\ i=1,2,\cdots,m\}$ 为多目标规划问题式(2-75) 的可行域。若 $\boldsymbol{x}'\in\boldsymbol{S}$，且不存在另一可行点 $\boldsymbol{x}\in\boldsymbol{S}$，使 $f_i(\boldsymbol{x})\geqslant f_i(\boldsymbol{x}')$，$i=1,2,\cdots,p$ 成立，且其中至少有一个严格不等式成立，则称 $\boldsymbol{x}'\in\boldsymbol{S}$ 是式(2-75) 的一个非劣解，所有非劣解构成的集合为非劣集。在非劣集中，使决策者满意的非劣解称为最终解。

一个多目标规划如果存在非劣解，往往存在无穷多个，形成非劣解集。在非劣解集中求解最终解常用两种方法：加权法和约束法。

加权法将求解多目标规划的非劣解问题化为单目标规划问题。设多目标规划如式(2-75)，可行域为$\boldsymbol{S}$，加权法先给定权系数$w_j \geqslant 0$，$j=1,2,\cdots,p$构造相应的单目标规划

$$\begin{aligned} \max \quad & \sum_{j=1}^{p} w_j f_j(\boldsymbol{x}) \\ \text{s.t.} \quad & \boldsymbol{x} \in \boldsymbol{S} \end{aligned} \tag{2-76}$$

在一定条件下，式(2-76)的最优解为式(2-75)的非劣解，有目的地改变权系数w_j，$j=1,2,\cdots,p$求解一系列的式(2-76)，则得到式(2-75)的大量非劣解，构成非劣解集，然后按某种偏好选取最终解。其实，按问题求解的性质与特点，往往只需考察三五组权系数就能从中确定最终解。

约束法也是一种将多目标规划问题化为单目标规划求解的方法，与加权法不同的是，它在多个目标中选取一个最重要的作为主目标，将其余目标变为约束条件，构造下述单目标规划问题

$$\begin{aligned} \max \quad & f_k(\boldsymbol{x}) \\ \text{s.t.} \quad & f_j(\boldsymbol{x}) \geqslant \varepsilon_j;\ j=1,2,\cdots,p;\ j \neq k \\ & \boldsymbol{x} \in \boldsymbol{S} \end{aligned} \tag{2-77}$$

式中，$\varepsilon_1,\varepsilon_2,\cdots,\varepsilon_{k-1},\varepsilon_{k+1},\cdots,\varepsilon_p$是根据目标函数性质给定的常数，即对$k$以外的其余目标来说，由“越大越好”变为“只要大于某值即可”，因此最终将多目标规划问题化为了单目标规划问题。

有时，存在多目标规划问题，虽经反复统筹比较，也无法将其简化为单主目标函数的情况。这时，首先尽可能减少主目标函数的数目，将次目标函数变为约束条件；然后对保留的多个主目标函数用加权法求解。这种将约束法和加权法联合使用的方法叫混合法。

2.2　控制理论基础

2.2.1　控制系统的描述形式

现代控制理论认为，系统有外部和内部两种表现形式。所谓外部表现形式，主要是指系统的输入和输出，分别用$\boldsymbol{U}(t)=[u_1(t)\ \ u_2(t)\ \ \cdots\ \ u_r(t)]^{\mathrm{T}}$和$\boldsymbol{Y}(t)=[y_1(t)\ \ y_2(t)\ \ \cdots\ \ y_m(t)]^{\mathrm{T}}$两组变量描述，$t \geqslant t_0$，$t_0$为初始时刻。所谓内部表现形式主要是指系统的状态，用$\boldsymbol{X}(t)=[x_1(t)\ \ x_2(t)\ \ \cdots\ \ x_n(t)]^{\mathrm{T}}$描述。人们普遍认为，对于动态系统而言，内部表现形式更为本质。

对一般的多输入、多输出动态系统，其运动规律可由以下状态空间模型表征。

$$\begin{aligned} & \frac{\mathrm{d}\boldsymbol{X}(t)}{\mathrm{d}t}=f[\boldsymbol{X}(t),\boldsymbol{U}(t),t] \\ & \boldsymbol{Y}(t)=h[\boldsymbol{X}(t),\boldsymbol{U}(t)] \\ & \boldsymbol{X}(t_0)=\boldsymbol{X}_0 \end{aligned} \tag{2-78}$$

式中，f,h是向量函数，t_0是初始时刻，$\boldsymbol{X}_0$是初态。如果系统是线性的，则式(2-78)演变为线性状态空间模型，即

$$\begin{aligned} & \frac{\mathrm{d}\boldsymbol{X}(t)}{\mathrm{d}t}=\boldsymbol{A}(t)\boldsymbol{X}(t)+\boldsymbol{B}(t)\boldsymbol{U}(t) \\ & \boldsymbol{Y}(t)=\boldsymbol{C}(t)\boldsymbol{X}(t)+\boldsymbol{D}(t)\boldsymbol{U}(t) \\ & \boldsymbol{X}(t_0)=\boldsymbol{X}_0 \end{aligned} \tag{2-79}$$

式中，$\boldsymbol{A}(t)$,$\boldsymbol{B}(t)$,$\boldsymbol{C}(t)$ 和 $\boldsymbol{D}(t)$ 是参数矩阵，如果参数矩阵不随时间变化，则称为线性定常系统，即

$$\begin{aligned} \frac{\mathrm{d}\boldsymbol{X}(t)}{\mathrm{d}t} &= \boldsymbol{AX}(t)+\boldsymbol{BU}(t) \\ \boldsymbol{Y}(t) &= \boldsymbol{CX}(t)+\boldsymbol{DU}(t) \\ \boldsymbol{X}(t_0) &= \boldsymbol{X}_0 \end{aligned} \tag{2-80}$$

上述三个模型中，各自第一个方程称为状态方程；第二个方程称为输出方程；第三个方程称为初始条件。控制理论研究的主要目的就是如何设计 $\boldsymbol{U}(t)$，使 $\boldsymbol{X}(t)$ 和 $\boldsymbol{Y}(t)$ 更好地按照既定规律变化。如果设计出的 $\boldsymbol{U}(t)$ 是 $\boldsymbol{X}(t)$ 或/和 $\boldsymbol{Y}(t)$ 的函数，则为闭环反馈控制；如果 $\boldsymbol{U}(t)$ 与 $\boldsymbol{X}(t)$,$\boldsymbol{Y}(t)$ 无关，则为开环控制。

在设计控制作用 $\boldsymbol{U}(t)$ 时，往往需要了解系统的许多特征，能控制性和能观测性便是其中两个重要性能。

定义 2-12 对于线性系统式(2-79)，如果在时刻 t_0，对于任意初态 $\boldsymbol{X}_0$ 总存在容许控制 $\boldsymbol{U}(t)$，经过 (t_1-t_0) 的控制作用后使系统回到状态为 0 的点，则称式(2-79) 在 t_0 具有能控性。如果系统在任意时刻都具有能控性，则称系统完全能控。

定义 2-13 对于线性系统式(2-79)，如果通过量测一段时间内的 $\boldsymbol{Y}(t)$ 和 $\boldsymbol{U}(t)$，能够唯一地确定此段时间之后的某时刻的状态，则称式(2-79) 在某时刻具有能观测性。

施加控制作用的目的是为了使系统发生合乎要求的变化。可能有这样的系统，施加任何控制作用都不能达到控制目的，也就是其能控性不足。因此，系统能控性指标对于控制器设计是十分重要的。另外，实施控制作用的前提是获取系统的信息，特别是状态信息。由于状态信息一般无法直接测量，往往需要借助输入和输出信息来确定，系统状态的能观测性就是衡量“用输入输出信息重构状态信息”的能力，也是设计高质量控制器的重要条件。

除能控性和能观性外，鲁棒性也是评价控制系统的重要指标。由于测量的不精确和运行中受环境变化的影响，不可避免要引起系统特性或参数的非期望漂移，称为系统特性或参数的“摄动”。如果系统的控制品质对这类摄动不敏感，即当出现摄动时品质指标保持在可接受范围内，称为鲁棒性强。显然，系统是否鲁棒也就意味着能否长期在恶劣环境下高质量运行。

2.2.2 系统最优控制

对于一个给定的动态系统，常希望设计这样的控制器，使得系统从一个状态转移到期望的另一个状态，且使系统的某种性能指标在状态转移过程中尽可能好，这称为最优控制问题。例如在洲际导弹的拦截问题中，假设用拦截器 L 拦击来袭飞行物 M，除了要求两个飞行体能在空中精确相遇，以实现空中拦截外，还要求拦截时间尽可能短，燃料尽可能省，该问题即为最优控制问题。

同传统的非线性规划问题一样，系统最优控制命题也包含三个要素。

(1) 容许控制

通常控制作用都是由能改变系统动态行为的控制变量实现，这些控制变量都对应实际物理装置的动作信号。由于实际物理装置的动作范围或动作能量都是有限的，因此控制变量的取值应有限制，可以记为

$$\boldsymbol{U}\in\bar{\boldsymbol{U}}\subset\mathfrak{R}^m \tag{2-81}$$

式中，$\bar{\boldsymbol{U}}$ 是允许 $\boldsymbol{U}$ 取值的区域。满足式(2-81) 的控制变量 $\boldsymbol{U}$ 称为容许控制。

(2) 系统约束

系统约束包括两个方面：一是系统模型中的状态方程和输出方程；二是系统关于初态和

终态的边界条件。如式(2-82) 所示。

$$\begin{aligned}&\frac{\mathrm{d}\boldsymbol{X}(t)}{\mathrm{d}t}=f[\boldsymbol{X}(t),\boldsymbol{U}(t),t]\\&\boldsymbol{Y}(t)=h[\boldsymbol{X}(t),\boldsymbol{U}(t)]\\&\boldsymbol{X}(t_0)=\boldsymbol{X}_0\\&g[\boldsymbol{X}(t_f),t_f]=0\end{aligned}\tag{2-82}$$

式中，$g[\boldsymbol{X}(t_f),t_f]=0$ 是终端边界条件，t_f是终端时刻，其余符号同上。

(3) 性能指标

判断控制系统性能优劣的标准称为性能指标或性能指标泛函，一个典型的函数结构为

$$J[\boldsymbol{U}(t)]=K[\boldsymbol{X}(t_f),t_f]+\int_{t_0}^{t_f}L[\boldsymbol{X}(t),\boldsymbol{U}(t),t]\mathrm{d}t \tag{2-83}$$

式中，K,L 是泛函数。当 $K\neq 0,L\neq 0$ 时，称式(2-83) 是混合型指标；当 $K\neq 0$，$L=0$ 时，称式(2-83) 是末值型指标；当 $K=0,L\neq 0$ 时，称式(2-83) 为积分型指标。

综上所述，典型的最优控制问题系指如下优化命题。

$$\begin{aligned}\min_{\boldsymbol{U}(t)\in\bar{\boldsymbol{U}}}\quad & J[\boldsymbol{U}(t)]=K[\boldsymbol{X}(t_f),t_f]+\int_{t_0}^{t_f}L[\boldsymbol{X}(t),\boldsymbol{U}(t),t]\mathrm{d}t\\ \text{s. t.}\quad&\frac{\mathrm{d}\boldsymbol{X}(t)}{\mathrm{d}t}=f[\boldsymbol{X}(t),\boldsymbol{U}(t),t]\\&\boldsymbol{Y}(t)=h[\boldsymbol{X}(t),\boldsymbol{U}(t)]\\&\boldsymbol{X}(t_0)=\boldsymbol{X}_0\\&g[\boldsymbol{X}(t_f),t_f]=\boldsymbol{0}\end{aligned}\tag{2-84}$$

由式(2-84) 得到的最优解 $\boldsymbol{U}^*(t)$ 称为最优控制律，$\boldsymbol{X}^*(t)$ 称为最优轨线。

如果系统是线性的，且目标函数中的泛函数皆取线性形式，则命题式(2-84) 在终态无特别约束时退化为如下的线性二次最优控制问题

$$\begin{aligned}\min_{\boldsymbol{U}(t)\in\bar{\boldsymbol{U}}}\quad & J[\boldsymbol{U}(t)]=\frac{1}{2}\boldsymbol{X}^{\mathrm{T}}(t_f)\boldsymbol{F}\boldsymbol{X}(t_f)+\frac{1}{2}\int_{t_0}^{t_f}[\boldsymbol{X}^{\mathrm{T}}(t)\boldsymbol{Q}(t)\boldsymbol{X}(t)+\boldsymbol{U}^{\mathrm{T}}(t)\boldsymbol{R}(t)\boldsymbol{U}(t)]\mathrm{d}t\\ \text{s. t.}\quad&\frac{\mathrm{d}\boldsymbol{X}(t)}{\mathrm{d}t}=\boldsymbol{A}(t)\boldsymbol{X}(t)+\boldsymbol{B}(t)\boldsymbol{U}(t)\\&\boldsymbol{Y}(t)=\boldsymbol{C}(t)\boldsymbol{X}(t)+\boldsymbol{D}(t)\boldsymbol{U}(t)\\&\boldsymbol{X}(t_0)=\boldsymbol{X}_0\end{aligned}\tag{2-85}$$

式中，$\boldsymbol{F},\boldsymbol{Q}(t)$ 是非负定加权矩阵，$\boldsymbol{R}(t)$ 为正定加权矩阵。这是一类理论研究比较深入、应用广泛的最优控制问题。

目前，对于非线性系统的最优控制问题式(2-84)，求解的主要方法有两类。一类根据极大值原理，一类根据动态规划原理，感兴趣的读者可参阅最优控制的书籍。

2.2.3 大系统理论

大系统一般是指规模庞大（维数很高）、结构复杂（多层次、多关联）、目标众多（目标间往往有冲突）、时标各异（同一系统中有多个时标）、位置分散，并常常具有随机性和不确定性的复杂系统，广泛存在于社会、政治、经济、生态、环境、工业等许多领域中。

大系统的主要特征之一体现在其结构复杂上。大系统结构取决于组成大系统的子系统集合和各子系统之间的关联，并决定了大系统的功能，不同结构往往会产生不同的总体功能。由于大系统的对象分散，变量数目众多，关联复杂，往往不宜采用集中式结构，而多为递阶结构和分散结构。

在递阶结构中，整个大系统分成独立平行处理的许多子系统，且用一个协调器来协调各子系统之间的关联，通过协调器（上级）和下级间往复的信息交换实现协调控制。原则上协调器可以拥有局部控制器所有的全部信息，所以递阶结构具有“经典信息模式”。从系统的控制目的出发，递阶结构又可分为多层递阶结构和多级递阶结构。

在分散结构中，各子系统独立工作，整个系统不存在协调器，各子系统只拥有局部信息，它只能通过各子系统之间的信息交换来调整总体目标，故分散结构具有“非经典信息模式”。

多层递阶结构是按对系统施加作用的复杂性来分级的，例如图 2-6 的复杂工业过程，对系统的作用可以按以下三个层次来实现。

① 控制层　通过对过程运行信息的采集、处理，直接进行控制作用，使过程运行在要求的参数范围内。

② 优化层　按照一定的最优性指标来规定直接控制层控制器的控制目标，亦即要求的参数设定点。

③ 决策层　把过程看作一个经济实体，通过对效益、利润、运行水平等的分析评价确定过程运行总目标，以便选择下层所采用的模型结构、控制策略等，进一步给出优化层的优化目标。

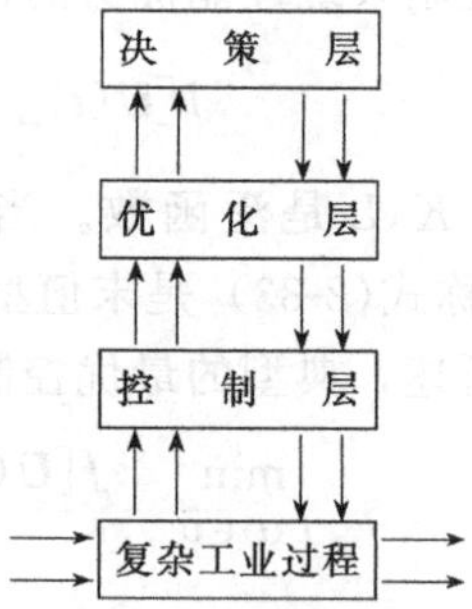

图 2-6　复杂工业过程的多层递阶控制结构

多级递阶结构由若干个明显可分的相互关联的子系统构成，所有的决策单元按一定的支配关系递阶排列，每级单元受到上一级的干预，同时又对下一级的决策单元施加影响。由于同级单元可能会有相互冲突的决策目标，因此需要上一级单元的协调。结构如图 2-7 所示。

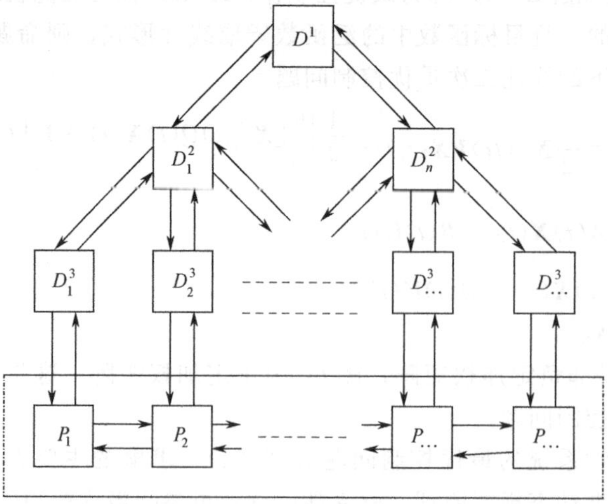

图 2-7　多级递阶结构

多级递阶结构的决策单元处在不同级别，只有上下级才能交换信息，同级之间不交换信息，目标之间的冲突通过上一级协调解决。协调的最终结果应该为全局优化或近似全局优化的结果。

多层结构把一个复杂的决策问题进行纵向分解，按任务的复杂性分成若干子决策层；多级结构则考虑各子系统的关联，把决策问题进行横向分解。许多情况下，多层结构和多级结构可同时存在于一个系统中。

由于大系统本身的复杂性，建立精确模型不仅困难，而且存在计算上的复杂性，因此，常常需要对大系统的数学模型进行简化，如采用集结法进行大系统模型简化。

集结法的原理是把原系统中众多的状态变量组合成数量较少的新状态变量的方法。集结后的简化模型保持了原模型的主导特征值，使简化后模型的动态特性与原模型的动态特性无很大差异。对于大规模线性定常系统

$$\begin{aligned}&\dot{\boldsymbol{X}}(t)=\boldsymbol{AX}(t)+\boldsymbol{BU}(t)\\&\boldsymbol{X}(0)=\boldsymbol{X}_0\\&\boldsymbol{Y}(t)=\boldsymbol{DX}(t)\end{aligned} \tag{2-86}$$

式中，$\boldsymbol{X}(t),\boldsymbol{U}(t)$ 和 $\boldsymbol{Y}(t)$ 分别为 n 维、m 维和 r 维状态输入和输出向量，$\boldsymbol{A},\boldsymbol{B},\boldsymbol{D}$ 是 $n\times n,n\times m,r\times n$ 矩阵，被集结简化后的 s 维状态向量 $\boldsymbol{Z}(t)$ 称为 $\boldsymbol{X}(t)$ 的集结，则有

$$\begin{aligned}&\boldsymbol{Z}(t)=\boldsymbol{CX}(t)\\&\boldsymbol{Z}(0)=\boldsymbol{Z}_0=\boldsymbol{CX}_0\end{aligned} \tag{2-87}$$

式中，$\boldsymbol{C}$ 为 $s\times n(s<n)$ 常数集结矩阵，且 $\boldsymbol{C}$ 为满秩。因此，集结系统可表达为

$$\begin{aligned}&\dot{\boldsymbol{Z}}(t)=\boldsymbol{FZ}(t)+\boldsymbol{GU}(t)\\&\boldsymbol{Z}(0)=\boldsymbol{Z}_0\\&\hat{\boldsymbol{Y}}(t)=\boldsymbol{KZ}(t)\end{aligned} \tag{2-88}$$

式中，$\boldsymbol{F},\boldsymbol{G}$ 满足动态精确性集结条件

$$\begin{aligned}&\boldsymbol{FC}=\boldsymbol{CA}\\&\boldsymbol{G}=\boldsymbol{CB}\\&\boldsymbol{KC}\approx\boldsymbol{D}\end{aligned}$$

$\hat{\boldsymbol{Y}}(t)$ 是 $\boldsymbol{Y}(t)$ 的一个近似估计量。

如上所述，大系统涉及许多相互关联的子系统，包含许多控制输入变量、输出变量和内部关联变量，这些变量还相互受到某些约束的限制。对于这种系统如果还是采用单一的控制器并按照常规的控制规律来控制整个系统和确定最优工作点，就会导致很大误差甚至失控，因此，常采用大系统递阶协调控制的方法解决问题。

递阶协调控制的基本思想是将大系统分解成若干相对独立的子系统，并构成控制系统的下层，而用上层的协调器来处理各子系统之间的关联作用。考察如下由 N 个子系统关联组合而成的受控复杂大系统，如图 2-8 所示。

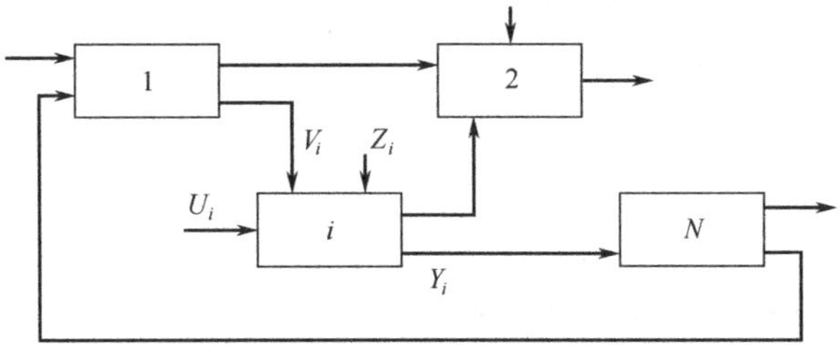

图 2-8　大系统的递阶协调控制

对于第 i 个子系统，其独立控制输入 U_i，关联输入 V_i、外界扰动 Z_i 和输出 Y_i 之间的一般关系为

$$Y_i=f_i(V_i,U_i,Z_i),\ i=1,2,\cdots,N \tag{2-89}$$

式中，Y_i,V_i,U_i,Z_i 分别为 n_i,r_i,m_i,s_i 维，f_i 为某特定的 n_i 维向量函数，一般为非线性函数。关联输入 V_i 来自其他子系统（也包括第 i 子系统本身）的输出，服从耦合约束关系

$$V_i=\sum_{j=1}^{N}\boldsymbol{H}_{ij}Y_j\,,\ i=1,2,\cdots,N \tag{2-90}$$

而 $\boldsymbol{H}_{ij}$ 是 $r_i\times n_i$ 维的 0-1 型矩阵，反映了第 j 个子系统输出到第 i 个子系统输入的关联作用（为 0 时无关联，为 1 时有关联）。令整个系统变量为

$$\boldsymbol{U}=[\boldsymbol{U}_1^{\mathrm{T}}\ \ \boldsymbol{U}_2^{\mathrm{T}}\ \ \cdots\ \ \boldsymbol{U}_N^{\mathrm{T}}]^{\mathrm{T}}$$

$$\boldsymbol{Y}=[\boldsymbol{Y}_1^{\mathrm{T}}\ \ \boldsymbol{Y}_2^{\mathrm{T}}\ \ \cdots\ \ \boldsymbol{Y}_N^{\mathrm{T}}]^{\mathrm{T}}$$

$$\boldsymbol{V}=[\boldsymbol{V}_1^{\mathrm{T}}\ \ \boldsymbol{V}_2^{\mathrm{T}}\ \ \cdots\ \ \boldsymbol{V}_N^{\mathrm{T}}]^{\mathrm{T}}$$

$$\boldsymbol{Z}=[\boldsymbol{Z}_1^{\mathrm{T}}\ \ \boldsymbol{Z}_2^{\mathrm{T}}\ \ \cdots\ \ \boldsymbol{Z}_N^{\mathrm{T}}]^{\mathrm{T}}$$

$$\boldsymbol{f}=[\boldsymbol{f}_1^{\mathrm{T}}\ \ \boldsymbol{f}_2^{\mathrm{T}}\ \ \cdots\ \ \boldsymbol{f}_N^{\mathrm{T}}]^{\mathrm{T}}$$

$$\boldsymbol{H}=\begin{bmatrix}\boldsymbol{H}_{11} & \boldsymbol{H}_{12} & \cdots & \boldsymbol{H}_{1N}\\ \boldsymbol{H}_{21} & \boldsymbol{H}_{22} & \cdots & \boldsymbol{H}_{2N}\\ \vdots & \vdots & \ddots & \vdots\\ \boldsymbol{H}_{N1} & \boldsymbol{H}_{N2} & \cdots & \boldsymbol{H}_{NN}\end{bmatrix}$$

则整个子系统的输入输出关系和关联约束关系为

$$\begin{aligned}\boldsymbol{Y}&=\boldsymbol{f}(\boldsymbol{V},\boldsymbol{U},\boldsymbol{Z})\\ \boldsymbol{V}&=\boldsymbol{H}\boldsymbol{Y}\end{aligned} \tag{2-91}$$

对于每一个关联子系统，都可以规定一个具体的控制性能指标 J_i，它依 U_i，V_i 和 Y_i 而定，记为 $J_i(U_i,V_i,Y_i)$。J_i 的大小从某些方面反映了控制效果的好坏。另外，从运行安全、设备条件、物理性能等实际运行条件限制等方面考虑，U_i，V_i，Y_i 之间往往还要受到一定的约束。即三元组（U_i，V_i，Y_i）存在一定的可行域 S_i，即

$$(U_i,V_i,Y_i)\in S_i \tag{2-92}$$

而大系统递阶协调控制的目标就是要选取所有子系统的控制输入 U_i，$i=1,2,\cdots,N$，使整个系统的总体性能指标

$$\boldsymbol{J}(\boldsymbol{U},\boldsymbol{V},\boldsymbol{Y})=\sum_{i=1}^{N}J_i(U_i,V_i,Y_i) \tag{2-93}$$

取得极值（例如极小值），同时又不突破各子系统所要求的可行域 S_i，$i=1,2,\cdots,N$。所以，大系统递阶协调控制可归纳成如下命题。

$$\begin{aligned}&\min_{(\boldsymbol{U},\boldsymbol{V},\boldsymbol{Y})\in \boldsymbol{S}}\ \boldsymbol{J}(\boldsymbol{U},\boldsymbol{V},\boldsymbol{Y})\\ &\text{s. t.}\quad \boldsymbol{Y}=\boldsymbol{f}(\boldsymbol{V},\boldsymbol{U},\boldsymbol{Z})\\ &\qquad\quad \boldsymbol{V}=\boldsymbol{H}\boldsymbol{Y}\end{aligned} \tag{2-94}$$

式中，$\boldsymbol{S}$ 是 $S_1,S_2,\cdots,S_N$ 的综合可行域。

为求解大系统递阶协调控制问题，常采用关联预测法和关联平衡法。关联预测法是协调器预测各子系统的关联输入和输出变量，下层各决策单元按预测的关联值求解各自的决策问题，然后把达到的性能指标送给协调器，协调器再修正预测值，直到总体目标达到最优为止。由于在协调过程中引入了模型约束，也称为模型协调法。关联平衡法在下层各决策单元求解自己的优化问题时，不考虑关联约束，协调器通过干预信息来修正各决策单元的优化目标，以保证最后关联约束得到满足，这时目标修正项的值也趋于零，达到原目标最优值。此方法也称目标协调法。

2.3 信息论基础

随着科学技术的发展和社会进步，越来越多的事实证明，系统元素之间、子系统之间的相互联系和作用，系统与环境的相互联系和作用，都要通过交换、加工、利用信息来实现，系统的演化行为也需要从信息观点来理解。因此，信息是系统工程的基本概念之一。

当前，信息的概念和方法已经广泛应用于通讯、物理、化学、生物、心理、经济、社会等学科中，由此而总结、归纳出的信息论也已形成并日益成熟，这些都离不开人们研究信息论之初所碰到的两个基本问题：什么是信息和如何度量信息。

信息论的创立者香农将信息定义为“两次不确定性之差”，即“不确定性的减少”。从通信角度看，信息是数据、信号等构成的消息所载有的内容。消息是信息的“外壳”，信息是消息的“内核”。从应用角度讲，信息是指能为人们所认识和利用的但事先又不知道的消息、情况等，也就是说，信息对于收信者应该是有用的和未知的。以通信为例，凡通信过程至少涉及信息发送者（称为信源）和信息接收者（称为信宿），通信是信源和信宿之间的一种特定联系。信宿需要了解信源发出的信息的内容，但在得到信息前该内容是不知道的，或称信宿对信息内容的“猜测”是具有不确定性的。一旦信宿收到了信源发来的信息就消除了这种不确定性，所以通信系统中传送的正是这种能够消除不确定性的信息，从而增加了系统的确定性。然而，实际的通信过程可能完全消除了不确定性，也可能只是部分消除了不确定性，甚至完全没有消除不确定性，这取决于信息量的大小。因此将信息定义为不确定性的减少是完全合理的。

要建立科学的信息论，关键是解决信息度量的问题，给信息以定量刻画。既然把信息定义为“不确定性的减少”，信息的度量就是对这种不确定性的度量，但这样的度量方式不是一般的物理量，没有像体积、质量、速度那样的实际单位。信息量是一种新的、抽象的量。

对某一变量的不确定性，数学上往往用概率加以描述。令 p 为某消息发生的概率，I 为该消息发生时可能携带的信息量，称为自信息，则如果对该消息本身内容没有更多的了解，该消息携带的信息量可以由其发生的概率决定，即信息量 I 是概率 p 的某个函数

$$I=f(p) \tag{2-95}$$

并且概率大者信息量小，概率小者信息量大。所以，如何确定函数 $f(\cdot)$ 是信息度量的关键。信息是消息发生的意外程度的度量，必然发生的事件（概率为 1）其信息量为零。另一方面，若 A 和 B 是两个独立发生的可能消息，则从物理意义上讲，A 与 B 同时发生的消息（称为联合消息 AB）的自信息满足

$$I(AB)=I(A)+I(B) \tag{2-96}$$

综合式(2-95) 和式(2-96)，满足这两个条件的最简单函数是对数，也即可选对数函数来关联 I 与 p。因此，单个可能消息的信息量（自信息）定义为

$$I=\log_2(1/p)=-\log_2 p \tag{2-97}$$

式中，信息量 I 的单位为比特。

信息交换中面对的往往不是单个消息，而是可能消息的集合，其中较为简单的情形是集合中包含有限个可能消息。针对这一情形，重要的是了解可能消息集合的整体信息能力，这需要用整体平均信息量 H 来表示，又称为信息熵。设整个信源的各状态 $x_1,x_2,\cdots,x_n$ 的发生概率分别为 $p_1,p_2,\cdots,p_n$，则信息熵定义为

$$H=-\sum_{i=1}^{n} p_i\log_2 p_i \tag{2-98}$$

$$\sum_{i=1}^{n} p_i = 1 \tag{2-99}$$

信息熵是信息论中的奠基性概念，是系统不确定性的定量化表征。一个系统不确定性越大，则系统越无序，信息熵越大。信息熵具有以下性质。

(1) 对称性

$$H(p_1, p_2) = H(p_2, p_1) \tag{2-100}$$

即信息熵关于变元是对称的，所有变元可以互换，不影响熵函数的值。

(2) 非负性

$$H(p_1, p_2, \cdots, p_n) = -\sum_{i=1}^{n} p_i \log_2 p_i \geqslant 0 \tag{2-101}$$

(3) 确定性

$$H(1,0) = H(1,0,0) = \cdots = H(1,0,\cdots,0) = 0 \tag{2-102}$$

即只要有确定性事件，信息熵为0。

(4) 最大熵原理

$$H(p_1, p_2, \cdots, p_n) \leqslant \log_2 n \tag{2-103}$$

式中，当且仅当 $p_i = \frac{1}{n}(i=1,2,\cdots,n)$ 时，等号成立。这表明，等概率场具有最大熵。

香农意义上的信息论是在通信工程模型上经过高度简化而建立的。经过半个世纪的发展，社会从工业时代向信息时代转变，信息在内容、形式、种类、质量、数量、模型诸方面日趋多样、复杂，各类系统工程都需要从信息观点考虑它的设计、管理、利用、改进等问题，香农给出的信息定义和信息的度量方法是远远不够的，信息论的研究内容已进行了许多方面的扩展和深入。限于篇幅，本书不再继续深入介绍，请读者参阅有关信息论著作。然而，香农信息论的工作仍然是现代信息论的重要基础。

2.4 系统工程方法论

无论是解决经济系统还是工程系统的问题，都需要正确的指导思想和工作方法加以引导。对于任何实际的系统工程对象，必然要涉及多种科学技术分支、经过多个工作任务阶段、花费较长的研究和实施时间，才能圆满完成工作目标。在这一工作的整个历程中，方法论无疑是非常重要的。几十年来，系统工程领域的研究者们对具指导意义的系统工程方法论进行了广泛讨论，其中比较经典的是霍尔三维结构和切克兰德“调查学习”模式。

2.4.1 霍尔三维结构

美国工程师霍尔在总结多方面系统工程实施经验的基础上，将系统工程的整个过程按时间坐标、逻辑坐标和知识坐标划分为不同的层次和阶段，并对每个层次、阶段所应用的科学、人文、社会知识做了分析，提出了解决系统工程问题的一般性方法。霍尔的三维结构如图 2-9 所示。

(1) 时间维

时间维中表达的是系统工程从开始启动到最后完成的整个过程中按时间划分的各个阶段所需要进行的工作，是保证任务按时完成的时间规划。一般地，针对不同的系统工程任务，在时间维上划分每个时间阶段的工作任务各不相同，而且对时间表制订的详细程度也不相同。然而，从广义的方法论角度，时间维至少应包括以下六个阶段。

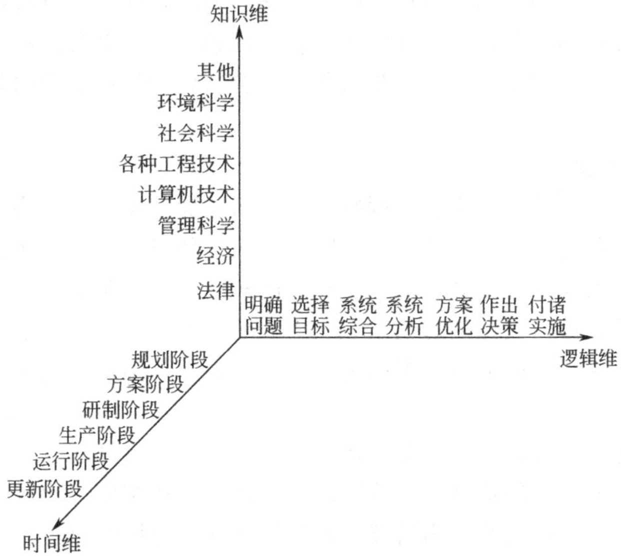

图 2-9　霍尔三维结构

① 规划阶段　对将要进行的系统工程问题进行调查研究，明确研究目标，在此基础上，提出设计思想和初步方案，制订出系统工程活动的方针、政策和规划。

② 方案阶段　根据规划阶段所提出的若干设计思想和初步方案，从社会、经济、技术等可行性方面进行综合分析，提出具体计划方案并选择一个最优方案。

③ 研制阶段　以计划为行动指南，把人、财、物组成一个有机整体，使各环节、各部门围绕总目标，实现系统的研制方案，并做出生产计划。

④ 生产阶段　生产或研制、开发出系统的零部件（硬、软件）及整个系统。

⑤ 运行阶段　把系统安装好，完成系统的运行计划，使系统按预定目标运行服务。

⑥ 更新阶段　完成系统评价，在现有系统运行的基础上，改进和更新系统，使系统更有效地工作，同时为系统进入下一个研制周期准备条件。

(2) 逻辑维

逻辑维按系统工程的不同工作内容划分具有逻辑先后顺序的工作步骤，每一步具有不同的工作性质和实现的工作目标，这是运用系统工程方法进行思考、分析和解决问题时应遵循的一般程序，具有以下几方面。

① 明确问题　尽可能全面收集资料、了解问题，包括实地考察和测量、调研、需求分析和市场预测等。

② 选择目标　对所解决的问题，提出应达到的目标，并制订出衡量是否达标的准则。

③ 系统综合　搜集并综合达到预期目标的方案，对每一种方案进行必要的说明。

④ 系统分析　应用系统工程方法技术，将综合得到的各种方案，系统地进行比较、分析，建立数学模型进行仿真实验或理论计算。

⑤ 方案优化　对数学模型给出的结果加以评价，筛选出满足目标要求的最佳方案。

⑥ 做出决策　确定最佳方案。

⑦ 付诸实施　方案的执行，完成各阶段工作。

(3) 知识维

三维结构中的知识维是指在完成上述各种步骤时所需要的各种专业知识和管理知识，包括自然科学、工程技术、经济学、法律、管理科学、环境科学、计算机技术等方面。由于系统工程本身的复杂性和多学科性，综合的多学科知识成为完成系统工程工作的必要条件。在上述各阶段、步骤中，并非每一阶段、步骤都需要全部各学科的知识内容，而是在不同的阶段有不同侧重。

2.4.2 切克兰德“调查学习”模式

随着应用领域的不断扩大和系统工程技术的不断发展，系统工程逐渐由具体的解决工程问题越来越多地用于研究社会经济的发展战略和人文、环境、社会问题。这类系统工程涉及的人、信息、社会因素众多且复杂，而这些类型的知识是相当难以量化的。为解决以人的主观判断和决策为主的、难以量化的这类系统工程问题，许多学者在霍尔三维结构的基础上对系统工程方法进行了拓展，以适应发展的需要，其中，以英国切克兰德教授提出的“调查学习”方法具有代表性。

顾名思义，切克兰德方法的核心是“调查”和“学习”，目的是“提高”。所谓调查，是充分分析、了解与问题有关的信息，摸清问题的现状，寻找构成影响的因素及其关系，以便明确系统问题结构及不适应之处，为后续工作打下基础。所谓学习，是指通过前述的调查过程，从因素、结果比较中学习改善现存系统的途径和方法。所谓提高，是运用可行的改进途径和方法，按一定的改进原则，实现对系统整体运行的改进。

涉及以上环节，针对难以量化的系统工程问题，有许多特殊的处理方法。首先，由于无法或难以建立精确数学模型，在调整阶段往往采用结构模型或语言模型来描述系统，称之为概念模型。概念模型是切克兰德方法的主要模型形式。其次，学习的前提是有学习的目标或榜样。如果能非常明确地树立这一目标或榜样当然最好，但对复杂的系统工程问题特别是难以量化的问题，往往无法做到这一点。较现实的做法是通过不断反复地比较分析逐步地确定最终的目标，因此，学习过程更多是自学习实现的。最后，对系统工程运行的提高也不是一次完成的，甚至连提高的“方向”在难以量化这一限制下也是逐步确定的。因此，提高的过程是一个典型的反馈加校正的过程，而且反馈的信息和校正的手段更多是以概念化形式实现的。

思考题与习题

1 什么是线性规划问题的标准形式？如何将任意的线性规划命题转化为标准形式？

2 分枝定界求解整数规划的内涵是什么？

3 与线性规划相比较，非线性规划问题有哪些本质区别？

4 从非线性规划角度分析，线性二次最优控制问题有哪些特点？其边界条件约束起什么作用？

5 大系统递阶协调控制中，各子系统的优化目标是如何协调的？

6 信息的定量化度量是信息论研究的根本问题，香农对此问题的定义有何重要意义？

7 对于线性规划问题

$$
\begin{aligned}
\max \quad & z=c_1x_1+c_2x_2 \\
\text{s. t.} \quad & 5x_2\leqslant 15 \\
& 6x_1+2x_2\leqslant 24 \\
& x_1+x_2\leqslant 5 \\
& x_1,x_2\geqslant 0
\end{aligned}
$$

用图解法分析，若要求目标函数在原点处达到最优，c_1，c_2 应满足什么条件？

8 将下列问题化为标准形式。

(1) $\min\ z=2x_1-x_2+2x_3$

s. t. $-x_1+x_2+x_3=4$

$-x_1+x_2-x_3\leqslant 6$

$x_1\leqslant 0$，$x_2\geqslant 0$

(2) $\max\ z=2x_1+x_2+3x_3+x_4$

s. t. $x_1+x_2+x_3+x_4\leqslant 7$

$2x_1-3x_2+5x_3=-8$

$x_1-2x_3+2x_4\geqslant 1$

$x_1, x_3\geqslant 0$; $x_2\leqslant 0$

9 用分枝定界法求解

$$\begin{aligned}\max\quad & z=2x_1+3x_2\\ \text{s. t.}\quad & 5x_1+7x_2\leqslant 35\\ & 4x_1+9x_2\leqslant 36\\ & x_1, x_2\geqslant 0 \text{ 且为整数}\end{aligned}$$

10 用解析法和最速下降法求解

$$\max\ f(x_1, x_2)=4x_1+6x_2-2x_1^2-2x_1x_2-2x_2^2$$

初始迭代点设为 (1,1)。

11 图 2-10 的起点为①、终点为⑥，括号中的第一个数字为距离，第二个数字为所需时间。分别确定距离最短和时间最少的路线。若要求同时顾及距离最短和时间最少，如何折中考虑？列出动态规划模型。

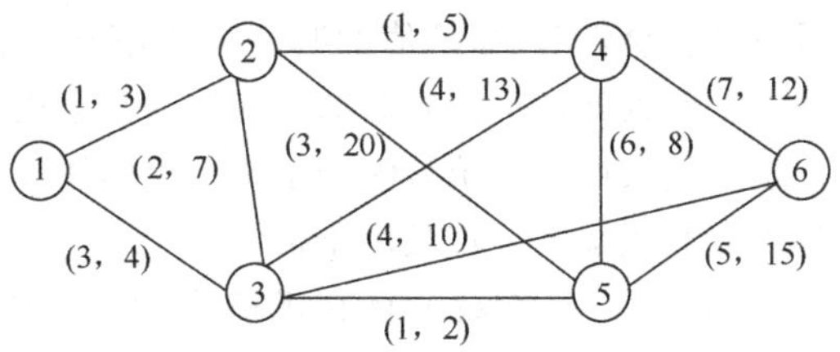

图 2-10 路线图

12 设某设备的运行状态向量 $\boldsymbol{X}(t)\in \boldsymbol{R}^{n\times 1}$，实际可检测的向量 $\boldsymbol{Y}(t)\in \boldsymbol{R}^{p\times 1}$，对设备的控制通过 $\boldsymbol{U}(t)\in \boldsymbol{R}^{m\times 1}$实现。状态向量、检测向量和对设备的控制之间满足以下方程，即

$$\dot{\boldsymbol{X}}(t)=f[\boldsymbol{X}(t), \boldsymbol{U}(t), \boldsymbol{w}(t), t]$$
$$\boldsymbol{Y}(t)=g[\boldsymbol{X}(t), \boldsymbol{U}(t), \boldsymbol{v}(t), t]$$

式中，$f(\cdot), g(\cdot)$ 都是适维非线性函数，$\boldsymbol{w}(t), \boldsymbol{v}(t)$ 是环境和量测噪声。若工艺上存在一组最优生产条件$\boldsymbol{Y}^*$，试建立最小二乘意义下求取最佳控制向量 $\boldsymbol{U}^*(t)$ 的优化命题。为了保证生产安全，规定 $\boldsymbol{U}(t)$ 和 $\boldsymbol{U}(t)$ 的变化速度不得超过 $\boldsymbol{L}_1(t), \boldsymbol{L}_2(t)$，且 $\boldsymbol{Y}(t)$的变化处于一个允许的范围内：$\boldsymbol{Y}_{\min}\leqslant\boldsymbol{Y}(t)\leqslant\boldsymbol{Y}_{\max}$。

3 社会经济系统及其复杂性

3.1 社会经济系统及其特点

社会经济系统是一个以人为核心，包括社会、经济、教育、科学技术及生态环境等领域，涉及人类活动的各个方面和生存环境的诸多复杂因素的巨系统。从系统的层次来看，自然物理系统处于系统底层，可以看作是由非智能的机械物体构成的，满足特定的自然物理规律，其复杂性的根源在于“非线性”；社会经济系统处于系统上层，属于由智能体构成的高级系统，其特点是一个价值系统、并具有“社会性”，而价值的判断是离不开“有意思的理性”的。除了类似自然物理系统的“非线性”因素外，价值判断的不一致（甚至相互矛盾）和对理性进行测度的困难造成了社会经济系统的复杂性。系统科学和系统工程的任务之一就在于认识自然系统和社会系统中各种复杂性的现象和激励，并将其用于指导人类改造世界的生产活动。

作为一个巨系统，人类社会经济系统除了具有规模庞大、结构复杂和因素众多等特点外，一个最主要的特点是它的主体因素是“人”：既高度分散化，又富有组织性。此外，社会经济系统也是一个典型的非平衡开放系统和多目标多变量的非线性综合体，其运转机制受自然环境和社会因素的双重制约，信息结构、刺激机制也远比一般的技术系统复杂，所以它又具有明显的不确定性、模糊性、不确知性等。所有这些特点给我们深入分析和研究这个巨系统带来了一定的困难，同时也为政府部门有效地管理和控制该系统提出了理论、方法和技术上的特殊要求。具体来讲，其主要特点如下。

① 社会经济系统的主体要素是人，所以从严格意义上讲，社会经济系统是指人的一切活动以及人与人、人与环境间的关系。凡是有人参与的活动都是有一定目的的，因此社会经济系统的发展受人的主观意志和决策环节的影响甚大。

② 社会经济系统是一个典型的非平衡的开放系统。过去的经济学总是强调平衡，认为计划经济能够使供求关系达到平衡，这是一个误解，所以过去对非平衡的社会经济系统研究的甚少。实际上，现实的国民经济本身就是一个非平衡系统。从空间角度看，产业与产业之间、部门与部门之间、地区与地区之间、企业与企业之间的经济发展，从来都是不平衡的；从时间序列看，经济发展的速度从来都是非均匀的，有规则的经济波动和无规则的经济扰动相叠加，造成了经济发展过程中的涨落现象。

③ 社会经济系统是一个多目标多变量非线性的综合体，它决定了经济系统具有非常复杂的相互依赖和相互制约的关系，单凭直觉和经验以及定性分析方法很难相互协调。因此，如何使多变量和非线性的关系协同最优乃是社会经济系统要解决的关键问题。

④ 社会经济系统涉及到人类生活的各个方面和周围环境的诸多因素。如上所述，社会经济活动的主体是人，由于人的思维、判断、决策、偏好各有差异，所以有人参与的社会经济系统具有明显的不确定性、模糊性、不确知性等特点。这样就给分析研究这样的复杂系统带来了很大的困难。

⑤ 社会经济系统是在一定的自然环境和社会条件（指社会制度、经济制度）下组合起来的。

因此，它必然受自然环境和社会条件的双重制约，离开这个“制约”来考察任何层次的社会经济系统都是毫无意义的。所以，我国社会经济系统工程的基本任务是在马克思主义哲学指导下，运用现代系统科学理论与方法，改进我国的社会经济系统，逐步使其具有正确的目的性、完善的整体性和良好的有序性，能适应客观环境变化的动态性以及自动选择优化方案的优化性。

此外，社会经济系统还具有多层次、多形式、多功能等特点。正是由于这些特点，造成了与自然物理系统相比社会经济系统特有的复杂性。下面，简要介绍一下社会经济系统复杂性的几个具体体现。

3.2　社会经济系统的因素复杂性

社会经济系统是一个以人类的活动为中心的涉及社会、经济、科学技术、文化教育、生态环境等领域的有机整体。它与物理系统的根本区别是经济系统中存在决策环节，该系统的行为总是经过信息收集，按着某种政策进行信息加工处理并做出决策之后出现的。因此，人的主观意志对该系统具有极大的影响。

先回顾一下东南亚金融危机发生的策源地泰国的情况。泰国曾作为亚洲四小虎之一，从20世纪80年代起其经济得到了迅速发展，成为亚洲经济奇迹之一。可是，20世纪末房地产价格下降、金融呆账增加等泡沫经济现象出现，同时在美元坚挺的带动下，盯住美元的泰铢也随之升值，外贸出口增长锐减导致巨额对外贸易逆差，使经常项目的赤字进一步加剧，其对国内生产总值的比例超过国际公认的8%的警戒线。另一方面，20世纪90年代初，泰国国内金融市场对外国投资者开放，政府放弃了对外债的管制，导致短期投资过多，资本流入结构短期化，且具有良好的流动性，僵硬的汇率制度与货币的可自由兑换，使国际游资对泰铢进行攻击成为可能。而且，当时引入的外资没有有效地用于生产，而是在证券市场、楼市、汇市炒作；居民热衷于高消费，则是其货币发生危机的人为因素。由于这些原因，使泰铢具有不真实的价格，加之巨额外债和不充足的外汇储备及多家财务公司、住房贷款公司经营不善，资产质量不高，资金不足等问题，使投机者看出有利可图，便对其发起强大的金融货币进攻，泰国政府回天无力，致使股市、汇市大跌，之后引发了整个东南亚地区的金融危机。

在这次危机中，人的因素起了非常重要的作用。因为看到金融机构经营不善，外资纷纷撤走，引发股市下跌，人们都害怕泰铢贬值，而去抢购美元，这正促使美元紧俏、泰铢贬值，而由于泰国政府巨额外债及不充足的外汇储备使其丧失了有力干预外汇市场的能力，只好任其贬值。一旦贬值真正发生，它反过来验证了人们对泰铢贬值的预想，强化了留美元抛泰铢的行为，如此循环，越贬越抛，致使泰国金融市场混乱，经济发展受阻。而泰国的经济类型因与其周边国家相似，使人们理所当然地认为周边国家会为增强出口竞争力而使自己的货币贬值。正是人们害怕贬值而采取的行动，恰恰促使了贬值的发生。

上面的金融危机说明了人的决策和主观意志是导致社会经济系统变得复杂、难以控制的根本原因。为了深入的探讨分析复杂的社会经济系统，应该着重研究人类决策行为及其不确定性，力图对人们的决策行为机理达到足够的认识，对社会经济系统中决策人之间的复杂相互作用给以恰当的描述，从而揭示人类决策行为的规律性。

在社会经济系统中，除了人的因素外，它还涉及大量的其他因素，概括起来可以分为四大类：社会因素、经济因素、自然环境因素和科学技术因素。为了使社会经济系统的运行规律能够量化，这些因素可分别利用有关的指标来描述。

① 社会因素指标　人口的数量和质量、人口的各种构成、出生率、死亡率、就业人数、

文化普及率、文盲率、医疗设备情况、临床总数、离婚率、犯罪率等。

② 经济因素指标　社会总产值、工农业总产值、国民收入、各部门的产值、产品、产量、财政收入与支出、利税总额、工资总额、投资情况、固定资产、流动资金、外汇收支、价格体系及其增长指数、工资增长指数等。

③ 自然环境因素指标　气温、水、土、油气资源、地貌、地质情况、河流、山地、高原、平原分布及其特点、空气污染、水质污染、噪声污染、森林植被面积、公共绿化用地面积等。

④ 科学技术因素指标　科研机构及高等院校、中等专业学校情况、智力投资、科研经费、科技人员总数及其构成、科技成果数、技术改造项目数、技术引进项目数、技术变革新项目数、科技信息量等。

此外，还有一些社会心理因素和价值观念因素无法直接用数量指标进行描述，这些对于分析和解决社会经济系统中的问题往往是不能忽略的，甚至是关键因素。所以，人们试图采用心理学试验法和效用理论，将这些因素也定量化。然而，由于因素的复杂性和人的主观性，这些因素的量化往往具有模糊性、难度量性、不可公度性和矛盾性等特点。

① 模糊性　人的思维本身是非数量性的，特别是人对事物的分辨能力，其精细程度一般不超过11%。然而客观世界总是模糊构成的，事物之间的分明性总是相对的或说是人为的，如“冷与热”、“丑与美”、“胖与瘦”等，这就是说当事物之间的模糊度高于11%时，我们仅凭思辨认识难以继续深入和明确。

② 难度量性　社会经济系统不具有物理空间或一般欧氏空间的局部特征，因而对它不可能运用仪器、设备及一般工程度量技术去度量。同时即使度量出来的数量，诸如对社会统计中和财务金融中度量、计算出来的数量，也没有必要如工程量一样尽量提高精度。因为“社会度量”中除了相对值外，一般来说精度超过了人的认识分辨能力就失去了意义，这就使得社会度量从本质上难于具备工程度量的优点。这也是社会科学中的数学工具的运用，要么是简单的四则运算，要么是现代数学中的“定性分析”这一特征的本质所在，同时也是社会经济系统产生复杂性的特有原理之一。

③ 不可公度性　社会经济系统中的许多因素间没有统一的衡量标准或计量单位，因而难以进行比较。例如，水利工程建设问题中的发电这一目标可以用年发电量（亿度/年）或装机容量（万千瓦）来描述，而防洪效益只能用下游免遭洪涝灾害的面积（亩）来表征，淹没损失用水库建成后淹没的耕地和山林面积以及淹没地区需要移民的数量（人）来说明，投资则应该用货币（万元）表示，可见这些因素难以用一个统一的计量单位来衡量。

④ 矛盾性　如果问题中存在某个方案或行动能使所有因素（或目标）都达到最优，那么因素间的不可公度性倒也不成问题了。但这种情况很少出现，绝大部分问题的各个方案在各因素之间总存在某种矛盾。即如果采用一种方案去改进某一因素的值，很可能会使另一因素的值变坏。例如，水利工程建设问题，想要提高发电和防洪效益，就要提高水头，增加大坝高度，但是同时也会增加投资，加大淹没损失和移民数量。

3.3 社会经济系统结构的复杂性

描述社会经济系统的指标或变量众多，而且分若干结构和层次。例如，对于宏观经济系统，一是总量与结构的关系。它分三个层次：社会总产品的供给与需求（说明全社会范围内产品包括初级产品、中级产品和最终产品的供需总量）；国民收入总供给与积累加消费的总需求（说明新增加的社会产品的供给、分配及使用）；新增国民收入总供给与新增的积累加消费的总需求（说明和研究社会扩大再生产的新增能力和居民消费可能达到的新水平）。这三个层次的供需总量对于剖析国民经济整体运行过程及其结果，特别是研究国民经济综合平衡，都是重要的。总量又存在于价值（货币）和实用价值（实物）两种形态中。二是结构内部也是多层次的。在经济结构中，除所有制结构和分配结构外，对经济增长产生影响的就是产业结构，而产业结构又与投资结构、技术结构、消费结构和地区结构紧密联系在一起。产业结构分三个层次：首先是产业部门的结构，如三次产业结构、工业与农业的结构以及按现代产业序列划分的基础产业、支柱产业、先导产业的结构；其次是产业部门内部的行业结构，如工业中的重工业和轻工业、农业中的种植业和林牧畜渔业的结构等；再次是行业中的次行业结构，如重工业中的采掘工业、原材料工业和加工工业的结构，农业中的种植业又可分为粮食作物和经济作物的结构。另外，如果将产业结构向更具体层次细化，有产品结构和企业组织结构，地区产业结构不过是产业结构在空间上的展开。所谓产业结构的矛盾，一方面表现为总供给与总需求在结构上的矛盾，另一方面表现为产业间的矛盾。总量和结构是经济发展的两个轮子，经济发展既要靠总量扩张，又要靠结构支撑。在总量和结构矛盾双突出的情况下，解决总量矛盾要兼顾缓解结构性矛盾，缓解结构性矛盾要有利于缩小总量矛盾。加大基础设施投资力度，必须有重点地结合产业结构调整、优化和升级。

一般地，可把社会经济系统的结构分为纵向和横向两个层次，而这两个层次相互交叉、相互影响、相互制约，纵横交错、盘根错节，关系十分复杂。但要有效地分析研究社会经济系统，必须将这些关系理顺。社会经济系统的结构层次按纵向划分，即“块块”划分，有：国家级的社会经济活动、省市自治区的社会经济活动，还有地市级、县级、乡镇级等层次。按照横向划分，即按“条条”或部门划分，可分为冶金系统、化工系统、机械系统等系统。这些“条条”不是纵向的，而是具有“横向”的经济意义的，我们经常提到的横向联合就是行业上的联合。这些横向层次相互之间存在着关联，同时又和纵向层次相互交叉。

无论纵向还是横向层次都存在九个子系统：生产子系统、分配子系统、交换子系统、消费子系统、科技子系统、文化教育子系统、生态环境子系统、人口子系统、关联意识子系统等。整个社会经济系统要素之间的相互关系可用三维结构图来表示，如图 3-1 所示。

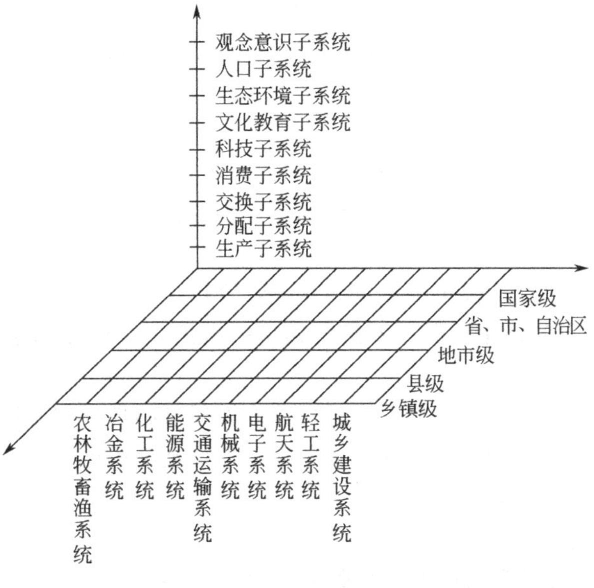

图 3-1　社会经济系统的三维结构

图 3-1 一方面说明了社会经济系统是一个多层次、多结构、关系极其复杂的大系统；另一方面，它给出的三维结构图也基本上反映了社会经济系统中各要素之间的关系。任何一个企业或者一个行业都可以在这个三维空间的适当位置找到自己处在什么层次上。例如，鞍山钢铁公司这个大型联合企业，它是处在国家级和冶金系统这两个层次的交叉上，同时也可指出对这个企业进行哪些子系统的分析研究，如生产系统、消费系统，或者是文化教育系统、生态系统等，这些都能在这个三维结构图上找到适当的位置。总之，图 3-1 无论对宏观社会经济系统还是微观社会经济系统的分析研究，都能给出明显的层次结构，并标出他们之间的关系。

3.4 社会经济系统中的不完全理性

社会经济系统的一个基本特点是有“人”的参与，社会经济活动就是一种“人”的有意识活动。大家知道，我们到目前为止所学的各种理论方法的研究基础都有一个共同的特点，即“理想模型”。借助理想模型，可以简化问题，抓住关键因素和避免实际中问题的复杂性。西方经济学的理论基础或理想模型是“经济人”假说，然而社会实际活动表明“经济人”的假说并不总是正确的，原因如下。

① 人的知识并不完备。西方经济学理论要求经济人具备对于每种行动的后果的了解和预见。而事实上，实际生活中的人往往对那些从当前状态推知未来的规律和法则所知甚少，对社会经济活动的后果的了解总是零碎的，不可能对复杂多变的现实情况和未来的发展有完全的了解和洞察；既不可能掌握全部信息，也无法全面认识社会经济系统的运行规律。

② 预测的困难。由于后果产生于未来，在为后果赋值时，必须凭想象来弥补当前所没有的体验；而且人们也无法在瞬间抓住所有后果的整体，注意力会随着时间和偏好的变化从一种价值要素转移到另一种价值要素。因此对后果价值的预见不可能是完整的，评价的精确性和一致性都受到个人能力的限制。

③ 可能的行动方案不完全。西方经济学理论要求经济人在所有可能的备选行动或方案中加以选择或决策，但是实际上经济人所能想到的永远只是其中比较典型的一小部分。由于每种行动都有其相应的后果，因此有许多后果根本没有作为可行的备选方案之一，无法进入抉择阶段。

④ 现实社会环境是高度不确定和极为复杂的，人的时间、注意力和计算能力有限。人们不可能及时处理诸多复杂的情况，精确地描述社会经济问题所涉及的所有因素；即使能够给出求得问题最优解的所有变量和方程组，但其数量也过于庞大，计算的速度不足以对动态的情况进行最优处理和跟踪，甚至连速度最快的计算机也无能为力。

⑤ 人的价值取向和多元化目标并不总是始终一致的，往往互相矛盾和没有统一的度量标准。

关于社会经济系统中的不完全理性问题，许多人通过心理学实验进行定量化研究，从多个方面说明了现实生活中的“人”的确往往不满足传统理论所做的假设。下面给出几个比较典型的例子。

实验例证 3-1 概率悖论

Ellsberg，1961 年最早提出有关主观概率的悖论。Raiffa，1968 年给出了一个简单的例子：一场棒球决赛的两个参赛队 A 和 B 实力相当。现提供两种打赌方式，一种是由决策人赌A队获胜，比赛结果为A队获胜（记作θ_1）时决策人赢＄100，若B队获胜（记作θ_2）时决策人输掉＄100。由于棒球赛没有平局，所以这一打赌可以记作L_A：$[\pi(\theta_1), 100; \pi(\theta_2), -100]$，其中$\pi(\theta_1)$表示$\theta_1$发生的主观概率。另一种是由决策人赌B队获胜，这时可以记作L_B：$[\pi(\theta_2), 100; \pi(\theta_1), -100]$。许多对棒球赛几乎一无所知的人认为，$[0.5, 100; 0.5, -100]$严格优于赌A队获胜，即$[0.5, 100; 0.5, -100] \succ L_A$，其中“$\succ$”表示严格优于关系；$[0.5, 100; 0.5, -100]$也严格优于赌B队获胜，即$[0.5, 100; 0.5, -100] \succ L_B$。也就是说，他们宁可赌抛硬币正面朝上赢＄100，反面朝上输掉＄100，也不赌A队获胜或赌B队获胜。由于棒球赛没有平局，所以$\pi(\theta_1)+\pi(\theta_2)=1$，$\pi(\theta_1)$与$\pi(\theta_2)$中至少有一个大于或等于0.5，因此赌相应的队获胜至少与赌抛硬币的期望效用一样大。根据经验，没有任何先验信息时应该有$\pi(\theta_1)=\pi(\theta_2)=0.5$，这时赌A队获胜和赌B队获胜都与赌抛硬币无差异。因此，决策人的上述偏好无法用任何主观概率分布或经济学理论加以解释。这一现象称为不确定性厌恶（uncertainty aversion）。

实验例证 3-2　对相同后果选择的不一致性

Kahneman，1982年给出了一个有趣的例子。有两种情况，一种是你买了一张40美元的戏票，带着票去剧院看戏，到了剧院门口发现票丢了，这时你要决定是再花40美元重新买票看戏（还有类似座位的余票），还是干脆回家；第二种情况是，你在外衣口袋里装了40美元的零钱准备买票看戏，到剧院门口发现40美元丢了，但是你的内衣口袋里还有足够多的钱，这时你要决定是再花40美元重新买票看戏，还是干脆回家。Kahneman指出，大多数人都说在第一种情况下会干脆回家，但是在第二种情况下会买票看戏。无论哪种情况，决策人的选择都是：总共花80美元看戏，或者是损失40美元而没有看戏。只要决策人在这一问题中所关心的因素仅仅是货币财富水平和戏剧欣赏意愿，所做的选择应当有一致性。而实际上实验结果表明，大部分人在这一问题上并无一致性，似乎与任何经济学方法和模型都不一致。

这一问题的关键在于无论实验设计者怎样强调、要求参加实验的人员只考虑货币支出和欣赏意愿，参加实验的人员的潜意识中依然会有这样的判断：事先购票所挑选的座位是满意的，丢了票临时再补，即使票价相同、座位类似，也不如原来的座位。这时他的思想已经锚定在“坐在给定的座位上看戏”上，所以在找不到票时，即使掏钱买票，座位也将发生变化，因此选择“干脆回家”。在第二种情况下，参加实验的人员所考虑的只是“买票、看戏”，侧重点在看戏上，因此丢了钱之后重新掏钱买票看戏就是合乎逻辑的选择。另一种看法是：在第二种情况下，参加实验的人可以把丢钱看作是与买票看戏无关的事件，无需改变原先做出的“买票看戏”的决定；而第一种情况丢的是票，是否买票看戏则需再做一次决定。“总共花80美元看戏，或者是损失40美元而没有看戏”这种表述过于简单化，没有考虑这一心理学实验中受参加试验者的真实心理感受，其实并不能作为上述两种决策情况的共同后果。不过，这个例子也说明了，把握一个社会经济问题的关键因素、确定其边界并准确地构建实际问题的模型并不像一般人（包括研究社会经济系统的专家们!）想象的那么简单，具有相当的复杂性。

实验例证 3-3　关于模型构建的影响

Tversky，1986年报道了关于模型构建对人的影响的试验结果。第一个问题是，首先要求参加试验的人员假设自己拥有300美元，然后要他们在①确定性的收入100美元和②50%的机会收入200美元、50%的机会收入为0，这两个行动中进行选择。第二个问题是，要求参加试验的人员假设自己拥有500美元，再要他们在①确定性地损失100美元，和②50%的机会损失 200 美元、另 50%的机会没有损失中进行选择。大部分参加试验的人在回答第一个问题时选择①确定性的收入 100 美元，表现出风险厌恶的风险态度；在回答第二个问题时表现为风险追求，选择风险型展望②，而不是确定性后果①。事实上，根据经济学理论，这两个问题是等价的，即本质上是相同的，因为只要加上初始财产，两个问题的行动①的后果都是使最终财产为确定性的 400 美元，行动②的后果则是使最终财产为 300 美元和 500 美元的机会各半。试验表明，本质相同的决策问题，由于问题表述方式的差异会引起（可以预料的）不同的选择，这一现象被称作问题的构建效应(framing effect)。

问题描述方式的变化（用收益还是用损失表示后果）能引起相反的风险态度。与此类似，用来诱导决策人偏好的方式变化——是对后果进行选择还是对后果进行独立评价，会导致对后果的各确定性因素重要性判断的差异。经济学理论要求问题的表述和求解应该满足“问题表述的不变性”和“求解程序的不变性”。有了这两个不变性，才能够使决策问题的逻辑上的等价表述，以及诱导决策基础的逻辑上等价的方法产生相同的偏好。试验的结果说明这两个不变性条件并不是所有经济人都能满足的。

3.5 社会经济系统中选择的复杂性

在社会、经济、科技迅速发展的今天，决策者面临着错综复杂、瞬息万变的环境，除了改进决策技术之外，还必须依靠群体的智慧。但是由于群体中各人的知识、经验、胆略、利益、价值观等方面都有所不同，以及局部利益与全局利益的矛盾，如何集中群体中各位成员的意见，充分利用众人的经验和智慧，发挥集体的优势，形成集体的意见，制订出符合广大群众利益的正确决策，便成为一个决策的民主化问题。可采用的方法有各种投票表决体制、专家咨询方法等。然而，与个人决策相比，社会群体的选择具有一定的复杂性。

先看一个投票选举的例子。设 60 个评委对三个候选人 a、b、c 的态度是：23 人认为 $a \succ b \succ c$，17 人认为 $b \succ c \succ a$，2 人认为 $b \succ a \succ c$，8 人认为 $c \succ b \succ a$，10 人认为 $c \succ a \succ b$，其中“$\succ$”表示“优于”关系。在从三个候选人中选择一个时，获胜规则是：如果存在某个候选人，能在与其他候选人逐一比较时按过半数决策规则击败其他所有人。对候选人做两两比较，得

$N(a \succ_i b)=33$，$N(b \succ_i a)=27$，结果是 $a \succ_G b$；

$N(b \succ_i c)=42$，$N(c \succ_i b)=18$，结果是 $b \succ_G c$；

$N(a \succ_i c)=25$，$N(c \succ_i a)=35$，结果是 $c \succ_G a$；

式中，“$\succ_G$”表示群判断的优于关系

根据过半数决策规则，群体有三个判断：$a \succ_G b$，$b \succ_G c$，$c \succ_G a$。这表明，虽然 60 个评委中每个成员的偏好（即对候选人优劣的排序）是传递的，按上述规则得出的评委集体排序却是 a 优于 b，b 优于 c，c 又优于 a 这种互不相容的结果，出现多数票的循环。这种现象称为投票悖论。

著名经济学家 Arrow 从福利经济学的角度，认为各种投票选择方法应具有的如下性质(或者说应满足如下条件)。

性质一（完成域） 社会福利函数包含每一种可能的偏好断面，这相当于每种偏好断面都会产生一种群的排序，而且至少有三种方案和群众至少有两个成员。

性质二（无关方案独立性）　A_1为方案集A的子集，如果群体中的成员对A中的偏好关系做了修改，但未改变A_1中方案的偏好关系。则从A_1产生的群对方案的排序与由A中产生的方案排序相同。本质上，群对方案的排序应该只与涉及这些方案的偏好断面有关，而与不参加选择的其他方案无关。例如，原来有两个候选人，现在又增加一个候选人，则人们对原来两个候选人的偏好次序不应受新增候选人的影响。

性质三（成员的自主权）　对每两个方案a_1和a_2，总有某些成员认为a_1优于a_2才能使群体认为a_1优于a_2，也就是说社会福利函数不应该是强加的。

性质四（非独裁性）　群体中不存在某个成员i，对方案集中的任一对方案a_j和a_k，只要他认为a_j优于a_k，群体就认为a_j优于a_k。

性质五（群体与个人排序的正的联系）　假设对某个特定的偏好断面，群体认为a_1优于a_2。如偏好断面做了修改，使得①成员对不涉及方案a_1的方案做成对比较，其偏好不变；②成员对方案a_1与其他方案做成对比较时，或者偏好不变，或者变得对a_1更有利，则群体的排序仍有a_1优于a_2。

此外，无论是群体还是个人的偏好次序关系还都应该满足传递性和连通性（即成对可比性）公理。

公理一（偏好的可比性）　对每两个方案a_1和a_2，要么$a_1 \succ a_2$，要么$a_2 \succ a_1$，或者$a_1 \sim a_2$，其中"$\sim$"表示方案间"无差异"关系。

公理二（偏好的传递性）　对三个方案a_1、a_2和a_3，如果有$a_1 \succ a_2$且$a_2 \succ a_3$，则应有$a_1 \succ a_3$。

这些性质或条件看起来是十分自然而又合情合理的，以至人们把它们当成是社会选择都应当满足的不言而喻的公理。但Arrow在1951年发表的"社会选择和个人价值"一文中证明了：不存在任何一种社会选择方法能同时满足上述两条公理和具备五个性质，这就是著名的Arrow不可能定理，又称独裁定理。该结论意味着：没有一种方法能根据个人的偏好来获得能满足某些朴素条件和当前社会集体价值观的社会排序结果。如果对个人的排序不加限制，那么没有任何表决方法能排除投票悖论，反复式投票表决制不行，任何比例代表制也不行，无论所用的方法多么复杂都不可能排除这种悖论。同样地，市场机制也不能产生合理的社会选择。如果消费者的价值观能由相当广泛的个人排序表示，那么公民主权学说与集体理性学说就是矛盾的。

Arrow的结论说明了没有一种方法能对所有可接受的备选方案给出令人满意的社会排序，这就从思想上削弱了人们在政治生活中对获胜者的信任程度，因为用任何方法产生的获胜者都有可能在采用其他方法时被其他备选对象击败。而且，A. Gibbard和M. A. Satterthwaite分别证明了：若有两个以上候选人，则任何防操纵的选举方法都可能产生一个独裁者，因此没有一种选举方法是非独裁性且是防操纵的。这些结论也反映了社会经济生活中民主的多样性和复杂性。

假如个人选择对方案的偏好强度可以度量，亦即如果把集结个人对方案的偏好次序改为集结个人的偏好强度，则Arrow的不可能定理就将成为可能定理。然而，当我们测量个人偏好强度时，发现人与人之间的这种偏好强度难以进行比较。这说明，当我们采用偏好强度代替偏好次序时，可以克服Arrow结论中存在的问题，然而实际中是难以操作的。

总之，与社会经济系统中个人的行为和价值相比，社会或群体的行为和价值更为复杂。某些在个人看来非常合理的准则和条件，集体行为则难以满足，有时甚至是矛盾的。

3.6 社会经济系统的方法论

社会经济系统复杂性的表现是多方面的，它的许多现象、行为或状态，往往难以用传统的数学模型来描述。即使花费了很大的代价，建立了数学模型，往往也是很复杂的，如非线性、变系数、高维或高阶的微分方程，很难求解或分析，甚至根本求不出来，只好定常化、线性化、降维或降阶等，结果得到的简化模型与实际差别很大。为此，在研究和分析社会经济系统时，可以采用系统科学和工程的方法和技术，而不局限于具体的数学模型。在难以或不适宜建立数学模型的场合，可以建立知识模型；在碰到模糊现象时，可建立模糊数学模型；在信息不足的情况下，可借助灰色系统理论建立模型，等等。

总的来说，对于社会经济系统，我们可以采用以下六个“结合”来研究和分析它。

① 定性分析与定量计算相结合。马克思曾说过：“一种科学只有成功地运用了数学之后，才算达到完善的地步。”所以研究一个系统时总要注意量的变化，量变会引起质变。从系统工程的角度出发，既要讨论系统的结构，又要讨论它的参数，这是一个问题的两个方面。如果只研究量，而忽视定性分析，那也会出问题的。因为有些问题至今还难于定量而无从着手，如果非要定量，事必造成数字游戏。通过定性判断建立总体及各子系统的概念模型，并尽可能将它们转化为数学模型，经求解或模拟后得出定量的结论，再对这些结论进行定性归纳，以取得认识上的飞跃，形成解决问题的建议。因此从这个意义上讲，定性分析与定量计算必须相结合。

② 自然科学与社会科学相结合。这两大科学体系的结合是研究社会经济系统的最好方法。社会经济系统的研究实质上就是生产力和生产关系如何相适应发展的研究，是经济基础和上层建筑之间如何构成良性循环关系的研究。这就必然要求把自然科学和社会科学紧密结合起来，才能有效地完成上述的研究任务。这种结合的主要表现就是在研究人员的构成上应当吸收两个科学领域的专家，更重要的是在研究过程中应当博采各家之长，反复论证，选择既符合自然科学规律，又符合社会科学原理的最优方案。

③ 还原论与整体论相结合。还原论强调从社会经济系统的局部机制和微观结构中寻求对宏观现象的说明，例如用微观经济学模型来解释一些社会现象。而整体论则强调社会经济系统内部各部分之间的相互联系和作用决定着系统的宏观性质，但如果没有对局部机制和微观结构的深刻了解，对系统整体的把握也难以具体化。系统科学和系统工程强调的正是，在深入了解系统个体的性质和规律的基础上，从个体之间的相互联系和作用中发现系统整体性质和规律。

④“软”与“硬”相结合。任何软课题的研究都要和硬系统相结合，社会经济系统更是如此。如果离开硬系统，或者与硬系统的研究割裂开来，势必造成脱离经济基础去研究上层建筑，脱离生产力来探讨生产关系。这样的研究只能是纸上谈兵，毫无作用。例如，我们规划研究开发某个非金属矿产资源，如果对该矿的储藏量、技术可开产量、经济可开采量一无所知，并且对采矿、选矿、加工技术也缺乏了解，这样搞出来的规划只能是一纸空文。又如，一个投入产出的课题，如果没有一个地区或一个企业的经济环境作为背景，这样的课题研究毫无指导意义，充其量也只能算作某种学术研究，这是违背系统工程宗旨的。

⑤ 系统工程人员与决策人员相结合。社会经济系统的研究不单纯是系统工程人员的事情，更重要的是决策人员的事情，因为系统工程研究提出的任何战略战术建议、规划方案、可行性研究、体制改革办法、宏观控制措施等，归根结底是为决策人服务的。因此，与其在研究的末尾，还不如在整个研究过程中造成系统工程人员与决策人员可以交流思想、共商国计民生的良好环境，为二者的经常性对话或交换信息提供方便。但这种结合必须保证二者地位的独立性和平等性。因此，应该强调系统工程工作者必须保持自己的独立见解和维护科学的严谨性，决不能人云亦云，屈从于“长官意志”，成为御用科学。另一方面，也要求各级决策人员尊重知识、尊重科学、尊重系统工作者的复杂劳动，创造一种决策科学化、民主化的良好政治环境。

⑥ 科学推理与哲学思辨相结合。科学理论是具有某种逻辑结构并经过一定实验检验的概念系统，在表述科学理论时总是力求达到符号化和形式化，使之成为严密的公理化体系。但是科学的发展往往证明任何理论都不是天衣无缝的，总有一些“反常”的现象和事件出现，尤其是社会经济系统。这时就必须运用哲学思辨的力量，从个别和一般、必然性和偶然性等范畴，以及对立统一、否定之否定等规律来加以解释。

从技术层次上讲，目前解决社会经济系统中的问题具体可以采用以下一些方法。

① 在不确定条件下的决策技术。包括定性变量的量化（多维尺度、广义量化等），经验概率的确定（数据挖掘、数据库中的知识发现、智能挖掘等），主观概率的改进，案例研究与先验信息的集成等。

② 综合集成技术。包括系统的结构化，系统与环境的集成（全局和局部），人的经验与数据的集成，通过模型的集成，从定性到定量的集成等。

③ 整体优化技术。包括目标群及其优先顺序的确定，巨系统的优化策略（分隔断裂法、面向方程法、多层迭代法、并行搜索法等），优化算法（线性规划法、目标规划法），离线优化与在线优化，最优解与满意解的取得等。

④ 计算智能。包括演化计算（例如遗传算法、演化策略、遗传程序设计等），人工神经网络（例如 EBP 型、竞争型、自适应共振型、联想记忆型等），模糊系统等。

⑤ 非线性科学。美国 Los Alamos 国家实验室非线性研究中心是非线性科学的发源地和权威单位，他们认为非线性科学已由传统的动力系统理论（稳定性和分叉理论，混沌，孤子）和统计力学（分形，标度），延伸到多尺度、多体以及非平衡系统中的复杂和随机现象的研究。

⑥ 数理逻辑。即数学化的形式逻辑，包括经典谓词逻辑，广义数理逻辑（例如模型论、公理集合论、证明论、递归论等），多值逻辑，模态逻辑、归纳逻辑等。

⑦ 计算机模拟。这是一个十分重要的手段，但由于社会经济系统的复杂程度高，以前总认为对于这样的系统无法用计算机做试验，无法在实验室条件下进行研究。现代电子计算机的出现和普及改变了这种状况。今天，用计算机建模研究社会经济系统的工作已经普遍展开，不但有了比较系统的方法，而且有了一些方便实用的、专门用于研究社会经济系统的仿真平台，如 swarm，repast 等，比较方便非计算机专业的其他领域研究者使用。

综上所述，社会经济系统有其自身的特点，要研究它、分析它、了解它的内部运转机制，传统的经济理论显然是不够的，必须采用现代科学技术的最新研究成果，才能认识它、驾驭它的规律。

思考题与习题

1 与自然物理系统相比，社会经济系统有哪些主要特点？复杂性主要表现在哪些方面？

2 试分析一下社会经济系统中的环境子系统的复杂性。

3 研究社会经济系统，可采用哪些系统工程的方法和技术？

4 坛中装有 90 个球，其中有 30 个红色球，其余为黄色球和蓝色球，且不知道这两种球的比例。现从坛中随机取出一个球进行投注相同的打赌。

① 有以下两种打赌方法：a. 抽中红色球可收入 100 元，抽到其他球收入为 0；b. 抽中黄色球可收入 100 元，抽到其他球收入为 0。你选哪一种？为什么？

② 另有两种打赌方法：c. 抽到黄色球收入为 0，抽到其他球可收入 100 元；d. 抽到红色球收入为 0，抽到其他球可收入 100 元。你选哪一种？为什么？

③ 分析你在两次选择中的一致性。

4 系统分析

4.1 系统分析概述

系统分析（System Analysis）一词来源于美国的兰德（RAND，Research and Development）公司。该公司由美国道格拉斯飞机公司于1948年分离出来，是专门以研究和开发项目方案以及方案评价为主的软科学咨询公司。长期以来，兰德公司发展并总结了一套解决复杂问题的方法和步骤，他们称之为“系统分析”。第二次世界大战后，系统分析逐步由武器系统分析转向国防战略和国家安全政策的系统分析。20世纪60年代以来，系统分析才逐渐运用到政府机构和企业界政策与决策问题研究。目前已广泛应用于社会、经济、能源、生态、城市建设、资源开发利用、医疗、国土开发和工业生产等问题。

4.1.1 系统分析的定义

目前对于系统分析的定义有广义和狭义之分。广义的解释是把系统分析作为系统工程的同义语，认为系统分析就是系统工程。狭义的解释是把系统分析作为系统工程的一个逻辑步骤，系统工程在处理大型复杂系统的规划、研制和运用问题时，必须经过这个逻辑步骤。由此可见，无论是哪种解释，系统分析都是相当重要的。

所谓系统分析，就是为了发挥系统的功能及达到系统的目标，利用科学的分析方法和工具，对系统的目的、功能、结构、环境、费用与效益等问题进行周详的分析、比较、考察和试验，而制订一套经济有效的处理步骤或程序，或提出对原有系统改进方案的过程。它是一个有目的、有步骤的探索和分析过程，为决策提供所需的科学依据和信息。因此，系统分析包括系统目标分析、系统结构分析、系统环境分析等。具体地说，系统要明确主要问题，确定系统目标，开发可行方案，建立系统模型，进行定性与定量相结合的分析，全面评价和优化可行方案，从而为决策者选择最优方案或满意方案提供可靠的依据。

采用系统分析方法对事物进行探讨时，决策者可以获得对问题的综合的和整体的认识，既不忽略内部各因素的相互关系，又能顾全外部环境变化所可能带来的影响，特别是通过信息，及时反映系统的作用状态，随时都能了解和掌握新形势的发展。在已知的情况下，以最有效的策略解决复杂的问题，以期顺利地达到系统的各项目标。

4.1.2 系统分析的意义

在当今科学技术高度发达的现代化社会里，事物间的联系日趋复杂，出现了形式多样的各种大系统，这类大系统通常都是开放系统，他们与所处的环境即更大的系统发生着物质、能量和信息等的交换关系，从而构成环境约束。系统同环境的任何不适应即违反环境约束状态或行为都将对系统的存在产生不利的影响，这是系统的外部条件要求。从系统内部看，它们通常由许多层次的分系统组成。系统与分系统之间有着复杂的关系，如纵向的上下关系，横向的平行关系，以及纵横交叉的相互关系等。但是不管这些关系如何复杂，有一条基本原则是不变的，那就是下层系统以达成上层系统的目标为任务，横向各分系统必须用系统总目标来协调行动，各附属新系统要为实现系统整体目的而存在。因此，任何分系统的不适应或不健全，都将对系统整体的功能和目标产生不利的影响；系统内各分系统的上下左右之间往往会出现各种矛盾和不确定因素，这些因素能否及时被了解、掌握和正确处理，将影响到系统整体功能和目标的达成。系统本身的功能和目标是否合理也有研究分析的必要，不明确和不恰当的系统目标和功能，往往会给系统的生存带来严重后果，系统的运行和管理，要求有确定的指导方针。上述情况表明，不管从系统的外部或内部，不论是设计新系统或是改进现有系统，系统分析都是非常重要的。

系统分析的重要意义还表现在另外一个方面。系统分析不是最终目的，最终目的是为系统决策服务。因此，系统分析应为系统决策提供各种分析数据、各种可供选择方案的利弊分析和可行条件等，使决策者在决策之前做到心中有数，有权衡选择、比较优劣的可能性，从而能提高决策的科学性和可行性。但是，系统决策的正确与否与系统分析的水平和质量关系极为密切。如果说，决策的正确与否关系到事业的成败，那么，系统分析则是构造这些成败的基石。

另外，系统设计的基础是由系统分析提供的。所谓系统设计就是在系统分析的基础上，用系统思想综合运用各有关学科的知识、技术和经验，通过总体研究和详细设计等环节，落实到具体工作上，以创造满足设计目标的人造系统。因此，系统设计的任务就是充分利用和发挥系统分析的成果，并把这些成果具体化和结构化。例如某大型水电建设，它是以发电为目标，它的任务并不是简单的拦江、建大坝、装发电机组、架设输电线等，而是一个综合性工程，必须仔细全面地考虑各种因素，进行系统分析和设计，才可能设计出一个满意可行的系统方案。它可能包括众多的分系统，如建大坝还要考虑轮船航运系统、水利截流系统、生态系统、村民的迁移、对上中下游的经济发展的影响等，这些都需要进行分析和论证，以确定设计方案。没有全面的系统设计，将会造成重大失误。

4.1.3 系统分析的内容

(1) 系统分析的要素

在实际问题中，我们所碰到的系统是千变万化的，而且所有的系统都处在各不相同的环境中。另外，不同的系统，它产生的功能也不相同，内部的构造、因素的组成也不相同，即使是同一系统，由于分析的目的不同，所采用的方法和手段也不相同。因此，要找出技术上先进、经济上合理的最佳系统，系统分析时必须具备若干个要素，才能使系统分析顺利进行，以及达到分析的要求。

美国兰德公司曾对系统分析的方法论做过如下论述。

① 期望达到的目标。

② 分析达到期望目标所需的技术与设备。

③ 分析达到期望目标的各种方案所需要的资源和费用。

④ 根据分析，找出目标、技术设备、环境资源等因素间的相互关系，建立各方案的数学模型。

⑤ 根据方案的费用多少和效果优劣为准则，依次排队，寻找最优方案。

以后人们把这五条归纳为系统分析方案论的五要素。

① 目的　这是一个系统的总目标，也是决策者做出决策的主要依据。某一系统当达到了某个指标或达到了某一程度，这个系统就能被采纳接受。对于系统分析人员来说，首先要对系统的目的和要求进行全面的了解和分析，确定目标应该是必要的（即为什么要做这样的

目标选择)、有根据的（即要拿出确定目标的背景资料和从各个角度的论证和论据）和可行的（即它在资源、资金、人力、技术、环境、时间等方面是有保证的），因为系统的目的和要求既是建立系统的根据，也是系统的出发点。

② 可行方案　在做系统分析时必有几种方案或手段，没有足够数量的方案就没有优化。例如，在做厂址选择分析时，可以建在这里，也可以建在那里。当然这些方案或手段不一定是互替的，或者是同一效能的，当多种方案各有利弊时，确定哪个方案最优，就得进行分析与比较。可行方案必须在性能、费用、效益、时间等指标上互有长短并能进行对比，必须有定性和定量的分析和论证，必须提供执行该方案时的预期效果。

③ 费用与效益　这里指的费用是广义的，包括失去的机会与所做出的牺牲在内。每一系统、每一方案都需要大量的费用，同时一旦系统运行后就会产生效益，为了对系统进行分析比较，必须采用一组互相联系的、可以比较的指标来衡量，这一组指标叫做系统的指标体系，不同的系统所采用的指标体系也不同。一般来说，费用小、效益大的方案是可取的；反之是不可取的。

④ 模型　为了表达与说明目标与方案或手段之间的因果关系、费用与效益之间的关系而拟制的数学模型或模拟模型，用它来得出系统的各可行方案的性能、费用和效益，以利于各种可行方案的分析和比较。使用模型进行分析，是系统分析的基本方法，模型的优化与评价是方案论证的判断依据。

⑤ 评价基准　根据采用的指标体系，由模型确定出各可行方案的优劣指标，衡量可行方案优劣指标就是评价的基准，由评价基准对各方案进行综合评价，确定出各方案的优劣顺序，以供决策者选用。评价基准必须具有明确性、可计量性和敏感性。明确性是指标准的概念明确、具体、尽量单一，对方案达到的指标，能够做出全面衡量。可计量性是指确定的衡量标准，应力求是可计量和计算的，尽量用数据表达，使分析的结论有定量的依据。敏感性是指在多个衡量标准的情况下，要找出标准的优先顺序，分清主次。

根据系统分析的五要素，可以画出系统分析要素图。如图 4-1 所示。

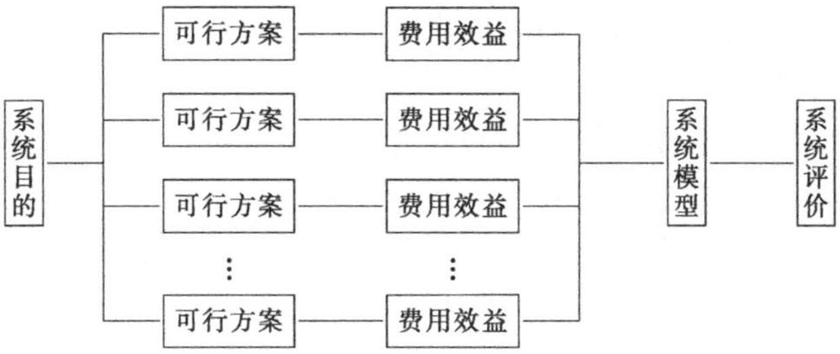

图 4-1　系统分析要素图

(2) 系统分析的原则

一个复杂的系统由许多要素组成，要素之间相互作用，关系错综复杂。系统的输入、输出和转换过程，系统与其所处的环境的相互作用关系等都是比较复杂的。因此，在系统分析时，应处理好各种关系，遵循以下一些准则。

1) 内部因素与外部因素相结合　系统的内部因素往往是可控的，而外部因素往往是不可控的，系统的功能或行为不仅受到内部因素的作用，而且受到外部因素的影响和制约。例如一个建筑公司，我们把它作为一个系统来分析。它不仅受到公司内部各因素的互相牵制，即公司内部的工队与班组之间的协调、职工的技术水平与文化水平、公司的施工机构与装备、公司的管理制度与组织机构等都影响着公司的营业；同时公司还受到外部条件的约束，气候条件直接影响到施工的进度与质量，施工的地理位置、原材料的供应、运输条件、各协作单位的关系等都约束着公司的发展。因此，对系统进行分析，必须把内外各种有关因素结合到一起来考虑，以实现方案的最优化。通常的处理办法是，把内部因素选为决策变量，把外部因素作为约束条件，用一组联立方程组来反映它们之间的相互关系。

2）当前利益与长远利益相结合　因为系统大部分是动态的，它随着时间以及外部条件的变化而变化，因此选择最优方案时，不仅要从当前利益出发，而且还要同时考虑长远利益，要两者兼顾。如果采用的方案对目前和将来都有利，那当然是最理想的方案。往往有的系统从当前看不利而从长远看是有利的。例如关于智力投资的问题，一个企业抽调了一部分职工进行文化学习和技术培训，不但需要花费教育经费，而且由于减少了生产人员而在生产上暂时受到损失，但从长远的观点来看，职工的文化水平和技术水平提高之后，将会产生更大的经济效益。虽然眼前受到了一些损失，但今后会获得更多的利益，像这样的方案还是可取的，而对于那种一时有利、长远不利的方案，即使是过渡性的，也最好不选用。如果两者发生矛盾，应该坚持当前利益服从长远利益的原则。

3）局部效益与总体效益相结合　一个系统往往由许多子系统组成，如果各个局部的子系统的效益都是好的，那么总系统的效益也会比较好。但在大多数情况下，在一个大系统中，有些子系统局部看是经济的，但从总体看是不经济的，这显然是不可取的。有的从局部的子系统看是不好的，但从全局看则是良好的，那这种方案还是可取的。比如有些地区原煤的生产是赔本的，生产得越多，赔得越多；但从总体来看，原煤是各生产部门的粮食，有了它才能更好地发展生产，从整体看是有利的，因此必须采用发展原煤生产的方案。可见局部的最优并不代表总体最优。总体的最优往往要求局部放弃最优而实现次优或次次优。故而进行系统分析必须坚持“系统总体效益最优、局部效益服从总体效益”的原则。

4）定性分析与定量分析相结合　定量分析是指采用数学模型进行的数量指标的分析，但是一些政治因素与心理因素、社会效果与精神效果目前还无法建立数学模型进行定量分析，只能依靠人的经验和判断力进行定性分析。因此，在系统分析中，定性分析不可忽视，必须与定量分析结合起来进行综合分析，或者交叉地进行，才能达到系统选优的目的。

(3) 系统分析的内容

系统分析的主要内容有收集与整理资料，开展环境分析；进行目的分析，明确系统的目标、要求、功能，判断其合理性、可行性与经济性；剖析系统的组成要素，了解他们间的相互关系，及其与实现目标间的关系（结构分析），提供合适的解决方案集；塑造模型、仿真分析和模拟试验；经济分析、计算各方案的费用与效益；评价、比较和系统优化；提出结论和建议等。

1）环境分析　了解系统所处环境是解决问题的第一步。环境给出了系统的外部约束条件。例如，系统使用的资源、人力、财力、时间等方面的限制来自环境，系统分析的资料要取自环境，一旦环境发生变换，将引出新的系统分析课题。系统的环境一般可以分为三个方面：物理技术环境、经济管理环境和社会人文环境。环境分析的主要内容如下。

① 确定系统与环境的边界，一般可先凭经验判断勾画出对系统不再有影响的时空境界，作为工作前提，并在随后的总体研究和详细研究中再逐步修正。

② 摸清环境对系统的影响程度，包括找出相关的环境因素集，确定各环境因素的影响范围、程度和各因素间的相关程度，并在方案分析中予以考虑。环境因素很多时应分清主次和轻重，对可定量分析的环境因素，通常可用约束条件的形式列入系统模型中；对只能定性分析的因素，可用估值法评分，尽量使之达到定量或半定量化，以便用来校验或修订原定的

系统目标值。

2）目标分析 目标分析的主要内容如下。

① 论证系统总目标的合理性、可行性和经济性，并确定建立系统的社会经济价值。

② 当系统总目标比较概括时，需要分解为各级分目标，建立目标系统（或目标集）以便逐项落实与保证总目标的实现。

采用目标的分层结构常能更清楚地描述目标的内容和反映系统的功能，进行此分析时可以采用目标-手段系统图，即把要达到的目标和所需的手段按照系统展开，一级手段相当于二级目标……以此类推，最终建立其问题的目标系统。在目标分解过程中，各分目标之间可能一致也可能不一致，但整体上应彼此配合，使分解后的各级分目标与总目标保持协调。通过制订目标或目标集，便可把系统所应达到的各种要求落实。

目标分解过程有深度和宽度问题。宽度问题是指一个总目标该用几个子目标来衡量，子目标的增多虽然能使目标描述更为完整细致，但同时也增加了决策的难度；深度问题是指目标层次数，这主要依赖于用这些层次来做什么和是否便于对各层次引入效用和属性，从而对子目标进行度量来决定。

3）结构分析 结构分析的目的是保证在系统总目标和环境因素的约束下，系统的要素集与要素间的相互关系集在阶层分布上最优结合，以得到能实现最优输出（结果）的系统结构，主要内容有以下几个方面。

① 系统要素集的确定。应在已定目标的基础上，借助价值分析技术，使所选出的要素、功能单元的构成成本最低。

② 相关关系分析。对于复杂的相关关系，为容易把握起见，常可将其简化为二元或少元关系。分析中首先要根据分目标的要求明确系统要素间必须存在或不应存在的关系；其次了解二元关系的性质及其变化对系统分目标或总目标的影响，即相关性的灵敏度，以获得相关关系的最佳尺度范围，使系统的相关性保持在一个合理的水平上；最后按照需要加以综合。

③ 阶层性分析。主要解决系统分层和各层规模的合理性问题。可从两个方面考虑：一是传递物质、能量和信息的效率、费用和质量；二是功能单元的合理结合与归属。

④ 系统整体性分析。综合上述分析成果，从整体最优上进行概括和协调，着重解决三个问题：建立评价指标体系，用以衡量和分析系统的整体结合效果；建立反映系统的集合性、相关性、阶层性等特定的结合模型；建立结合模型的优选程序。整体分析时应注意如下几点。各组成要素对系统均有独特作用，应按照“各站其位、各司其职”的原则，充分发挥它们在整体中的作用；必须按照系统总目标进行有序化，偏离总目标必然会增加内耗，降低系统的结合效果；注意协调环节，不断调整和处理系统中的矛盾和改进落后环节，以提高系统的整体效果。

通过上述的分析和工作，解决了目标和系统设定后，就可以构思各种可能的解决方案。

4）建立模型与仿真分析 系统分析最常用的方法之一是在建立的数学模型上开展仿真和模拟实验。模型是系统定量分析的主要工具。描述大系统内部的主要关系单靠一个模型有时很难满足，往往要提出一组模型构成模型体系。因此，模型或模型体系如何构造，如何求解，当结构不满足时如何调整，这一套处理模型的方法是系统定量分析的核心。当然建模不是目的，而是为了分析和优化。利用模型做仿真试验，用预想的方法观察系统在不同的输入条件下将会有怎样的结果，而改变相应条件时系统又将会有何种变化等，是系统分析的重要方面。

5）系统优化　这是指在指定环境约束条件下，使系统具有最优功能，达到最优目标或系统整体结合效果最佳的过程，包括构造系统优化的数学模型，选择合适的优化算法，选取有关运算的参数和初始数据，已经优化结果的后分析等。

6）综合评价　包括制订评价标准，根据各方案的技术、经济、社会、环境等方面的指标数据，权衡得失，综合分析选择出适当且能实现的最优方案或提出若干结论，供决策者抉择。除了在方案优选阶段需进行综合评判外，在方案选出并进行试运行之后还需再做进一步检验与评判。

(4) 系统分析的特点

系统分析是以系统整体效益为目标，以寻求解决待定问题的最优策略为重点，运用定性和定量分析方法，给予决策者以价值判断，以求得有利的预测。其特点如下。

1）以整体为目标　系统中的各分系统，都各自具有其特定的功能和目标，只有相互分工协作，才能达到系统的整体目标。如果只研究改善某些局部问题，而忽略其他分系统，则系统的整体效益将受到不利的影响。所以从事任何系统分析，都必须考虑以发挥系统整体的最大效益为准则，不可局限于个别分系统，以防顾此失彼。如世界杯上夺金，团体赛上人员安排等。

2）以特定问题为对象　系统分析是一种处理问题的方法，有很强的针对性，其目的在于寻求解决特定问题的最优方案。许多问题都含有不确定因素，系统分析需在不确定的情况下，研究解决问题的各种方案所可能产生的结果。比如足球比赛的排兵布阵，需要针对不同的对手、不同的天气等排出不同的阵形。

3）运用定量方法　解决问题，不应是单凭主观臆断、经验和直觉。在许多复杂情况下，必须以相对可靠的数字资料为分析依据，保证结果的客观性。在资料的整理上，又必须运用各种科学的计量方法。

4）凭借价值判断　从事系统分析时，必须对某些事物做某种程度的预测，或者使用过去发生的事实作样本，以推断未来可能出现的趋势或者倾向。所以系统分析可能提供的资料，有许多是不确定的变数，不可能完全合乎事实。此外，方案的优劣应是定量与定性分析的结合，数据与经验的结合。因此在进行评价时，仍需凭借价值判断、综合权衡，以判别由系统分析提供的各种不同策略可能产生的效益的优劣，以便选择最优方案。

应当指出，系统分析是系统建立过程中的一个中间环节，它有承上启下的纽带作用。它使系统开发计划得以实现，明确系统的概念和建立系统的必要性，明确系统的目标。但是，系统分析不是从着手执行所给予的目的开始，而是进一步探讨和寻求目的的实质。对规划各阶段所给出的目的的妥善性要给以评价，或对表述不清的目的给出具体的定义，以期各后续阶段可行性得以落实。因此，系统分析是整个系统建立过程中的关键部分。特别是在设计一些技术比较复杂、投资费用很高、建设周期较长的大型工程系统时，不确定的内部矛盾因素和外部不可控因素的数量极大，层次关系复杂，系统分析的作用就显得更加突出。科学的系统分析可以保证系统设计达到最优，避免技术上的重大失误和经济上的严重损失。

4.1.4　系统分析的步骤

系统分析的广义理解就是系统工程各种定量化方法的总称，故系统分析的一般步骤与系统工程方法论三维结构中的逻辑步骤原则上相似。系统分析是一个有目的、有步骤的探索和分析过程，在此过程中既要按照系统分析内容的逻辑关系有步骤地进行，也要充分发挥分析者的经验和智慧创造性地工作。通常系统分析是由明确系统问题到给出系统方案评价结束。其步骤可概括如图 4-2 所示。

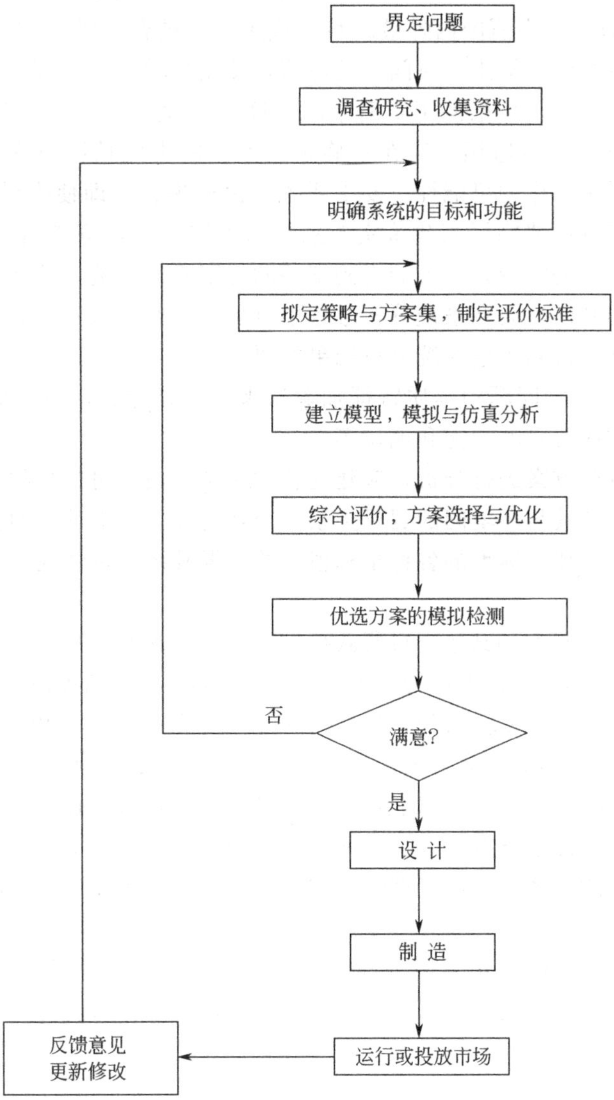

图 4-2 系统分析的一般步骤

系统分析的步骤可以归纳为以下五个部分。

① 明确问题与确定目标。明确问题的性质与范围，对所研究的系统及其环境给出确切的定义，并分析组成系统的要素、要素间相互关系和对环境的相互作用关系。

② 搜集资料，探索可行方案。这是开展系统分析的基础，对于不确定和不能确定的数据，还应进行预测和合理推断。

资料是系统分析的基础和依据。资料收集通常多借助于调查、实验、观察、记录以及引用外国资料等形式。搜集资料包括：a. 调查系统的历史与现状，收集国内外的有关资料；b. 对有关资料进行分析和对比，排列出影响系统的各因素并且找出主要因素。收集资料切忌盲目性。在问题明确之后，就要拟定解决问题的大纲和决定分析方法，然后依据已有的有关资料找出其中的相互关系，寻求解决问题的各种可行方案。

谋划和筛选备选方案是为了达到所提出的目标，一般要具体问题具体分析对待。通常，作为备选方案应具备以下特性。a. 创造性，指方案在解决问题上应有创新精神，新颖独到。b. 先进性，指方案应采纳当前国内外最新科技成果，并结合国情和实力。c. 多样性，指所提方案应从事物的多个侧面提出解决问题的思路，使用多种方法计算模拟方案。d. 强壮性，指在受到干扰的情况下，持续维持正常后果的程度。e. 适应性，目标经过修正甚至完全不同的情况下，原来方案仍能适用，这在不确定因素影响大的情况下尤为重要。f. 可靠性，指系统在任何时候正常工作的可能性。要求系统不出现失误，即使失误也能迅速恢复正常。完善的监督机构和信息反馈能提高政策实施系统的可靠性。g. 可操作性，即方案实施的可能性。决策者支持与否是关键，不可能得到支持的方案必须取消。总之，良好的备选方案是进行良好系统分析的基础，而在系统分析过程中自始至终要意识到，需要而且可能发现新的更好的备选方案，这是得到出色系统分析结果的要点。

③ 建立模型。将现实问题的本质特征抽象出来，化繁为简，用以帮助了解要素之间的关系，确认系统和构成要素的功能和地位等。

为便于对各种可行方案进行分析，应建立各种模型。通过对模型的运作和解析，揭示系统的内在运动规律，及其与环境间的因果关系和交互情况，并借助模型预测每一方案可能产生的结果，求得相应于评价标准的各种指标值，并根据其结果定性或定量分析各方案的优劣与价值。

④ 综合评价。利用模型和其他资料所获得的结果，将各种方案进行定性与定量相结合的综合分析，显示出每一种方案的利弊得失和效益成本，同时考虑到各种有关的无形因素，如政治、经济、军事、科技、环境等，以获得对所有可行方案的综合评价和结论。评价结果应能推荐一个或几个可行方案，或列出各方案的优先顺序。交由决策者进行进一步的选择和决策。

⑤ 检验和核实。以试验、抽样、试运行等方式检验所得到的结论，提出应采取的最佳方案。

对于复杂系统，在优选方案付诸实施前，还应做进一步的模拟运行，检验系统的有效性和经济性，测定其性能的稳定性和可靠性。如果合适，再具体设计与制造，并投入运行和投放市场。

在系统分析过程中可以利用不同的模型，在不同的假设条件下对各种可行方案进行比较，从中选优，获得结论，提出建议。但是否实施则是决策者的责任。

4.2 系统目标分析

系统目标是系统分析与系统设计的出发点，是系统目的的具体化，系统的目标关系到系统的全局或全过程，它正确合理与否将影响到系统的发展方向和成败。在阐明问题阶段，无论是问题的提出者、决策者，还是系统分析人员，对目标的认识和理解多出于主观愿望，而较少客观依据。只有充分了解和明确系统应达到的目标，使提出的主观目标更合理，才能避免盲目性，防止造成各种可能的错误、损失和浪费。因此，必须对系统的目标做详细周密的分析，充分了解对系统的要求，明确所要达到的目标。系统目标分析的目的，一是论证目标的合理性、可行性和经济性；二是获得分析的结果——目标集。

系统目标的确定是否合理，要从其提出的根据上做分析。如果根据充分、数据准确且有说服力，那么目标就可以初步通过。为了达到目标的合理性，在目标的分析和制订中要满足下面几项要求。

1）制订的目标应当是稳妥的　这要从达到目标的系统方案所能起的作用来判别，把作用符合目标的程度作为标准。

2）制订目标应当注意到它可能起到的所有的作用　一般来说，一个系统方案能够起到多种作用，但制订目标者往往只注意到其中的一部分，而忽略其他部分，这是不允许的。比如科技发展和工业化，给人类带来了高度的物质文化，但也给人类带来了前所未有的污染，以及生态平衡的破坏。只看到高度物质文明，而不看环境污染，那就是没有看到目标的所有作用。目标制订者必须把所有可能的作用都挖掘出来，把它们分成“可企求的”和“不可企求的”、“积极的”和“消极的”，并全面考虑，既要注意那些“积极的”又“可企求的”作用的充分发挥，也要注意避免那些“消极的”作用，不在“不可企求的”作用上浪费时间。

3）应当把各种目标归纳成目标系统　目的是使目标间的关系变得清楚，以便在寻求解决问题方案时能够全面注意到它们。经验表明：分目标越多，忽略它们的可能性越大。因此从概括各种类型分目标的意义上说，有必要建立一个目标目录或者目标树，这样阶层结构清楚，也可了解目标的交叉和重复情况，还可以用来确定各类分目标重要性的比例。

4）对于出现的目标冲突不要隐蔽　对目标冲突要摆明矛盾，理清线索，而不要隐蔽矛盾。不同目标可能带来各方面利益上的分歧，造成冲突。这种情况要在目标调整中解决，避免造成长期问题。

制订的目标一般是可以改变的。在寻求方案中有困难，情况有了变化，出现新的有价值的设想等，使得有必要对已经决定的目标进行调整。

4.2.1　系统目标分析分类

目标是要求系统达到的期望状态。人们对系统的要求和期望是多方面的，这些要求和期望反映在系统的目标上就形成了不同类型的目标。

(1) 总体目标和分目标

总体目标集中地反映对整个系统总的要求，通常是高度抽象和概括的，具有全局性和总体性特征。系统的全部活动都应围绕总体目标而展开，系统的各组成部分都应服从于总目标的要求。分目标是总目标的具体分解，包括各子系统的子目标和系统在不同时间阶段上的目标。对总目标进行分解是为了落实和实现系统的总体目标。

(2) 战略目标和战术目标

战略目标是关系到系统全局性、长期性发展方向的目标，它规定着系统发展变化所要达到的总的预期成果，指明了系统较长期的发展方向，使系统能够协调一致地朝着既定的目标展开活动。战术目标是战略目标的具体化和定量化，是实现战略目标的手段。战术目标的达成有利于战略目标的实现，否则将制约和阻碍战略目标的实现。

(3) 近期目标和远期目标

根据系统在不同发展时期的情况和任务，根据总目标制订在不同发展阶段上的目标，包括短期内要实现的近期目标和未来要达到的远期目标。

(4) 单目标和多目标

单目标是指系统要达到和实现的目标只有一个，具有目标单一、制约因素少、重点突出等特点。但在实际中，追求单一的目标往往具有很大的局限性和危害性。多目标是指系统同时存在两个或以上的目标。多目标符合人的利益多面性的要求。考虑对系统的多目标要求是现代社会实践活动相互间联系日益密切的客观要求，以及人的利益要求全面化、综合化的体现。因此由单目标决策向多目标决策的发展是必然的趋势。

(5) 主要目标和次要目标

在系统的多个目标中，有些目标相对重要一些，是具有重要地位和作用的主要目标；而另一些目标则相对次要一些，是对系统整体影响相对较小的次要目标。将系统的目标区分为主要目标和次要目标，既是因为不可能同时有效地追求和实现所有的目标，也是为了避免由于过分重视次要目标，而忽视了系统的主要目标及其实现。

4.2.2 系统目标的建立

确定系统的目标是十分重要的。例如：手表是一种计时工具，它的目标显然应该确定为“计时准确”，否则就丧失其存在的意义。但是随着人们价值观、爱好的改变以及手表元件的不断革新和市场需求的发展，手表业把生产和经营手表的目标，在“计时准确”的基础上又增加了一个目标及功能，就是它还可以作为“装饰品”。手表业系统目标的这种改变，带来手表的花样繁多，翻新很快，成本降低，追求美观，而不追求手表的寿命过长等特点。所以传统手表业对手表发展目标的这种改变，大大地开拓了手表市场。因此，系统目标的建立是系统分析和设计的前提。

(1) 系统总体目标的确定

为解决某一复杂系统问题，首先要明确系统的总体目标。它是对系统的总体要求，是确定系统整体功能和任务的依据。总目标的提出一般有如下几种情况。a. 由于社会发展需要而提出的必须予以解决的新课题。b. 由于国防建设发展提出的新要求。c. 目的明确，但目标系统有较多选择的情况，如目的是为了获取高额利润，这在多数中小型企业中是常见的。但目的系统要通过市场需求分析来回答，并有若干种可行方案。d. 由于系统改善自身状态而提出的课题，如开发计算机管理系统，建立某种组织机构等。

制订系统的总体目标，要有全局的、发展的、战略的眼光，要考虑社会、经济、科学技术发展提出的新要求，要注意目标的合理性、现实性、可能性和经济性，不能脱离系统自身的状况和能力，不顾环境条件的制约而提出不切实际的目标。同时，还应根据系统在不同时期的实际需要，分别制订近期目标和远期目标；还要充分估计可能产生的消极作用，考虑内部条件、外部环境的限制和约束。

(2) 建立系统的目标集

所谓目标集是各级分目标和目标单元的集合，也是逐级逐项落实总目标的结果。总目标一般是高度抽象或概括性的，缺乏具体与直观，可操作性差，为此需要对总目标进行分解，即分解成各级分目标，直到具体、直观为止。在分解过程中要注意使分解后的各级分目标与总目标保持一致，分目标的集合一定要保证总目标的实现。分目标之间可能一致，也可能不一致，甚至是矛盾的，但在整体上要达到协调。

1）目标树 对总目标进行分解而形成的一个目标层次结构称为目标树，如图 4-3 所示。目标树可以把系统的各级目标及其相互间的关系清晰、直观地表示出来，同时便于目标间的价值权衡。我们可以根据目标树了解系统目标的体系结构，掌握系统问题的全貌，便于进一步明确问题和分析问题，有利于在总体目标下统一组织、规划和协调各分目标，使系统整体功能得到优化。

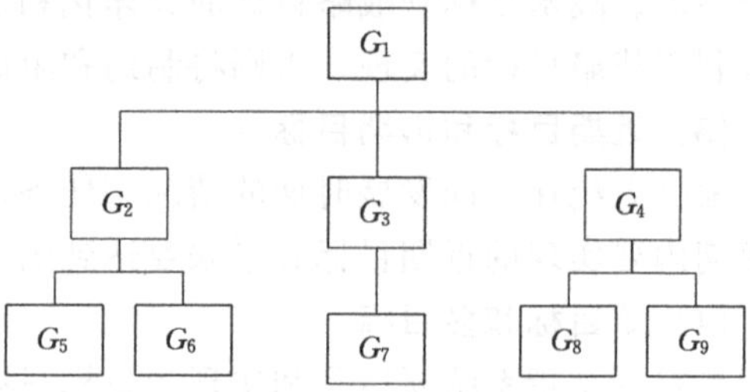

图 4-3 目标树

构造目标树的原则是：

① 目标子集按照目标的性质进行分类，把同一类目标划分在一个目标子集内；

② 目标分解，直到可度量为止。

例如，我国某水库建设，考虑的目标分为三个方面，即经济影响、社会影响、环境影响。在经济影响方面分为支付代价与经济收益，支付代价方面分为投资及工程建设影响，投资又分为初投资及运行费；工程建设影响分为占用技术力量、劳动力、关键材料数量、关键设备数量等。社会影响及环境影响也类似地可再分解为若干子目标，详见图 4-4。

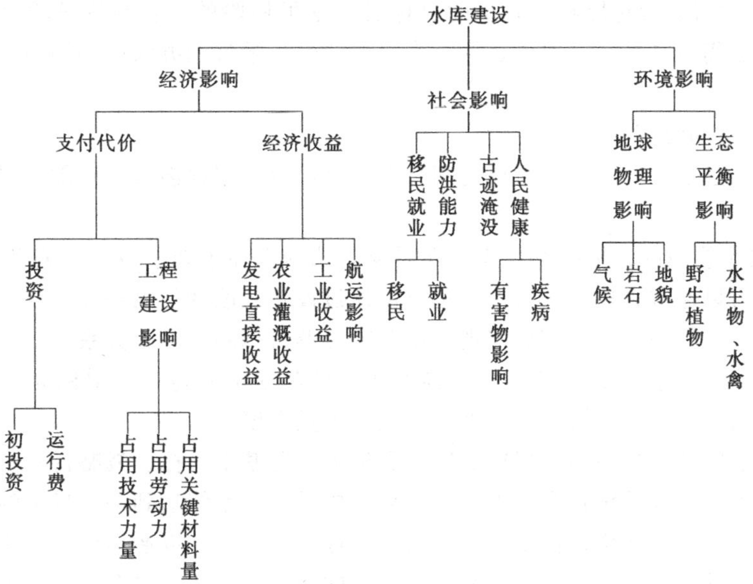

图 4-4 某水库建设目标树

2）目标-手段分析 目标和手段是相对而言的。心理学的研究表明，人类解决问题的过程就是目标与手段的变换、分解与组合，以及从记忆中调用解决问题、实现子目标的手段的过程。目标-手段系统图如图 4-5 所示。

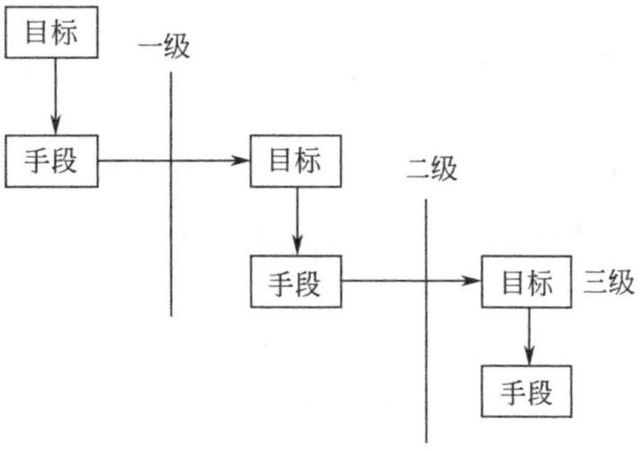

图 4-5 目标-手段系统图

对目标的逐步落实，就是探索实现上层目标的途径和手段的过程。目标树中的某一目标都可视为下一层次的目标和实现上层目标的手段。可以从某个目标上溯到它所服务的更高层次的目标，也可以从某个目标分解出作为其手段的许多子目标。以图 4-3 所示的目标树为例，对目标 G_1，试探寻找实现它的手段，把它分解为多个分目标 G_2,G_3,G_4，再分别探索实现 G_2,G_3,G_4 的手段，把它们细分为若干个更为具体的子目标，如 $G_5 \sim G_9$。对于仍然找不到现成手段的子目标，就继续进行分解和探索过程，直到所有的手段都已找到，各项分目标和子目标清晰、具体为止，然后把所有的目标组合起来，就构成了系统的目标体系或目标集合。

建立系统目标集是一个细致分析、反复调整和论证的过程，需要严谨的逻辑推理和创造性的思维，需要丰富的社会、经济、科学技术知识和实践经验，以及对系统的深刻认识。

4.2.3 建立目标集的基本原则

建立系统目标集必须遵循如下基本原则。

① 一致性原则 各分目标应与总目标保持一致，以保证总目标的实现。分目标之间应在总体目标下，达到纵向与横向的协调一致。

② 全面性和关键性原则 一方面突出对总目标有重要意义的子目标，另一方面还要考虑目标体系的完整性。

③ 应变原则　当系统自身的条件或环境条件发生变化时，必须对目标加以调整和修正，以适应新的要求。

④ 可检验性与定量化原则　系统的目标必须是可检验的，否则达成的目标很可能是含糊不清的，无法衡量其效果。要使目标具有可检验性，最好的办法就是用一些数量化指标来表示有关目标。

4.2.4 目标冲突的协调

在目标分析过程中，往往在目标之间存在相互冲突。根据涉及的范围，目标冲突可分为以下两种情况。

① 属于技术领域的目标冲突，无碍于社会，影响范围有限。这时，对于两个相互冲突的目标，往往可以通过去掉一个目标，也可以通过设置或改变约束条件，或按实际情况给某一目标加限制，而使另一目标充分实现，由此来协调目标间的冲突关系。

② 属于社会性质的目标冲突，由于涉及了一些集团的利益，通常称为利益冲突。这类目标冲突不像前一类型容易协调，在处理时应持慎重态度。

目标冲突还常常表现在不同层次的决策目标上，即基本目标、战略目标和管理目标之间的不协调。基本目标是系统存在的理由；战略目标是指导系统达到基本目标的长期方向；而管理目标则是把系统的战略目标变成具体的、可操作的形式，以便形成短期决策。这三个层次上的目标冲突反映了长期利益与短期利益之间的矛盾。因此，要有效地实现系统的基本目标就必须协调不同层次上的目标冲突。

在实际的管理和决策问题中，产生目标冲突的原因往往是由于多个主体对系统的期望和利益要求不同。目标协调的根本任务在于，把有关各方由于价值观、道德观、知识层次、经验和所依据的信息等方面存在的差别而造成的矛盾和冲突，加以有效地疏通和化解。经过调解得到的目标是有关各方均能接受的满意结果，并非某种意义上的最优。

例如，在寻求合作解决运输工具的目标集中，有这样两个分目标：一是尽可能低的运输投资；二是尽可能高的运输效率。

根据经验可知，这两个分目标是不可能同时实现的。在正常情况下，只有高档汽车才能达到安全、便利和高速度。这样就给目标分析人员带来了困难。解决这类矛盾，可能有两种做法：a. 坚持建立一个没有矛盾目标的目标集，把引起矛盾的分目标剔除掉（如费用）；b. 是采纳所有分目标，寻求一个能达到冲突目标并存的方案。这对于目标涉及范围较少的系统，通过协调可以解决。但对于设计面广的目标系统，就要采取一个程序化的步骤。通常使用的方法，是使每一个分目标依次与其他目标结合，估计出他们之间的相互影响。这时通常会出现三种情况：目标处于冲突状态，目标互补，目标间无依存关系。

① 在目标冲突时，一个目标将阻碍另外一个目标的实现。对于互相冲突的目标，在处理时要进一步分析目标冲突的程度。这时又有两种情况：a. 目标冲突有相容或并存的可能性；b. 绝对相斥的。前一种情况叫目标的弱冲突，这在原则上可以保留两个目标。在实践中，通常是对弱冲突的一方给以限制，而让另一方达到最大限度。如在确定的费用界线下，获取最大的功率。而在确定的功率下，使费用达到最低，则称为目标的强冲突，这时必须改变或者放弃某个分目标。

② 若一个目标的实现促进了另一个目标的实现，就称之为目标互补。对于目标互补的情况要注意检查是否存在多余部分，即是否有用不同方式表达了相同的内容，这种将影响目标的建立，也不利于以后的评价工作。

③ 如果目标间毫无关系，则称为无依存关系。

4.3 系统环境分析

环境与系统有相互依存的关系。了解环境是解决问题的第一步，解决问题方案的完善程度依赖于对整个问题环境的了解，对环境不了解，将导致解决问题方案的失败。因此，系统环境分析是系统分析的重要内容。

4.3.1 系统环境的概念

系统环境是指存在于系统之外的系统无法控制的自然、经济、社会、技术、信息和人际关系的总称。系统环境因素的属性和状态变化一般通过输入使系统发生变化。反之，系统本身的活动通过输出也会影响环境相关因素的属性或状态的变化。这就是所谓的环境开放性。系统与环境是依据时间、空间、所研究问题的范围和目标划分的，故系统与环境是个相对的概念。

系统与环境相互依存，相互作用。任何一个方案的实施后果都和将来付诸实践时所处的环境有关。离开未来实施环境去讨论方案后果是没有实际意义的。所以，分析预测系统环境是解决系统分析问题和系统工程的重要一步。系统方案的完善程度、可靠程度依赖于对系统环境的了解程度。对环境了解得不准确，分析中就会出现大的失误，导致系统方案实施的失败或蒙受重大损失。如世界著名的埃及阿斯旺达水电工程，由于在方案研制中忽视了因高坝的建立，尼罗河下游水量和其他物质数量的减少而引起区域水文地质环境的改变，从而导致土地贫瘠化、红海海岸受海浸向内陆后退、地中海沙丁鱼的绝迹等严重后果。因此，系统环境分析是系统分析的一项重要内容，必须予以重视。

环境分析的主要目的是了解和认识系统与环境的相互关系、环境对系统的影响和可能产生的后果。为达到目的，系统环境分析需要完成环境的概念、环境因素及其影响作用、系统与环境边界划定等分析内容。

从系统分析的角度研究环境因素的意义在于以下几点。

① 环境是提出系统工程课题的来源。环境发生某种变化，如某种材料、能源发生短缺，或者发现了新材料、新油田，都将引出系统工程的新课题。

② 课题的边界的确定要考虑环境因素，如有无外协要求或技术引进问题。

③ 系统分析的资料，包括决策资料，要取自于环境。如市场动态资料，外企业的新产品发展情况，对一个企业编制产品开发计划起着重要的作用。

④ 系统的外部约束通常来自环境，如资源、财力、人力、时间等方面的限制。

⑤ 系统分析的质量要由系统所在环境提供评价资料。

4.3.2 环境因素的分类

从系统论的观点出发，全部环境因素应划分为三大类。

(1) 物理的和技术的

即由于事物的属性所产生的联系而构成的因素和处理问题中的方法性因素。具体包括以下因素。

1）现存系统　运行中的现存系统的现状和有关知识是系统分析中所不可缺少的。规划中的任何一个新系统都必须同某些现存系统结合起来工作，因此必须从产量、容量等各个方面考虑它们之间的可并存性和协调性。如分析一个新的火电厂的筹建，就要考虑与之相关的煤炭供应、电机制造、水源、输电网络等现存系统的可并存性和协调关系。现存系统及其技术经济指标在分析论证新旧系统代替时是需要的，没有现存系统的大量数据和经验，新旧系统的评价是搞不好的。如不了解东风牌汽车的效率、耗油量以及各种技术性能，就无法分析、设计和评价新型车是否能成功。现存系统的技术方法，包括设备、工艺和检测技术、操作方法和安装方法，可用来推断未来可能成功使用的技术。比如，汽车制造业中在单一生产的基础上发展为混流生产线技术就是成功技术的例子。同时，现存系统是系统分析中收集各种数据资料的重要来源之一。

2）技术标准　技术标准之所以成为物理技术环境因素，是因为它对系统分析和系统设计具有客观约束性质。不遵守技术标准，不仅使系统分析与系统设计的结果无法实现，而且会造成多方面的浪费。反之，使用技术标准可以提高系统分析和设计的质量，节约分析时间和提高分析的经济效果。技术标准又是企业内部与外部在产品技术上协调的依据，没有标准化就没有大量生产和生产的分工与协作。技术标准包括结构标准、器件标准、零件标准、公差标准、产品寿命、回收期等。这些标准是制订系统规划、明确系统目标、分析系统结构和特性时所应遵循的约束条件。

3）科技发展因素估量　在进行新老系统的设计和改建的系统分析中，对科技发展因素特别是工艺条件因素的估量，有着重要意义。在这类系统分析中，必须回答下列三个问题。a. 在新系统充分发展之前，是否有可用的科技成果或新的发明出现；b. 是否有新加工技术或工艺方法出现；c. 是否有新的维修、安装、操作方法出现。只有明确回答这三个问题，才能避免新系统在投产前就已过时。科技因素估量还应考虑国内外同行业的技术状态，即装备技术、设计工艺人员、工人技术水平的总体。技术状态反映企业的实力水平，它影响着产品的质量、品种、成本等多方面因素。在进行新建或改建系统的系统分析中，充分了解和掌握国内外同行业的技术状态是必不可少的前提条件。

4）自然环境　任何成功的系统分析都必须与自然环境之间保持着正确的适应关系。人类的全部创造，在某种意义上说，都是在利用和征服自然环境的条件下取得的。因此，系统分析是把自然环境因素作为约束条件来考虑的。所谓自然环境包括：地理位置、地形地貌、水文、地质、地震、气象、矿产资源、河流、湖泊、山脉、动植物、生态环境状态等。它们是系统分析和系统设计的条件和出发点，比如地理位置、原料产地、水源、能源、河流对厂址选择就有明显的影响。系统工作者在进行系统分析时必须充分估计到有关自然环境因素的作用和影响，做好调查统计工作。

(2) 经济和经营管理环境

这是影响经营状态和经济过程的因素。任何系统的经济过程都不是孤立地进行的，它是全社会经济过程的组成部分。因此系统分析必须将系统与经济及经营管理环境相联系，才能得出正确的结论。经济和经营管理环境包括以下内容。

1）外部组织机构　未来系统的行为将与外部组织机构发生直接或间接的联系，如同类企业、供应企业、科研咨询机构等。通过机构间的联系产生各种对口关系，如合同关系、财务关系、技术转让、咨询服务等。概括起来就是系统与外部组织机构之间存在着各种输入和输出关系。正确建立和处理这些关系对企业系统的生存和发展往往是举足轻重的。

2）政策、政府作用　政策是一类重要的经济和经营管理的环境因素，是一种重要的管理手段，是调节各种关系平衡的杠杆，也是调动各类人员积极性和创造性的有力工具。在某种意义上说，政策指出了企业的经营方向，政策影响着企业追求目标上的判断。从长远观点看，一项政策是以在竞争中获取生存和发展为前提的。因此，系统分析不能不充分地估计到经济政策的影响和威力。根据作用范围，政策可以分为两大类：一类是政府的政策；一类是企业内部的政策。政府的政策对企业起管理、调节和约束的作用，企业内部的政策则是在适应政府的政策的前提下求取生存和发展的重要手段。另外，政府可以通过下达计划、投资和订货等方式，支持或限制某经济组织的产品方向和发展方向。因此，进行系统分析时还必须充分认识和考虑到由于政府作用所产生的支持和约束、有利和不利的方面。

3）产品系统及其价格结构　产品系统来自社会需求及其发展。产品的价格结构决定于国家的政策和市场供求关系，即经济和经营环境是确定产品系统及其价格结构的出发点。在进行相关的系统分析时，要了解产品和服务存在的社会原因，了解产品和服务的工艺过程及技术经济要求，了解价格和费用构成，了解产品价格和利率结构参数在不同经济和经营环境下变化的动态等。这几个方面是确定产品系统及其价格结构的直接依据，也是制订系统目标和系统约束的出发点。特别是对产品价格结构的分析，是经营决策的重要问题，产品是否获得市场，价格是重要的经济杠杆。

4）经营活动　经营活动主要指与市场和用户等有直接关系的因素的总体。经营活动必须适应经营环境的要求，否则将一事无成。经营活动通常是指与商品生产、市场销售、原材料采购和资金流通等有关的全部活动，它的目的是为了获取最大的经营效果，不断促进企业发展壮大。在产品需要量稳定的情况下，经营目标要以提高市场占有率和资金利润率为主。在需求量不稳定的情况下，则以发展新产品和提高经济指标为主。改善经营活动的主要方面包括：增强企业实力，搞好经营决策和提高竞争力。增强企业实力是基础，搞好决策是手段，提高竞争力则是目的。

(3) 社会环境

包括把社会作为一个整体考虑的大范围的社会因素和把人作为个体考虑的小范围的个人因素。

1）大范围的社会因素　主要包括以下两个因素。a. 人口潜能，这是社会物理学的概念，它模拟物质质点间具有引力的物理概念提出来的。人口潜能表明，作为人的社会存在的一个特点，人们具有明显的群居和交往的倾向，从人口潜能研究得出的“聚集”、“追随”和“交换”的测度，能说明城市乡村发展的趋势和速率，可用于产品及服务的市场估计，电话、电报、交通发展、图书发行等的发展规划，以及预测未来各种系统开发的成功因素。b. 城市形式的研究。城市是现代社会中物质和精神文明的策源地，是人类的一大创造。它的本质特征是规模、密度、构造、形状和格式。每个城市在它的应用结构和空间方法上都表现出一定的特征，研究城市形式可为城市规划、建筑、交通、商业、供应、通信等系统的分析和设计提供参考依据，成为总体优化研究的一个重要方面。

2）人的因素　在系统分析中，人的因素可以划分为两组：一是通过人对需求的反映而作用于创造过程和思维过程的因素；二是人或人的特性在系统开发、设计、应用中应予考虑的因素。包括人的主观偏好、文化素质、道德水准、社会经验、能力、生理和心理上的局限性等。

上述环境因素不是包罗一切的，只是指出在系统分析中可能涉及的环境因素范围。

4.3.3　环境因素的确定与评价

确定环境因素，就是根据实际系统的特点，通过考察环境与系统之间的相互影响和作用，找出对系统有重要影响的环境要素的集合，即划定系统与环境的边界。环境因素的评价，就是通过对有关环境因素的分析，区分有利和不利的环境因素，弄清环境因素对系统的影响、作用方向和后果等。

实际中为了确定环境因素，必须对系统进行分析，按系统构成要素或子系统的种类和特征，寻找与之关联的环境要素。这样，先凭直观判断和经验，确定一个边界，通常这一边界位于研究者或管理者认为对系统不再有影响的地方。在以后逐步深入的研究中，随着对问题有了深刻的认识和了解，再对前面划定的边界进行修正。并不存在理论上的边界判别准则，边界也不能用自然的、组织的等类似的界线来代替。环境因素的确定与评价，要根据系统问题的性质和特点，因时、因地、因条件地加以分析和考察。通常应注意以下几点。

① 应适当取舍。即将与系统联系密切、影响较大的因素列入系统的环境范围，既不能太多，又不能过少。太多会使分析研究过于复杂，且容易掩盖主要环境因素的影响；太少则客观性差。

② 对所考虑的环境因素，要分清主次，分析要有重点。

③ 不能孤立地、静止地考察环境因素，必须明确地认识到环境是一个动态发展变化的有机整体，应以动态的观点来探讨环境对系统的影响与后果。

④ 尤其要重视某些间接、隐蔽、不易被察觉的，但可能对系统有着重要影响的环境因素。对于环境中人的因素，其行为特征、主观偏好以及各类随机因素都应有所考察。

以企业经营管理系统为例进行环境分析，它所面临的主要环境因素如图 4-6 所示。

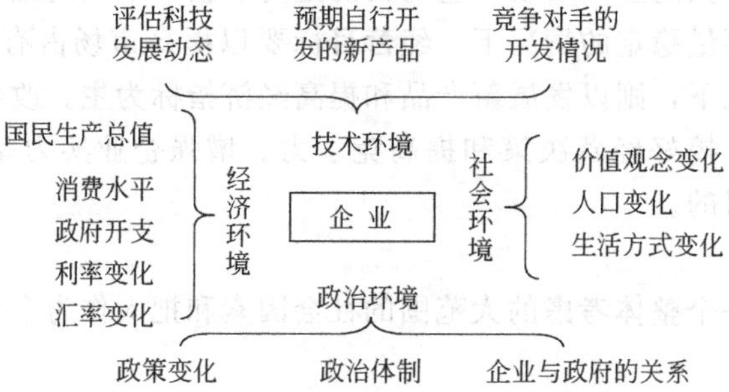

图 4-6 企业经营管理的环境因素分析

4.4 系统结构分析

系统结构是系统保持整体性和使系统具备必要的整体功能的内部依据，是反映系统内部要素之间相互关系、相互作用的形式的形态化，是系统中要素的秩序的稳定化和规范化。系统结构分析是系统分析的重要组成部分，也是系统分析和系统设计的理论基础。

4.4.1 系统结构概念

任何系统都是以一定的结构形式存在的。所谓系统结构是指系统的构成要素在时空连续区上的排列组合方式和相互作用方式。

系统功能和系统结构是不可分割的。系统功能是指系统整体与外部环境相互作用中应当表现出来的效应与能力，以满足系统目标的要求。尽管系统整体具有它的各个组成部分所没有的功能，但是系统的整体功能又是由系统结构即系统内部各要素的相互关系、相互作用的形式决定的。而系统内部诸要素之间的作用形式则又取决于系统的特征即系统的本质属性。

系统结构的普遍形式决定了系统的基本特征。一切系统都是由大量的要素按照一定的相互关系（相关性）归属于固定的阶层内，即集合性、相关性和阶层性作为系统结构的主要内涵特性。而整体性是系统内部综合协调的表征，环境适应性则是以系统为一方，环境为另一方的外部协调的表征。当然，系统的目的性是统领和支配除了环境适应性以外的四个特征的，因此，我们把目的性作为构造系统结构的出发点。系统结构分析的目的就是找出构成这几个表征的规律，即寻求构筑系统合理结构的规律和途径。所谓合理结构是指在对应系统总目标和环境因素的约束条件下，系统的组成要素集、要素间的相互关系集以及它们在阶层分布上的最优结合，并使得系统有最优的或最满意的输出。

从系统结构和系统结构分析的目的与要求可以看出，系统结构分析的主要内容有：构成系统的要素集，要素间的相互关系，要素在系统中的排列方式，以及系统的整体性。

4.4.2 系统要素集分析

为了实现系统目标，要求系统必须具备实现系统目标的特定功能，而系统的特定功能则由系统的一定结构来保证，系统要素又是构筑系统结构的基本单元。因此，系统必须有相应的要素集。

系统要素集分析有两项工作。第一项是确定要素集。其确定方法是在已定的目标树基础上进行。当系统目标分析取得了不同的分目标和目标单元时，系统要素集也将对应地产生，对照目标树采用“搜索”的方法，集思广益，找出对应的能够实现目标的实体部分，即为要素集。例如，要达到运载飞行的目标，就要有火箭或飞机的实体系统；如果要达到运载飞行就要有能源、推力、力的传递等分目标，相应地，从系统要素集看，则要有液体或固体燃料的存储、运输及控制部分，发动机部分，力的传递机构部分等。第二项是对已得到的要素进行价值分析，这是因为实现某一目标可能有多种要素，因此存在着择优问题，其择优的标准是在满足给定目标前提下，使所选要素的构成成本最低。其方法主要运用价值分析技术。

经过上述两项工作之后，可以得到满足目标要求的系统要素集，由于此要素集经过必要性和优选分析，因此它是比较合理的。但这个要素集不一定是最优的，也不是最后的，因为还有许多相关联的环节需要分析与协调。

4.4.3 系统相关性分析

确定了系统要素，还不能一定保证系统能达到目标要求。要素集实现系统目标的作用还要取决于要素间的相关关系。这是因为系统的属性不仅取决于它的组成要素的质量和水平，还取决于要素间应保持的关系。同样的砖、瓦、沙、石、木、水泥可以盖出高质量的漂亮的楼房，也可以盖出低劣质量的楼房；同样的符合标准的手表零件，可以装出质量高档的手表，也可以装出质量下乘的手表，这是瑞士手表专家的当场表演所显示的实例。由于系统的属性千差万别，其组成要素的属性也复杂多样，因此要素间的关系也是极其丰富多彩的。这些关系可能表现在系统要素之所能保持的在空间结构、排列顺序、相互位置、松紧程度、时间序列、数量比例、信息传递方式，以及组织形式、操作程序、管理方法等许多方面，并由此形成系统的相关关系集。因此，为获得合理的相关关系集就必须进行要素的相关性分析。

由于相关关系只能发生在具体要素之间，因此，任何复杂的相关关系，在要素不发生规定性变化的条件下，都可转化成两个要素间的相关关系。在相关关系集中，最基本的关系是二元关系，其他更为复杂的关系则是在二元关系基础上发展的。所以相关关系分析可分为两步进行。第一步先对系统进行二元关系分析，确定要素之间是否存在关系。具体做法是将系统的要素列成方阵表，用 R_{ij} 表示要素 i 与要素 j 的关系，并规定 R_{ij} 只取 1 或 0 值，即若 i 与 j 之间存在关系，则 R_{ij} 为 1；反之为 0。第二步工作是对 R_{ij} 取值为 1 的两个相关要素之间存在的具体关系进行分析，即确定属于何种关系，是物理的、化学的、机械的还是经济的、组织的等。通过具体分析，得出保持最优的二元关系的尺度和范围，并使相关关系尽量合理化。这里的相关性分析只解决了具有平行地位的要素之间的关系分析问题，对于系统的阶层关系则需要其他分析方法。

4.4.4 系统阶层性分析

系统的阶层性关系分析主要是针对大多数系统都具有多阶层递阶形式而进行的。系统阶层的产生主要是由于为实现系统目标，系统或分系统必须具备某种相应的功能，这些功能是通过系统要素的一定组合和结合来实现的。由于系统目标的多样性和复杂性，任何单一或比较简单的功能都不能达到目的，需要组成功能团和功能团间的相互联合。而这些功能团必然会形成某种层次结构形式。系统的层次性在一般技术系统、管理系统中表现得非常明显。

系统阶层性分析主要解决系统分层数目和各层规模的合理性问题，即解决层次的纵向和横向规模的合理性问题。这种合理性主要从两个方面考虑。

① 传递物理、能量和信息的效率、质量和费用，同时要便于控制。一般对技术系统应主要注意能量和信息传递的效率、质量和费用；对组织管理系统应主要看信息传递的效率和质量。而对任何系统都应以便于控制为标准。对于技术系统，主要看能量和信息的传递链的组成及传递路线的长短。这种链因系统层次的多少而其环节数将有不同。显然环节越多，摩擦越多，传递路线越长，传递效率越低，失真程度越大，周期时间越长，费用越多。对于组织管理系统来说，层次多、人员多、头绪多，因而费用大、效率低，进而导致管理困难、控制失效以及产生多种漏洞和弊端。所以从提高效率和工作质量的角度看，系统层次不宜太多。在另一方面，任何系统的阶层幅度又不能太宽，否则不利于集中。从技术系统来看，还有管理幅度问题。一个工长最多照看 30 人左右，如果人数太多就将无法控制。因此阶层划分应当考虑这两个矛盾的统一，做到阶层不多，效率很高，便于控制，费用较低。

② 功能团（或功能单元）有个合理结合和归属问题。某些功能团放在一起能起互相补益的作用，有些则相反。比如我国陆军中三个步兵连加一个机枪连，三个步兵团加一个重炮团，就对战斗的配合起补益作用。管理机构系统中，不同阶层内放哪些机构合适，关系很重要。比如行政机构内的人事和党的机构中的干部处在阶层上如何安排就是一个值得研究的问题，因为他们的功能团作用有交叉。功能团归属问题也影响很大。控制功能必须放在执行功能之上，否则，起不到控制作用。

4.4.5 系统整体分析

系统整体性分析是结构分析的核心，是解决系统整体协调和优化的基础。系统要素集、关系集、层次性分析只是在某种程度上研究了系统的一个侧面，它们各自的合理性或优化还不足以说明整体的性质。整体性分析是综合要素集、关系集、层次性分析结果，以整体最优为目的的协调，也就是使要素集、关系集、层次分布达到最优结合，并取得系统整体的最优输出。系统整体优化和取得整体的最优输出是可能的。这是因为构成系统结构的要素集、关系集、层次分布都有允许的变动范围，在对应于给定目标要求下，它们都将有多种结合方案。

整体性分析主要有两项内容。一是为了衡量和分析系统的整体结合效果，需要建立一个评价指标体系。这些指标分别说明这种综合效果所表现的方面；这些指标还应当有最低标准，达不到它，就说明这种结合没有取得起码的整体效果；这类指标应当是可衡量的价值指标，以便在多指标条件下能做到综合评价。例如一个工程施工技术系统是由若干台（套）各种装置或仪器设备（供电、供水、运输、机械设备、仪器、测试、原材料）和各类工作人员构成。这些构成要素即为要素集。在一定的生产工艺流程条件下，由人-机组成了各种关系，这种关系可以看成为关系集。由于人-机系统中各种要素功能不同，就必然构成层次关系，即为层次分布集。根据系统结构结合特性，其评价指标体系应当考虑的有：设备利用率、设备故障率、能耗、材料消耗、生产效率、成本、质量等指标，并规定这些指标的最低标准。二是尽量建立反映系统整体性的要素集、关系集、层次分布的结合模型，以定量分析系统整体结构的合理性和最优输出。经上述分析，就可以了解系统整体性如何，并以此为基础调整和改善系统结构中的不合理部分或薄弱环节，使系统达到整体协调运行，获得满意的输出效果。

4.5　系统层次分析

层次分析法（Analytical Hierarchy Process，简称AHP）是将决策有关的元素分解成目标、准则、方案等层次，在此基础之上进行定性和定量分析的分析方法。该方法是美国运筹学家匹茨堡大学教授萨蒂于20世纪70年代初，在为美国国防部研究“根据各个工业部门对国家福利的贡献大小而进行电力分配”课题时，应用网络系统理论和多目标综合评价方法，提出的一种层次权重决策分析方法。这种方法的特点是在对复杂的决策问题的本质、影响因素及其内在关系等进行深入分析的基础上，利用较少的定量信息使决策的思维过程数学化，从而为多目标、多准则或无结构特性的复杂决策问题提供简便的决策方法，具有实用性、系统性、简洁性等很多优点，尤其适合于对决策结果难于直接准确计量的场合，如社会经济系统的决策分析。层次分析法的步骤如下。

① 通过对系统的深刻认识，确定该系统的总目标，弄清规划决策所涉及的范围、所要采取的措施方案和政策、实现目标的准则、策略和各种约束条件等，广泛地收集信息。

② 建立一个多层次的递阶结构，按目标的不同、实现功能的差异，将系统分为几个等级层次。

③ 确定以上递阶结构中相邻层次元素间相关程度。通过构造两两比较判断矩阵及矩阵运算的数学方法，确定对于上一层次的某个元素而言，本层次中与其相关元素的重要性排序——相对权值。

④ 计算各层元素对系统目标的合成权重，进行总排序，以确定递阶结构图中最底层各个元素的总目标中的重要程度。

⑤ 根据分析计算结果，考虑相应的决策。

层次分析法的整个过程体现了人的决策思维的基本特征，即分解、判断与综合，易学易用，而且定性与定量相结合，便于决策者之间彼此沟通，是一种十分有效的系统分析方法，广泛地应用在经济管理规划、能源开发利用与资源分析、城市产业规划、人才预测、交通运输、水资源分析利用等方面。

4.5.1　递阶层次结构

AHP在分析复杂问题时，首先从系统的层次特性出发，用一个层次结构模型，描述问题所涉及的因素及其相互间的关系。递阶层次结构的一般形式如图4-7所示。最高层通常只包含一个要素，一般为系统的总体目标或问题的焦点；最底层称为方案层，通常设置解决系统问题的各种备选方案、政策、措施等；中间层称为准则层，排列用来衡量是否达到目标的各项评价准则和标准等。最底层的各备选方案在某些方面的特征，需用相应的评价准则来衡量，图4-7中层次间的连线即表征这些联系。

在构造实际问题的层次结构模型时，首先要分解出构成要素，用作用线连接起来，即可建立层次结构模型。也可以采用目标手段分析方法，来寻求达到目标应采取的手段以及评价方案的准则和指标，由此建立递阶层次结构模型。某些复杂的社会经济问题的层次结构中，还会存在从下层到上层的反向作用，形成具有反馈的层次结构。如果上层的每一个要素与下层的所有要素都存在联系，就称为完全相关结构；如果上层要素仅与下层的部分要素相关，则称为不完全相关结构。

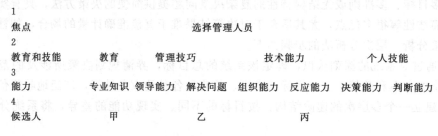

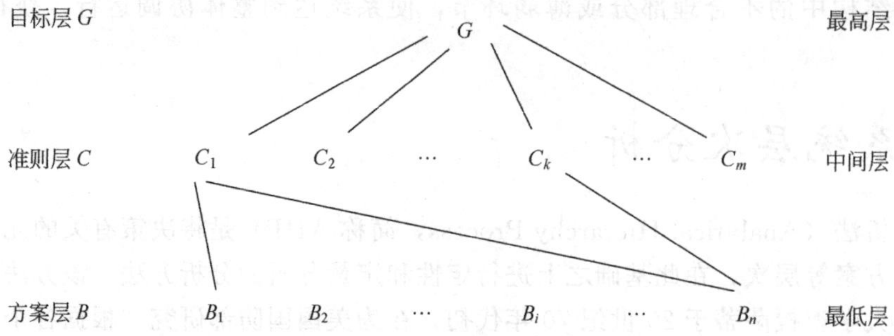

图 4-7 递阶层次结构

【例 4-1】 选择管理人员的递阶层次结构如图 4-8 所示，其中第三层是一个分准则层，是第二层所列准则的细化。

1
焦点　　选择管理人员
2
教育和技能　　教育　　管理技巧　　技术能力　　个人技能
3
能力　　专业知识　领导能力　解决问题　组织能力　反应能力　决策能力　判断能力
4
候选人　　甲　　乙　　丙

图 4-8 选择管理人员的递阶层次结构

4.5.2 构造判断矩阵和计算相对权重

(1) 构造判断矩阵

判断矩阵是将层次结构模型中同一层次的要素相对于上层的某个因素，相互间做成对比较而形成的矩阵。以图 4-7 所示的层次结构为例，方案层的备选方案 $B_1, B_2, \cdots, B_n$ 相对上层的准则 C_k 做成对比较，可构成下面的判断矩阵 $\boldsymbol{P}_{C_k\text{-}B}$

C_k	B_1	B_2	$\cdots$	B_j	$\cdots$	B_n
B_1	b_{11}	b_{12}	$\cdots$	b_{1j}	$\cdots$	b_{1n}
B_2	b_{21}	b_{22}	$\cdots$	b_{2j}	$\cdots$	b_{2n}
$\vdots$	$\vdots$	$\vdots$	$\vdots$	$\vdots$	$\vdots$	$\vdots$
B_i	$\vdots$	$\vdots$	$\vdots$	b_{ij}	$\vdots$	$\vdots$
$\vdots$	$\vdots$	$\vdots$	$\vdots$	$\vdots$	$\vdots$	$\vdots$
B_n	b_{n1}	b_{n2}	$\cdots$	b_{nj}	$\cdots$	b_{nn}

其中，b_{ij} 是以 C_k 为准则，B_i 与 B_j 哪个更重要、更强来确定的。

在确定元素 b_{ij} 的量值时，如果是比较要素 B_i 与 B_j 的某种物理特性，如质量、长度、温度等，可以用要素的物理测量值进行比较。但在比较两件衣服哪一件更好等诸如此类的问题时，则不存在精确的测量尺度，只能用一种模糊的标准，说哪一件更好，哪一件稍差，而类似的比较随处可见。AHP 为了将这类比较的结果做定量化描述，引入了判断标度。通常使用 1～9 标度法，如表 4-1 所示。

表 4-1 1～9 标度

标 度	说 明	标 度	说 明
1	表示 B_i 与 B_j 相比，两个要素同等重要	7	表示 B_i 比 B_j 重要得多
3	表示 B_i 比 B_j 稍微重要一些	9	表示 B_i 比 B_j 绝对重要
5	表示 B_i 比 B_j 明显重要	2,4,6,8	表示两相邻标度的中间值

构造判断矩阵时应注意：①所比较事物之间是否具有可比性，如一个橘子和一个乒乓球不能比较味道如何，但可以比较体积或圆度；②数量级差别应不大，若甲重10t，乙重10g，两者比较质量是没有意义的。

通过比较得到的判断矩阵 $\boldsymbol{P}=[b_{ij}]_{n\times n}$ 具有以下特点。

① $[b_{ij}]>0$；

② $b_{ii}=1$；

③ $b_{ji}=1/b_{ij}, i, j=1,2,\cdots,n$。

其中第③个特点是因为：若将 B_i 与 B_j 相比的结果记为 b_{ij}，反之，B_j 与 B_i 相比较的结果则为 $b_{ji}=1/b_{ij}$，即转置对应的元素互成反比。

具有上述几个特点的矩阵称为正互反矩阵。可以证明，一个 n 阶的判断矩阵只有 $n(n-1)/2$ 个元素需要确定。对于如图4-7所示的层次结构，方案层对准则层可以建立 m 个判断矩阵，即 $\boldsymbol{P}_{C_k\text{-}B}$（$k=1,2,\cdots,m$），而准则层对目标层只有一个判断矩阵 $\boldsymbol{P}_{G\text{-}C}$，所以如图4-7所示的层次结构总共需要构造 $m+1$ 个判断矩阵。

(2) 计算权重

权重计算的方法有多种，这里仅介绍方根法和特征向量法。

1）方根法　这是一种计算判断矩阵权重的近似方法，用于精度要求不高的场合。其计算步骤如下。

① 计算 $\boldsymbol{P}=[b_{ij}]_{n\times n}$ 中每行所有元素的几何平均值，得到向量 $\boldsymbol{M}=[m_1\quad m_2\quad\cdots\quad m_n]^{\mathrm{T}}$，其中

$$m_i=\sqrt[n]{\prod_{j=1}^{n}b_{ij}},\quad i=1,2,\cdots,n \tag{4-1}$$

② 对列向量 $\boldsymbol{M}$ 做归一化处理，得到相对权重向量 $\boldsymbol{W}=[w_1\quad w_2\quad\cdots\quad w_n]^{\mathrm{T}}$，其中

$$w_i=\frac{m_i}{\sum_{j=1}^{n}m_j}$$

③ 计算 $\boldsymbol{P}$ 的最大特征值 $\lambda_{\max}$，其近似计算公式如下。

$$\lambda_{\max}=\frac{1}{n}\sum_{i=1}^{n}\frac{(\boldsymbol{PW})_i}{w_i} \tag{4-2}$$

式中，$(\boldsymbol{PW})_i$ 是权重向量 $\boldsymbol{W}$ 右乘判断矩阵 $\boldsymbol{P}$ 得到的列向量 $\boldsymbol{PW}$ 中的第 i 个分量。$\lambda_{\max}$ 将用于判断一致性检验。

2）特征向量法　对于计算精度要求较高的场合，近似算法会造成较大的积累误差，一般可采用特征向量法。

线性代数中，对于实数矩阵 $\boldsymbol{P}=[b_{ij}]_{n\times n}$，其特征方程为 $(\boldsymbol{P}-\lambda\boldsymbol{I})\boldsymbol{W}=0$，特征多项式为 $|\boldsymbol{P}-\lambda\boldsymbol{I}|=0$，其中，$\boldsymbol{I}$ 为单位阵，$\boldsymbol{W}$ 为对应于特征值 λ 的特征向量。对于特征多项式，经运算可求出 $\boldsymbol{P}$ 的 n 个特征值 $\lambda_1,\lambda_2,\cdots,\lambda_n$，而最大特征值是指 $\lambda_{\max}=\max\{\lambda_1,\lambda_2,\cdots,\lambda_n\}$。另外，称下式为矩阵 $\boldsymbol{P}$ 的迹

$$\lambda_1+\lambda_2+\cdots+\lambda_n=b_{11}+b_{22}+\cdots+b_{nn} \tag{4-3}$$

特征向量法计算权重的原理如下。

设有 n 个物体 $B_1,B_2,\cdots,B_n$，质量分别为 $w_1,w_2,\cdots,w_n$。若两两比较物体的质量，其比值可构成 $n\times n$ 的矩阵 $\boldsymbol{P}$。若用向量 $\boldsymbol{W}=[w_1\quad w_2\quad\cdots\quad w_n]^{\mathrm{T}}$ 右乘矩阵 $\boldsymbol{P}$，可得

$$PW=\begin{bmatrix} w_1/w_1 & w_1/w_2 & \cdots & w_1/w_n \\ w_2/w_1 & w_2/w_2 & \cdots & w_2/w_n \\ \vdots & \vdots & \ddots & \vdots \\ w_n/w_1 & w_n/w_2 & \cdots & w_n/w_n \end{bmatrix}\begin{bmatrix} w_1 \\ w_2 \\ \vdots \\ w_n \end{bmatrix}=n\begin{bmatrix} w_1 \\ w_2 \\ \vdots \\ w_n \end{bmatrix}=nW$$

或

$$(P-nI)W=0$$

由矩阵理论可知，n 即为 P 的特征值，且是最大特征值 $\lambda_{\max}$，W 则是对应于最大特征值 n 的特征向量。

不难看出，特征向量法应首先求出判断矩阵的最大特征值 $\lambda_{\max}$；然后计算对应于 $\lambda_{\max}$ 的特征向量 W；再对 W 做归一化处理，即得到权重向量。当判断矩阵阶数较高时，可采用迭代算法编程计算特征值。

4.5.3 一致性检验

(1) 完全一致性

根据矩阵理论，若正互反矩阵 $P=[b_{ij}]_{n\times n}$ 对于所有的 $i,j=1,2,\cdots,n$，均有 $b_{ij}=b_{ik}/b_{jk}$ 成立，则称 P 具有完全一致性。此时，正互反矩阵 P 具有唯一非零的最大特征值 $\lambda_{\max}$，且 $\lambda_{\max}=n$。实际上，由于正互反矩阵的 $b_{ii}=1, i=1,2,\cdots,n$ 且令 $\lambda_{\max}=\lambda_1$，由式(4-3) 可得

$$\lambda_{\max}+\sum_{i=2}^{n}\lambda_i=n，则\sum_{i=2}^{n}\lambda_i=0$$

(2) 一致性检验指标

人们在对复杂问题涉及的因素进行两两比较时，不可能做到判断的完全一致性，总会存在一定的估计误差。这将导致判断矩阵的特征值和特征向量也带有偏差。设 P' 为带有偏差的判断矩阵，其最大特征值和特征向量设为 $\lambda'_{\max}$ 和 W'。因为 $b_{ii}=1, i=1,2,\cdots,n$，又设 $\lambda'_{\max}=\lambda_1$，由式(4-3) 可得

$$\lambda'_{\max}+\sum_{i=2}^{n}\lambda'_i=n$$

通常 P' 的 $\lambda'_{\max}\geqslant n$，而 $(\lambda'_{\max}-n)$ 就是除 $\lambda'_{\max}$ 以外的其余所有特征值代数和。与完全一致性相比较，$\lambda'_{\max}-n=-\sum_{i=2}^{n}\lambda_i$ 就表征了 P' 的偏差程度。由此一致性检验指标 $C.I.$ 构造如下。

$$C.I.=\frac{\lambda_{\max}-n}{n-1} \tag{4-4}$$

对于任意的判断矩阵，当 $\lambda'_{\max}=n$ 时 $C.I.=0$，则判断矩阵具有完全一致性；$C.I.$ 的值越大，P' 的估计偏差也就越大，偏离一致性的程度就越大。

(3) 随机一致性指标

通常判断矩阵的阶数 n 越高，其估计偏差随之增大，一致性也就越差，因此对高阶判断矩阵的检验应适当放宽要求。为此引入随机指标 $R.I.$ 作为修正值，以更合理的随机一致性指标 $C.R.$ 来衡量判断矩阵的一致性。

$$C.R.=\frac{C.I.}{R.I.} \tag{4-5}$$

一般只要 $C.R.\leqslant 0.10$，则认为 P' 具有满意的一致性，否则必须重新调整 P' 中的元素的值。式(4-5) 中的 $R.I.$ 的值，要按判断矩阵的阶数从表 4-2 中选取。2 阶及以下的判断矩阵总是具有完全一致性。

表 4-2 随机一致性指标

n	1	2	3	4	5	6	7	8	9	10
$R.I.$	0	0	0.58	0.90	1.12	1.24	1.32	1.41	1.45	1.49

4.5.4 层次总排序

层次总排序就是基于层次单排序得到的结果计算组合权重，然后，通过比较各要素组合权重的大小，得到要素的相对重要顺序，依次确定对备选方案的评价。

对于图 4-7 所示的递阶层次结构，设准则层 C 对目标层 G 的相对权重列向量为，$\boldsymbol{\alpha}=[\alpha_1 \quad \alpha_2 \quad \cdots \quad \alpha_m]^{\mathrm{T}}$，方案层 B 对 C 层各项准则 $C_1, C_2, \cdots, C_n$ 的权重列向量分别记为 $\boldsymbol{W}_1, \boldsymbol{W}_2, \cdots, \boldsymbol{W}_k, \cdots, \boldsymbol{W}_m$，其中 $\boldsymbol{W}_k=[w_{1k} \quad w_{2k} \quad \cdots \quad w_{nk}]^{\mathrm{T}}$ 是 B 层方案 B_i（$i=1,2,\cdots,n$）对准则 C_k（$k=1, 2, \cdots, m$）的相对权重列向量。由此构成组合权重计算表 4-3，其中 $\sum$ 为 $\sum\limits_{j=1}^{m}$ 的简写。

表 4-3 组合权重计算表

C_k / α / B_i	C_1	C_2	$\cdots$	C_m	组合权重 V
	α_1	α_2	$\cdots$	α_m	
B_1	w_{11}	w_{12}	$\cdots$	w_{1m}	$V_1=\sum\alpha_j w_{1j}$
B_2	w_{21}	w_{22}	$\cdots$	w_{2m}	$V_2=\sum\alpha_j w_{2j}$
$\vdots$	$\vdots$	$\vdots$	$\ddots$	$\vdots$	$\vdots$
B_n	w_{n1}	w_{n2}	$\cdots$	w_{nm}	$V_n=\sum\alpha_j w_{nj}$

实际上，由相对权重列向量 $\boldsymbol{W}_1, \boldsymbol{W}_2, \cdots, \boldsymbol{W}_m$ 可构造相对权重矩阵 $\boldsymbol{W}=[\boldsymbol{W}_1 \quad \boldsymbol{W}_2 \quad \cdots \quad \boldsymbol{W}_m]$，则组合权重 $\boldsymbol{V}$ 可按下式计算

$$\boldsymbol{V}=\boldsymbol{W}\cdot\boldsymbol{\alpha} \tag{4-6}$$

4.5.5 层次分析法应用

【例 4-2】 某厂有一笔企业留成利润由厂领导决定其用途，总目标是希望能促进工厂更进一步发展。可供选择的方案有：作为奖金发给职工；扩建食堂、托儿所等福利设施；开办职工业余学校；建设图书馆或俱乐部；引进新设备进行技术改造。衡量这些方案（措施）可以从以下三方面着眼：是否调动了职工的生产积极性；是否提高了企业的技术水平；是否改善了职工的物质文化生活水平。现在要对上述五种方案进行优劣性评价，或者说按优劣顺序把这五种方案排列起来，以便厂领导从中选择一种方案付诸实施。

应用 AHP 对此问题进行分析后，可建立如图 4-9 所示的层次结构模型。

根据各因素的重要性比较构造判断矩阵并进行计算，所得判断矩阵及相应计算结果如下。

(1) 判断矩阵 *A-C*（相对于总目标而言，各着眼准则之间的相对重要性比较）

A	C_1	C_2	C_3	W
C_1	1	1/5	1/3	0.1042
C_2	5	1	3	0.6372
C_3	3	1/3	1	0.2583

$\lambda_{\max}=3.0385$，$C.I.=0.0193$，$R.I.=0.58$，$C.R.=0.0332<0.10$

可见判断矩阵具有满意的一致性。

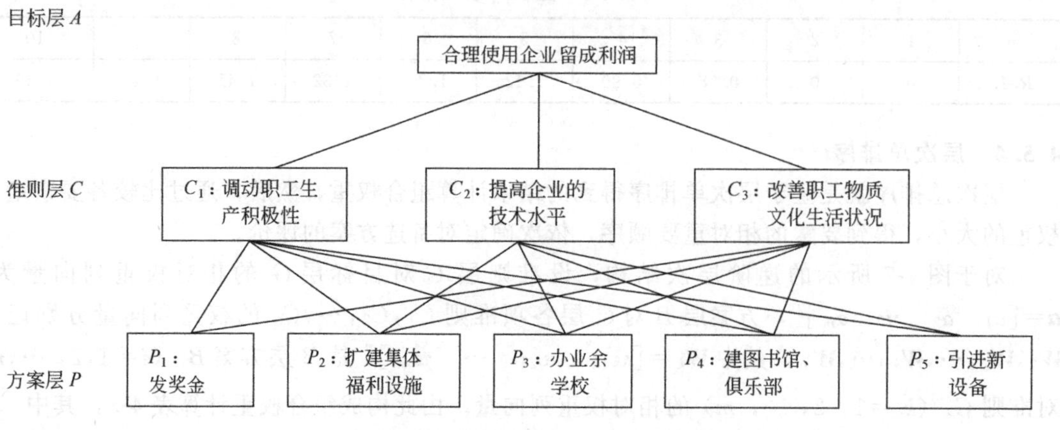

图 4-9 合理使用企业留成利润的层次结构模型

(2) 判断矩阵 C_1-P（相对于调动生产积极性准则而言，各方案之间的相对重要性比较）

C_1	P_1	P_2	P_3	P_4	P_5	W
P_1	1	3	5	4	7	0.491
P_2	1/3	1	3	2	5	0.232
P_3	1/5	1/3	1	1/2	3	0.092
P_4	1/4	1/2	2	1	3	0.138
P_5	1/7	1/5	1/3	1/3	1	0.046

$\lambda_{max}=5.126$，$C.I.=0.032$，$R.I.=1.12$，$C.R.=0.028<0.10$

(3) 判断矩阵 C_2-P（相对于提高技术水平准则而言，各方案之间的相对重要性比较）

C_2	P_2	P_3	P_4	P_5	W
P_2	1	1/7	1/3	1/5	0.055
P_3	7	1	5	3	0.564
P_4	3	1/5	1	1/3	0.118
P_5	5	1/3	3	1	0.263

$\lambda_{max}=4.117$，$C.I.=0.039$，$R.I.=0.90$，$C.R.=0.043<0.10$

(4) 判断矩阵 C_3-P（相对于改善职工生活状况准则而言，各方案之间的相对重要性比较）

C_3	P_1	P_2	P_3	P_4	W
P_1	1	1	3	3	0.406
P_2	1	1	3	3	0.406
P_3	1/3	1/3	1	1	0.094
P_4	1/3	1/3	1	1	0.094

$\lambda_{max}=4$，$C.I.=0$，$R.I.=0$

层次总排序计算结果如表 4-4 所示。

$C.I.=0.028$，$R.I.=0.9231$，$C.R.=0.0305<0.10$

计算结果表明，为合理使用企业利润留成，对于该企业来说，所提出的五种方案的优先次序为：P_3——办职工业余学校和短训班，权值为 0.393；P_5——引进新设备、进行企业技术改造，权值为 0.172；P_2——扩建职工住宅、食堂、托儿所等集体福利设施，权值为 0.164；

表 4-4　层次总排序计算结果

层次 C / 层次 P	C_1	C_2	C_3	层次 P 总排序权值	方案排序
	0.104	0.637	0.258		
P_1	0.491	0	0.406	0.157	4
P_2	0.232	0.055	0.406	0.164	3
P_3	0.092	0.564	0.094	0.393	1
P_4	0.138	0.118	0.094	0.113	5
P_5	0.046	0.263	0	0.172	2

P_1——作为奖金发给职工，权值为 0.157；P_4——建立图书馆、职工俱乐部和业余文工队，权值为 0.113。厂领导可根据上述排序结果进行决策。需要注意的是，不同的人对不同企业中的不同情况，有不同的判断。用不同的判断值，计算的排序结果也不一样。所以应当请那些对所处理的问题有专门研究的人来做判断。因为他们对所处理的问题和周围的环境了解得越透彻，便越能得到合理的判断和正确的排序结果。

4.6　系统分析举例

老厂改造的系统分析。

某锻造厂通过对现有生产情况和扩大汽车半轴生产的系统分析，提出了四种扩产和改造方案，并在全面分析和综合评价之后对方案进行了优选。改造方案实现后，产值可以翻一番，投资利润率达 1562%，利润增加 546870 元。

(1) 问题的提出

该锻造厂是以生产解放、东风 140、东风 130 等汽车后半轴为主的小型企业，年生产能力可达 1.8 万根。1982 年产值是 130 万元。近年来，由于无计划购进设备，使机加和热处理工序的生产能力大大超过锻造工序，形成前道工序限制后道工序的局面，大量浪费了设备的能力和人力，生产成本不断提高，企业经营效果受到严重影响。为改变企业现状，增加赢利，工厂提出产值翻番的设想，并就此讨论工厂的改造规划及其系统分析。

(2) 扩大汽车半轴生产必要性的论证

1) 从市场需求看其必要性　由于后半轴在汽车行驶中承受相当大的阻力，在超载运行时突然刹车、起动、上坡、过沟等超过半轴所能承受的强度时，就会引起半轴的断裂，所以半轴属于汽车配件中的易损件。在某省近年来汽车保有量猛增的情况下，半轴需求量也从 1979 年的 3.6 万根增加到 4.8 万根，而该省的半轴生产能力只有 4.6 万根左右，满足不了当前的市场需求。

2) 从工厂的设备生产能力看其必要性　半轴生产由多种加工工艺组成，包括锻造、热处理、机加、喷漆等 23 道工序，其中班生产能力为 120～190 根以上者有 9 道工序，主要是机加设备；70～90 根以上者有 6 道工序，主要是淬火及校直设备；剩余工序在 30～45 根范围内，都是锻造设备。这些窄口工序影响企业生产能力的进一步提高，而过剩生产能力的设备又白白损失。因此，扩大半轴生产使生产能力得到有效利用，提高企业经济效益。

3) 从职工人数看其必要性　工厂原有职工 230 名，安排青年就业后增加到 320 名，经过定编定岗后有 30 人闲置。扩大生产则可以把这部分人力充分利用起来。

4) 从经营效果看其必要性　从经营效果指标（表 4-5）可以看出，由于设备和人员的不合理增加，使企业的产值增长幅度低于费用增加的幅度，严重影响了企业的经济效益。

表 4-5 经营效果指标情况

序　号	指　标	1976 年	1982 年
1	产量	15500 根	18000 根
2	产值	8447500 元	979050 元
3	企管费	92310 元	112400 元
4	车间经费	31320 元	107840 元
5	物耗	335420 元	387431 元
6	工资	52125.62 元	97063.2 元
7	总成本	561175 元	704734 元
8	单件成本	36.25 元/根	39.38 元/根
9	利润	283574.9 元	264315.80 元
10	生产工人	68 人	115 人
11	劳动生产率	12422.79 元/人	8573 元/人

上述四个方面说明扩大半轴生产是提高企业经济效益，增加赢利的有效途径。

(3) 市场分析及预测

扩产改造不仅看企业内部条件，还要看市场需要的变化。因此要做市场分析与预测。

1) 市场分析　各种汽车半轴实际消耗量调查及消耗系数的计算（表 4-6）。

表 4-6 各种半轴的实际消耗量

车　队	1980 年		1981 年		1982 年	
	汽车拥有量	实耗半轴数	汽车拥有量	实耗半轴数	汽车拥有量	实耗半轴数
运输五队	45	50	79	80	70	40
运输三队	35	40	37	70	52	100
运输十二队	—	—	—	—	30	50
汽车一队	30	45	30	40	201	150
地区运输公司	500	470	540	490	500	500
总计	605	605	677	680	853	840

计算平均加权消耗系数为

$$\partial=\frac{\sum 半轴实耗数}{\sum 汽车拥有量}=\frac{605+680+840}{605+677+853}=0.9953$$

同时算得 $\partial_{140}=0.345$，$\partial_{130}=0.498$。

计算几年来汽车半轴的平均市场需求量为

$$市场占有率=\frac{\sum 需求订货数}{\sum 市场需求量}\times 100\%=49\%$$

来厂订货数与该厂实际供应数的比例为

$$供应能力占订货数的比例=\frac{\sum 实际供应数}{\sum 订货数}\times 100\%=84\%$$

即工厂只能供应订货数的 84%。

2) 市场预测　根据 1980～1982 年的汽车保有量，利用直线趋势法可以预测出 1983～1986年的解放车、东风 140、东风 130 车的保有量（计算从略）。

根据半轴消耗系数预测 1983～1986 年全省半轴需要量（计算及数字从略），参见图4-10。

从图 4-10 可以看出：1983 年以前某省半轴生产能力高于市场需求；从 1983 年起，半轴生产能力不能满足市场需求。因此锻造厂进行改造，使生产翻番的目标是符合市场预测情况的。

资源、能源及相关因素分析项目及数字从略。

根据上述分析，半轴扩产规模 3～4 万根较好，扩产过大则有风险。

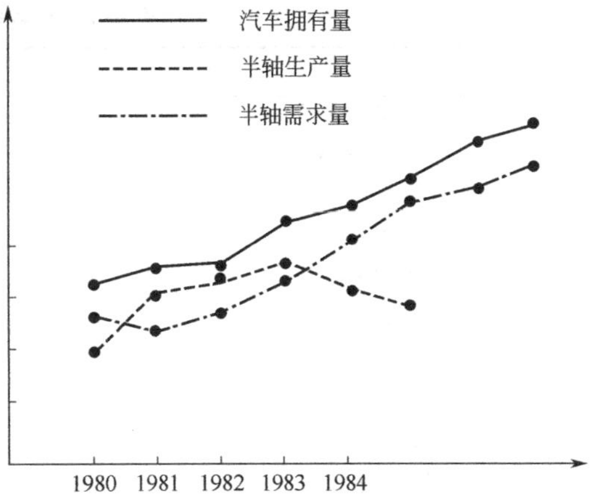

图 4-10 半轴生产能力与未来需求量

(4) 建立约束条件

综合上述条件可得以下约束条件。

① 年产量 4 万根左右。

② 投资最好在 3.9 万元内，最多不超过 20 万元。

③ 设备用电不能超过 250kW，并应选择用电少的方案。

④ 扩大生产占地不要超过 $400m^2$。

⑤ 建设周期要短。

(5) 扩大半轴生产方案的提出与分析

该厂锻加工设备能力最低为 1.8 万根/年，铣齿、磨槽工序，可生产 3.6 万根/年，若增加班次可超过 4 万根/年，其余设备能力均在 5 万根/年以上。根据这种情况，重点是寻求有关锻造生产能力的方案（表 4-7）。

表 4-7 各种锻造方案的情况

方 案	项 目	投资/万元	年产量/万根	难度	可行否
一	上平锻机	130	10	难	不可行
二	用轧制机代替原有夹板锤	13.2	3.6	一般	可行
三	用轧制机和碾压机代替原有夹板与空气锤	20.38	4	较难	可行
四	增一台空气锤	3.5	3.6	易	可行

四个方案中，第一方案投资大，难度大，工厂无法实现，应予以淘汰，其余三个方案需做进一步的分析，再从中选优（表 4-8）。

(6) 方案优选与评价

这三个方案都可以在该厂应用，技术上没有问题。它们的区别在于投资多少，技术先进程度，成本高低，耗电量大小等。为了进行优选，采用方案互比打分法，即将三个方案的主要指标归纳出来，逐项打分，最好的给 2 分，中等的给 1 分，最差的不给分，方案得分最多者为最优方案。

(7) 评价报告

通过三个方案比较，第四方案明显优于第二、第三方案。其主要优点如下。

1) 节约投资 第二方案需要 13.2 万元投资，第三方案需要 20.38 万元投资，而第四方案只需要 3.5 万元投资。如果选择第二方案，由于本厂自有资金有限，需贷款 9 万元，如果选择第三方案则需贷款 15 万元，而如果选择第四方案，利用本厂设备改造资金就可以解决，这样可以立足于本厂挖潜，并节省贷款利息。

表 4-8 方案指标分析汇总表

序号	指标	二方案	三方案	四方案
1	产量/万根	3.6	4.0	3.6
2	产值/投资	193.77	215.3	193.77
3	投资/万元	13.2	20.38	3.5
4	原设备残值/元	3000	18000	—
5	车间经费/元	115969.6	119856.3	115960.0
6	企管费/元	127203.4	127242.2	127203.4
7	燃料动力费/元	738850.2	105028	73385.2
8	工资/元	108057.6	104680.8	121564.2
9	物料消耗/元	738813.2	807348	783813.2
10	总成本/元	1168870.0	1264254.47	1126514.2
11	解放半轴成本/(元/根)	32.15	31.71	31.11
12	利润总额/元	77385.2	388745.53	811185.8
13	增加投资利润/元	509505.2	624429.73	546870
14	增加税金上缴/元	380131.14	443644.84	413297.39
15	投资纯利润/元	129374.06	180784.89	1133372.61
16	投资利润率/%	385.99	306	1562
17	投资回收期/月	12.2	12.5	3.1
18	生产工人数/人	128	124	144
19	改建周期/月	8	12	1
20	日耗电量/度	2240	2960	160

2）投资利润率高　第四方案投资利润率为 1562%，比第二方案高 1176%，比第三方案高 1256%，投资少，效益好。

3）成本低　第四方案单件成本最低，只需 31.1 元/根，比第二方案低 1.04 元，比第三方案低 0.6 元。

4）投资周期短，投资回收快　第四方案投产只需一个月，比第二方案快 7 个月，比第三方案快 11 个月。第四方案只要 3.1 个月就可以全部收回投资，比第二方案早 9.1 个月，比第三方案早 9.4 个月。

5）耗电量低　第四方案只需增加 160 度/日，是第二方案的 1/14、第三方案的 1/17，按年工作日 300 天计算，比第二方案年节电 62.4 度，比第三方案节电 84 万度。

6）设备上马快，难度小　适应该厂的技术力量，而第二、第三方案都有一些技术难度，必将牵扯全厂的技术力量，影响生产。

但第四方案也存在着如下缺点。

① 劳动强度大，消耗工人体力。

② 用人较多，比第二、第三方案多 16 人和 20 人。

③ 技术比较落后。

但综合起来看，第四方案优点比较多，适应厂情，是其中比较理想的方案。

思考题与习题

1　试述系统分析的基本思路及系统分析的特点。

2　试述系统目标分析的要点及处理目标冲突的方法。

3　简述环境分析在系统分析中的作用及SWOT方法。

4　系统结构分析的基本思想是什么？它在系统分析中起什么作用？

5　简述系统结构分析的主要内容。

6　试述系统环境、系统目标、系统结构之间的关系。

7　层次分析法是如何解决复杂系统的分析和决策问题的？这种方法有什么特点？它最适宜解决什么样的问题？

8　应用层次分析法分析问题时要经过哪些步骤？

5 系统模型与仿真

在现代实际的社会、经济、军事系统中，人们为了更好地达到一定的系统目标和实现其一定的功能，都希望深入地了解和研究分析系统的内部结构和各要素或组成部分之间的关系。但是实际的系统描述却极为困难，如上述的社会、经济、军事大系统，其行为和政策效果往往无法用直接试验的办法得到。有些工程技术问题，虽然可以通过试验掌握系统的部分结构功能和特性，但是往往代价太大，所以人们提出了采用系统模型和仿真的方法来研究分析比较复杂的现实系统。

5.1 系统模型

要对大型复杂系统进行有效的分析研究并得到有说服力的结果，就必须首先建立系统的模型，然后借助模型对系统进行定量的或定性与定量相结合的分析，因此，系统模型是系统工程解决问题的必要工具。系统建模与系统分析是系统工程人员必须掌握的重要手段。

5.1.1 系统模型的定义与特征

(1) 定义

系统模型是采用某种特定的形式(如文字、符号、图表、实物、数学公式等）对一个系统某一方面本质属性进行描述，以揭示系统的功能和作用，提供有关系统的知识。

系统模型一般不是系统对象本身，而是现实系统的描述、模仿或抽象，用以简化地描述现实系统的本质属性。它必须反映实际，又必须高于实际，是一切客观事物及其运动形态的特征和变化规律的一种定量抽象，是在研究范围内更普遍、更集中、更深刻地描述实体特征的工具。系统是复杂的，系统的属性也是多方面的。对于大多数研究目的而言，没有必要考虑系统全部的属性，因此，系统模型只是系统某一方面本质特性的描述，本质属性的选取完全取决系统工程研究的目的。所以，对同一个系统根据不同的研究目的，可以建立不同的系统模型。另一方面，同一种模型也可以代表多个系统。例如

$$y=kx \quad (k\ 为常数)$$

几何上，代表一条通过原点的直线；

代数上，代表比例关系；

……

系统模型由以下几部分组成。

① 系统　即模型描述的对象。

② 目标　即系统所要达到的目标。

③ 组分　构成系统的各组成部分。

④ 约束条件　是指系统所处的客观环境及限制条件。

⑤ 变量 表述系统组分的变量，包括内部变量和外部变量、状态变量（空间、时间）等。

⑥ 关联 表述系统不同变量之间的数量关系。

弄清上述各组成部分后才能构造系统模型。

(2) 特征

模型是对现实系统（或拟建系统）的一种描述，同时也是对现实系统的一种抽象。因为系统事物一般来说都异常庞大，相互交织的因素很多，关系又错综复杂。因此，模型必须抓住系统的实质因素，尽量做到简单、准确、可靠、经济、实用。系统模型反映着实际系统的主要特征，但它又区别于实际系统而具有同类问题的共性。因此，一个通用的系统模型应具有如下的三个特征。

① 是实际系统的合理抽象和有效的模仿。

② 由反映系统本质或特征的主要因素构成。

③ 表明了有关因素之间的逻辑关系或定量关系。

由于模型描述现实世界，因此必须反映实际；由于它的抽象特征，又应高于实际。在构造模型时，要兼顾到它的现实性和易处理性。考虑到现实性，模型必须包括现实系统中的主要因素；考虑到易处理性，模型要采取一些理想化的办法，即去掉一些外在的影响并对一些过程做合理的简化。当然，这样会使模型的现实性有所牺牲。一个好的模型要兼顾到现实性和易处理性。

5.1.2 建立系统模型的必要性

人类认识和改造客观世界的研究方法一般说来有三种，即实验法、抽象法、模型法。实验法是通过对客观事物本身直接进行科学实验来进行研究的，因此局限性比较大。抽象法是把现实系统抽象为一般的理论概念，然后进行推理和判断，因此这种方法缺乏实体感，过于概念化。模型法是在对现实系统进行抽象的基础上，把它们再现为某种实物的、图画的或数学的模型，然后通过模型来对系统进行分析、对比和研究，最终导出结论。由此可见，模型法既避免了实验法的局限性，又避免了抽象法的过于概念化，所以成为现代工程中一种最常用的研究方法。

系统模型化有两重含义。①要把需要解决的问题通过上述分析明确其外部影响因素和内部的条件变量。针对论证之后的系统目标要求，用一个逻辑的或数学的表达式，从整体上说明它们之间的结构关系和动态情况。例如，一个分析产品生产销售动态系统的图式模型，不仅要说明这个动态系统包括的工厂、成品库、批发部和零售店等组织的结构关系，环境与工厂的关系，也要说明这个过程中信息与实物、半成品与成品、库存与流通等之间的关系。②在系统分析中使用模型是一种常用的典型手段。这不论从定性分析，还是定量分析来看，都是如此。采用模型化手段进行系统分析的意义在于：它能把非常复杂的系统的内部和外部关系，经过恰当的抽象、加工、逻辑推理，变成可以进行准确分析和处理的东西，从而能得到所需要给出的结论；采用模型化技术可以大大简化现实系统或拟建系统的分析过程，因为它既能反映现实，又高于现实；模型化技术提供了与仿真技术和电子计算机协同操作的联接条件，从而加速了分析过程，并提高了分析的有效性；提供了方法典型化的基础，这类模型往往对许多不同系统事物具有典型意义。

模型化技术之所以有用，还因为它能利用模型来模拟和实验以及优化在现实世界中无法实践的事情，从而节省大量的人力、物力和时间，而又无风险之虑。比如对战争和社会系统、新式武器的性能、新建系统的功能和指标等，都可以通过模型去研究其过程，并求得预期效果。因此，在系统工程中广泛地使用系统模型出自于下面的考虑。

① 系统开发的需要。在开发一个新系统时，由于实际系统尚未建立，只能通过构造系统模型来对系统的性能进行预测，以实现对系统的分析、优化和评价。

② 经济上的考虑。对大型复杂系统直接进行实验其成本是十分昂贵的，采用系统模型就便宜多了。

③ 安全上的考虑。对有些系统直接进行实验非常危险，有时根本不允许。

④ 时间上的考虑。对于社会、经济、生态等系统，它们的惯性大，反应周期长，使用系统模型进行分析、评价，很快就能得到结果。

⑤ 系统模型容易操作，分析结果易于理解。有时虽然可以直接对现实系统进行实验，但由于现实系统中包含太多的复杂因素，实验结果往往是与其中的某一因素挂钩，其结果有可能难以理解，而且难以修改系统的参数。而采用系统模型的方法，由于模型突出了研究目的所要关注的主要特征，因此容易得到一个清晰的结果，而且在系统模型（尤其是数学模型）上进行参数修改也是非常容易的。

5.1.3 系统模型的分类

系统种类繁多，系统模型的种类相应也很多。系统模型按不同观点、不同角度、不同形式有各种分类方法。基本的分类法把模型分为实物模型和抽象模型，具体分类过程如图 5-1 所示。

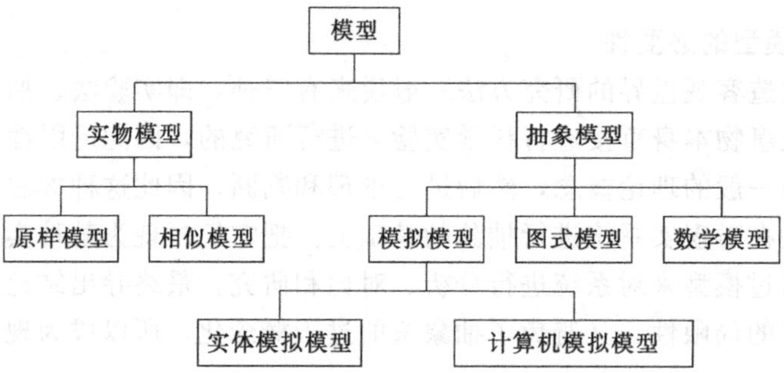

图 5-1 系统模型分类

(1) 实物模型

实物模型又可分为原样模型和相似模型。

1) 原样模型　原样模型是一种工程实体，它与客观真实系统相同。例如，在批量生产机床之前，首先要造出样机，这就是原样模型。

2) 相似模型　相似模型是根据相似规律建立起来的供研究用的模型，它是现实系统的放大或缩小，看起来与客观真实系统基本相似。例如，飞机风洞试验模型是真实飞机的相似模型；再如人工气候室可以模拟湿度、温度、光照的变化，是气候环境的相似模型；又如地球仪，地球仪可用来说明大陆、海洋的地理位置以及各国的地理关系等。

实物模型在常规工程技术中被广泛采用，但在系统工程中一般多用抽象模型。

(2) 抽象模型

抽象模型可以分为图式模型、模拟模型和数学模型。

1) 图式模型　指用符号、曲线、图表、图形等抽象表现系统单元之间相互关系的模型，例如，常用的设计图、工程图、网络图、流程图等属于图式模型。图式模型直观、明了，一眼便可洞察全局，虽然不能完全用它进行定量分析，但为建立系统的数学模型打下了基础。因此，图式模型是系统分析中常用到的一种模型。

2）模拟模型 分为两类：一类为实体模拟模型，另一类为计算机模拟模型。实体模拟模型也称为物理模拟模型，它是指用一种原理上相似，而求解或控制容易的系统，代替或描述真实系统，前者称为后者的物理模拟模型。例如，用电路系统模拟一个力学系统，电路系统就是力学系统的物理模拟模型。计算机模拟模型是指利用计算机并根据特定的计算机程序语言描述真实系统的模型，它是系统分析中经常采用的模型。实际上，计算机模拟就是一种数学模拟，它是对系统的数学模型进行研究的过程。

3）数学模型 指用数学方法如数学表达式、图像、图表等描述系统结构和过程的模型，它由常数、参数、变量和函数关系组成，具有以下特点。

① 它是定量分析的基础。在自然科学与工程技术领域里，数量不准将导致质量低劣；在社会科学领域里，没有定量分析会使人心中无数，造成决策失误，引起不必要的混乱。因此，采用数学模型进行定量分析已成为当代自然科学和社会科学进一步发展的共同要求。

② 它是系统预测和决策的工具。可以利用系统已有的数据建立预测模型，用来预测系统的未来状态，为正确决策提供依据。

③ 它可变性好，适应性强，分析问题速度快，省时省力，而且便于使用计算机。因此，数学模型解决了对系统进行定量描述的问题，而且为计算机模拟提供了条件，所以它是系统分析中最重要的一种模型。

人们通常所说的系统建模，大多数情况下都是指建立系统的数学模型。

在系统工程中，最常用的数学模型是运筹学模型。在运筹学模型中，以变量的性质来分主要有两大类：一类是确定性模型，即系统的输出、输入信号和系统参数的性质是确定的，不考虑随机因素的模型，如线性规划模型、非线性规划模型、整数规划模型、目标规划模型、动态规划模型、网络模型、确定性存储模型等；另一类是随机性模型，即系统的输出、输入或系统的性质参数是不确定或不完全确知时建立的模型，如决策模型、对策模型、随机性存储模型、排队模型、随机模拟模型、预测模型等。

此外，运筹学模型还可分为静态模型和动态模型、连续性模型和离散性模型。静态模型指系统的输出、输入关系由同一时刻决定，可以忽略时间变化的模型，数学中的代数方程和逻辑方程式就属于此种模型；动态模型是指系统的输出、输入关系是时间的函数，模型中包含有时间或代表时间的步长作为独立变量，如含有时间变量的偏微分方程、积分方程等；连续性模型是在时间上连续变化或动作的模型，微分方程描述的就是这一种；离散性模型是在一定的时间间隔上动作的模型，常用差分方程来表示。

5.1.4 系统模型的作用

系统模型在系统工程中占有重要的地位，它的作用主要表现在以下几个方面。

1）直观和定量 用系统模型不但能对现实系统的结构、环境和变化过程进行定性地推理和判断，而且可以通过图形及实物等直观的形式比较形象地反映出现实系统的结构、环境和变化过程的规律，尤其重要的是还可以用数学模型对现实系统进行定量分析并得出问题的数学解。

2）应用范围广、成本低 由于用系统模型不必直接对现实系统本身进行实验研究，这样就可以减少大量的研究经费，更便于在实践中推广应用。特别是对于有些庞大的工程项目，即使花费大量人力、物力、财力也难以或根本无法直接进行实验研究，在这种情况下，只有用系统模型才能解决问题。

3）便于抓住问题的本质特征 在现实系统中的有些因素要经过很长的时间才能看出其变化情况，但用模型时，可以对时间坐标的变换很快看出其变化规律。而且通过对模型进行灵敏度分析，可以看出哪些因素对系统的影响更大，从而最迅速地抓住问题的本质特征。

4）便于优化 运用系统模型有利于系统优化，能用统一的判断标准比较方案的优劣，从而选出最优方案。

5）能够模拟实验 模拟就是用模型做实验，因此模拟的先决条件是建立模型。特别是用计算机进行数学模拟，一般首先要建立数学模型，这在系统工程中是十分重要的。

当然，系统模型也有它的局限性。例如，系统模型本身并不能产生理论概念和实际数据，模型也不是现实系统本身，因此仅靠模型并不能检验出系统分析的结论是否与实际相符，最后还要用实践来检验。

值得指出的是，对不同的问题和系统开发的不同阶段，一般需要实验不同的模型。例如，在系统开发的初始阶段，可用粗糙一些的模型，如简单的图式模型等；而在后期，则可能需用严格定量的数学模型。

5.2 系统建模

5.2.1 对系统模型的要求和建模的原则

(1) 对系统模型的要求

对系统模型的要求可以概括为三条，即现实性、简明性、标准化。

1）现实性 即在一定程度上能够较好地反映系统的客观实际，应把系统本质的特征和关系反映进去，而把非本质的东西去掉，但又不影响反映本质的真实程度。也就是说，系统模型应有足够的精度。精度要求不仅与研究对象有关，而且与所处的时间、状态和条件有关。为满足现实性的要求，对同一对象在不同的情况下可以提出不同的精度要求。

2）简明性 在满足现实性要求的基础上，应尽量使系统模型简单明了，以节约建模费用和时间。也即，若一个简单的模型已能使实际问题得到满意的解答，就没有必要去建一个复杂的模型，因为建一个复杂模型并求解是要付出代价的。

3）标准化 在建立某些系统的模型时，如果已有某种标准化模型可供借鉴，则应尽量采用标准化模型，或对标准化模型加以某些修改，使之适合对象系统。

以上三条要求往往是相互抵触的，容易顾此失彼，因此，要根据对象系统的具体情况妥善处理。一般的处理原则是：力求达到现实性，在现实性的基础上达到简明性，然后尽可能满足标准化。

(2) 系统建模原则

建立模型（或称构造模型）是在掌握了系统各要素的功能及其相互关系的基础上，将复杂的系统分解成若干个可以控制的子系统，然后，用简化的或抽象的模型来替代子系统。当然这些模型与系统有相似结构或行为，通过对模型进行分析和计算，为有关的决策者提供必要的信息。由于每个人对事物了解的深度不同，观察和分析问题的角度也不一样，故对同一问题所建的模型也可能不一样。因而，建模与其说是一种科学技术，倒不如说是一门艺术，是一种创造性的劳动。建立模型的基本原则主要有以下几点。

1）现实性原则 系统模型是现实系统的代表，它要求所构造的模型能够确切地反映客观现实系统，也就是说，模型必须包括现实系统中的本质因素和各部分之间的普遍联系。虽然任何系统都有一定的假设，但假设条件要尽量符合实际情况。

2）简化性原则 系统模型不是现实系统本身，它只是现实系统的某种近似，供分析和决策人员研究与实验，以了解系统的性能、行为和对环境的响应（输入、输出）等。因此，在满足现实性要求的基础上，在保证必要的精度的前提下，去掉不影响真实性的非本质因素，从而使模型简化，便于求解，减少处理模型的工作量。

3）适应性原则　由于系统的外界环境随时间、空间而变化，其变化的结果必然要影响到系统的运行，系统应该适应其外界环境的变化，这就要求随着构造模型时的具体条件的变化，模型对环境要有一定的适应能力。

4）借鉴性原则　尽量采用标准化的模型和借鉴已有成功经验的模型。这样做，既可以节省时间，提高效率，又可以使系统模型的可靠性增加。

一个称职的系统模型构造者应该具备这样几个方面的能力。①对客观事物或过程能透过现象看本质，对问题有深刻的理解，有清楚的层次感和明确的轮廓。②在数学方面应有基本的训练，具有一定的数学修养，并且掌握一套数学的方法。③具有把实际问题与数学联系起来的能力，善于把各种现象中的表面差异撇去，而将本质的共性提炼出来。这种能力在书本上是很难学到的，应该从实践中学，边干边学，逐步积累和培养这种能力。

5.2.2　系统建模方法与步骤

(1) 系统建模方法

针对不同的系统对象，可以采取不同的方法建立系统模型，其中主要方法如下。

1）推理法　对于内部结构和特性已经清楚的系统，即所谓的“白箱”系统（例如大多数的工程系统），根据问题的特性，在一定的前提条件下，利用物理学基本定理（定律），导出描述系统的数学表达式，得到系统模型。采用这种方法，建模者必须深入掌握和了解支配系统行为的各种物理化学规律，使模型中的公式或因果关系的规律能符合系统实际的情况。常用的三种数学模型为：①微分方程，建立的主要方法是机理分析法（演绎法），又称为直接法；②传递函数，建立系统传递函数的主要方法是拉氏变换法，即对系统的微分方程在零初始条件下进行拉氏变换；③状态空间模型，系统的状态空间模型可以在演绎法的基础上，通过适当选取系统的状态变量来建立。这三种数学模型可以相互转化。

2）实验法　对于内部结构与特性不清楚或不很清楚的系统，即所谓的“黑箱”或“灰箱”系统，如果允许进行实验性观察，则可以通过实验方法测量其输入和输出，然后按一定的辨识方法得到系统模型。

3）统计分析法　对于那些属于“黑箱”，但又不允许直接进行实验观察的系统（例如非工程系统多数属于此类），可以采用数据收集和统计分析来假设模型，如利用不同输入与相应输出数据间的关系等，并逐步加以修正的方法来建造系统模型。

4）混合法　大部分系统模型的建造往往是上述几种方法综合运用的结果。如对信息已知的部分采用演绎法，对信息未知的部分采用归纳法，或者根据已知的物理和结构特性建立某种程度的数学模型，再利用经过统计处理的输入、输出数据来修正模型，使其与实际系统匹配得更好。

5）类似法　建造原系统的类似模型。有的系统，其结构和性质虽然已经清楚，但其模型的数量描述和求解却不好办，这时如果有另一种系统其结构和性质与之相同，因而建造出的模型也类似，但该模型的建立及处理要简单得多，我们就可以把后一种系统的模型看成是原系统的类似模型。利用类似模型，按对应关系就可以很方便地求得原系统的模型。例如，常常利用已研究得很成熟的电路系统来构造机械系统、气动力学系统、水力学系统、热力学系统等，因为它们通过微分方程描述的动力学方程基本一致。

上述这些方法只能供系统模型建造者参考，要真正解决系统建模问题还必须充分发挥人的创造力，综合利用各种知识，针对不同的系统对象，或建造新模型，或巧妙地利用已有的模型，或改造已有的模型，这样才能创造出更加适用的系统模型。

(2) 建模的步骤

对于建模，很难给出一个严格的步骤，建模主要取决于对问题的理解、洞察力、训练和技巧，现列出建模的基本步骤如下。

① 明确建模的目的和要求。以便使模型满足实际需要，不致产生太大的偏差。

② 对系统进行一般语言描述。因为系统的语言描述是进一步确定模型结构的基础。

③ 弄清系统中的主要因素及其相互关系。以便使模型准确表示现实系统。

④ 确定模型的结构。这一步决定了模型定量方面的内容。

⑤ 估计模型中的参数。用数量来表示系统中的因果关系。

⑥ 实验研究。对模型进行实验研究。

⑦ 必要修改。根据实验结果，对模型做必要的修改。

5.3 系统工程研究中常用的主要模型

系统工程中常用的一些模型有：结构模型、网络模型、状态空间模型、输入输出模型、预测模型等，本节对前几种分别简单地给予介绍，预测模型在第六章讨论。

5.3.1 结构模型

系统是由很多相互作用的要素组成的。研究一个系统，首先要知道系统中各要素间的相互关系，也就是要知道系统的结构或建立系统的结构模型。结构模型是表明系统各要素间相互关系的宏观模型。一种最方便的办法是用图的形式表示这种关系。系统中的每个要素用一个点（或圆圈）来表示。如果要素 P_i 对要素 P_j 有影响，则在图中从点 P_i 到点 P_j 用一条有向线段连接起来。有向线段的方向从 P_i 指向 P_j。这种表示方式构成了有向图，无论在工程系统或社会经济系统都是很方便的。下面介绍有向图中的有关基本概念。

(1) 邻接矩阵和可达矩阵

对于有 n 个要素的系统（$P_1, P_2, \cdots, P_n$），定义邻接矩阵 $\boldsymbol{A}$ 如下。

$$a_{ij}=\begin{cases}1，当线段从 P_i 向着 P_j（即 P_i 对 P_j 有影响时）\\0，否则为零\end{cases}$$

$$\boldsymbol{A}=[a_{ij}]$$

邻接矩阵与有向图间有着一一对应的关系，即从邻接矩阵可画出唯一的有向图；反之，根据有向图可写出唯一的邻接矩阵。

例如，由图 5-2 所示的有向图，可以写出邻接矩阵 $\boldsymbol{A}$ 如下。

$$\boldsymbol{A}=\begin{array}{c}\\1\\2\\3\\4\\5\end{array}\begin{array}{c}\begin{array}{ccccc}1&2&3&4&5\end{array}\\\begin{bmatrix}0&1&0&0&0\\0&0&1&0&0\\0&0&0&1&0\\0&0&0&0&0\\0&0&1&0&0\end{bmatrix}\end{array}$$

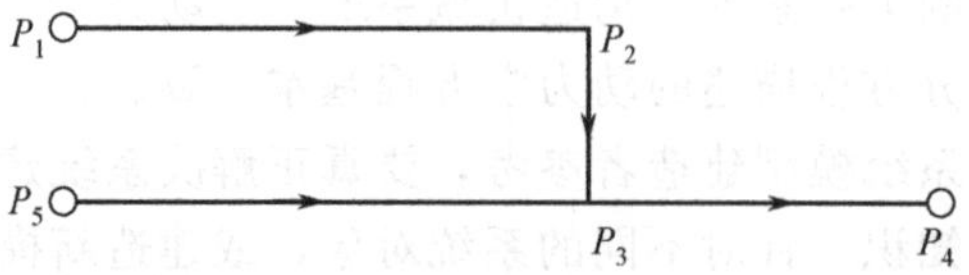

图 5-2 有向图示意图

邻接矩阵有下列特性：①全零的行所对应的点为汇点（没有线段离开该点），即系统的输出要素；②全零的列所对应的点为源点（没有线段进入该点），即系统的输入要素；③对应于每点的行中 1 的数目就是离开该点的线段数；④对应于每点的列中 1 的数目就是进入该点的线段数。

邻接矩阵表示了系统的各要素间的直接关系。若该矩阵中第 i 行第 j 列的元素为 1，则表明从点 P_i 到 P_j 有一长度为 1 的通路。也可以说，从点 P_i 可以到达点 P_j。实际上，邻接矩阵描述了各点间通过长度为 1 的通路相互可以到达的情况。对邻接矩阵进行某种运算，可得到有关系统的更多的信息。若在上述矩阵 $\boldsymbol{A}$ 上加一单位矩阵 $\boldsymbol{I}$，即得 $\boldsymbol{A}+\boldsymbol{I}$。它描述了各点间经长度为 0 和 1（不大于 1）的路的可达情况。同样，$(\boldsymbol{A}+\boldsymbol{I})^2$ 描述了各点间经长度不大于 2 的路的可达情况，以此类推。必须指出，这里所做的加法和乘法运算均为布尔运算，即 $1+1=1$，$1+0=0+1=1$，$1\times1=1$，$1\times0=0\times1=0$。可以证明，存在一个小于 $n-1$ 的 r，当上述类推运算达到 r 时，矩阵元素的值不再变化，即

$$\cdots\neq(\boldsymbol{A}+\boldsymbol{I})^{r-3}\neq(\boldsymbol{A}+\boldsymbol{I})^{r-2}\neq(\boldsymbol{A}+\boldsymbol{I})^{r-1}=(\boldsymbol{A}+\boldsymbol{I})^{r}=\boldsymbol{R},\quad r\leqslant n-1$$

矩阵 $\boldsymbol{R}$ 称为可达矩阵。它表明了各点间经长度不大于（$n-1$）的通路的可达情况。对于点数为 n 的图，最长的通路不能超过（$n-1$）。此外，$\boldsymbol{R}^2=\boldsymbol{R}$。如上例中有

$$(\boldsymbol{A}+\boldsymbol{I})^2=\begin{bmatrix}1&1&0&0&0\\0&1&1&0&0\\0&0&1&1&0\\0&0&0&1&0\\0&0&1&0&1\end{bmatrix}\begin{bmatrix}1&1&0&0&0\\0&1&1&0&0\\0&0&1&1&0\\0&0&0&1&0\\0&0&1&0&1\end{bmatrix}=\begin{bmatrix}1&1&1&0&0\\0&1&1&1&0\\0&0&1&1&0\\0&0&0&1&0\\0&0&1&1&1\end{bmatrix}$$

$$(\boldsymbol{A}+\boldsymbol{I})^3=\begin{bmatrix}1&1&1&1&0\\0&1&1&1&0\\0&0&1&1&0\\0&0&0&1&0\\0&0&1&1&1\end{bmatrix}=(\boldsymbol{A}+\boldsymbol{I})^4$$

所以可达矩阵 $\boldsymbol{R}=(\boldsymbol{A}+\boldsymbol{I})^3$。由此可知 P_1 可达 P_2,P_3,P_4，长度不大于 3 个路段；P_2 可达 P_3,P_4；P_3 可达 P_4；P_5 可达 P_3,P_4。

若可达矩阵的元素全为 1，这表明图中任一点可到达其他各点。若图中不存在回路，则下列关系应成立：$\boldsymbol{R}\cap\boldsymbol{R}^{\mathrm{T}}=\boldsymbol{I}$。可达矩阵有一重要特性——转移特性，即若 P_i 可达 P_j（P_i 有一条路至 P_j），P_j 可达 P_k（P_j 有一条路至 P_k），则 P_j 必可达 P_k。这一特性在建立可达矩阵时要用到。

结构模型的建立要用人-机对话方式经过多次迭代才能实现。如图 5-3 所示。

构模人员根据对系统的部分了解和调查所形成的有关系统结构方面的知识（称为意识模型），输入计算机去构成相应的矩阵（邻接矩阵或可达矩阵），经过计算机处理后即可得到结构模型。一般需经过多次人-机对话，不断修正，才能得到满意的结构模型。但是对于某些系统来说，特别是社会经济系统，可达矩阵比较容易得到，即根据经验判断和讨论容易知道要素 P_i 和 P_j 之间有无直接或间接的关系。

（2）可达矩阵的建立

求可达矩阵是建立结构模型的第一步。对于有 n 个要素的系统，必须知道 $n(n-1)$ 个矩阵元素，即对 $n(n-1)$ 个元素成对地加以检查才能完全决定可达矩阵。但是，利用可达

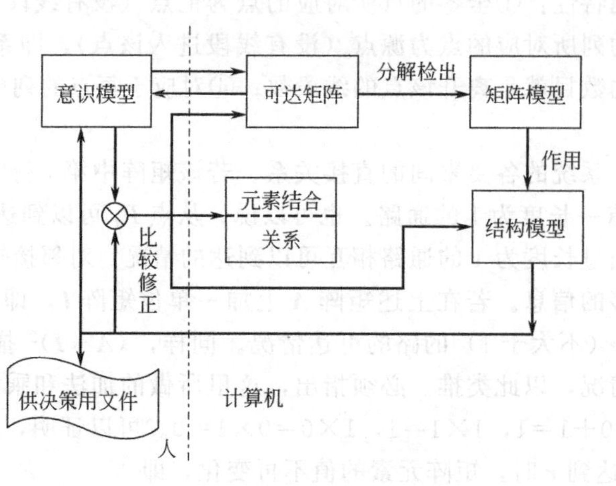

图 5-3 建立结构模型示意图

矩阵的转移特性，由推断方法可以更有效地决定可达矩阵。这种方法特别适合于由计算机产生可达矩阵。

(3) 从可达矩阵到结构模型

求取可达矩阵以后，可由可达矩阵寻求系统结构模型。为此需要对可达矩阵给出的各单元间的关系加以划分。下面以下列可达矩阵为例。

$$
M=\begin{array}{c} \\ 1\\2\\3\\4\\5\\6\\7 \end{array}\begin{array}{c} \begin{array}{ccccccc}1&2&3&4&5&6&7\end{array} \\ \begin{bmatrix}1&0&0&0&0&0&0\\1&1&0&0&0&0&0\\0&0&1&1&1&1&0\\0&0&0&1&1&1&0\\0&0&0&0&1&0&0\\0&0&0&1&1&1&0\\1&1&0&0&0&0&1\end{bmatrix}\end{array}
$$

1) $\pi_1(S\times S)$ 关系划分　这种划分把所有各单元分成可达关系 R 与不可达关系 $\bar{R}$ 两大类。如果 e_i 到 e_j 是可达的，则有序对（e_i,e_j）属于 R 类；如果 e_i 到 e_j 是不可达的，则有序对（e_i,e_j）属于 $\bar{R}$ 类。这点从可达性矩阵各元素是 1 还是 0 就很容易划分。

这种划分用公式表示为

$$\pi_1(S\times S)=\{R,\bar{R}\}$$

2) $\pi_2(S)$ 区域划分　将系统分成若干个相互独立的、没有直接或间接影响的子系统。在可达性矩阵中，可将元素组成可达集 R（e_i）和先行集 A（e_i）定义如下。

$$R(e_i)=\{e_j\,|\,e_j\in S,m_{ij}=1\},\qquad A(e_i)=\{e_j\,|\,e_j\in S,m_{ji}=1\}$$

将底层单元 B 定义为：$B=\{e_i\mid e_i\in S,\ 且\ R(e_i)\cap A(e_i)=A(e_i)\}$

B 中的元素称为底层单元。分析：如果 e_i 是底层单元，则先行集 $A(e_i)$ 中包含它本身以及与 e_i 有强连接的单元（e_i 与 e_j 的关系具有对称性，则称 e_i 与 e_j 具有强连接性，即两要素互为可达的）。可达集中包含它本身以及与 e_i 有强连接的单元和可从 e_i 到达的单元，从定义中可以看出，$R(e_i)\geqslant A(e_i)$，即要素 e_i 可达的要素一定多于或者等于先行的要素，且先行集合中的要素一定为可达集中的要素。这样得到的共同集合一定是入度等于零或者入度与出度的差小于等于零的元素，如图 5-4 所示。

以 **M** 为可达矩阵的区域划分表如表 5-1 所示。

表 5-1 区域划分表

i	$R(e_i)$	$A(e_i)$	$A(e_i)\cap R(e_i)$	i	$R(e_i)$	$A(e_i)$	$A(e_i)\cap R(e_i)$
1	1	1,2,7	1	5	5	3,4,5,6	5
2	1,2	2,7	2	6	4,5,6	3,4,6	4,6
3	3,4,5,6	3	3	7	1,2,7	7	7
4	4,5,6	3,4,6	4,6				

由表可知：$B=\{e_3, e_7\}$。

下面，从这些要素考虑，找出与它们在同一部分的要素。

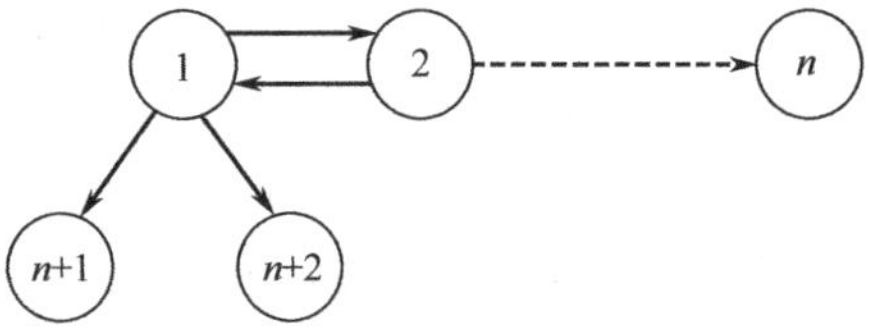

图 5-4 底层单元图例

今有属于 B 的任意两个元素 t_1, t_2，如果 $R(t_1)\cap R(t_2)\neq\Phi$，则元素 t_1 和 t_2 属于同一区域；反之，如果 $R(t_1)\cap R(t_2)=\Phi$，则元素 t_1 和 t_2 属于不同区域。系统的单元集就划分为若干区域：$\pi_2(S)=\{P_1, P_2, \cdots, P_m\}$，$m$ 为区域数。

由表 5-1 可知，$R(e_3)=\{e_3, e_4, e_5, e_6\}$，$R(e_7)=\{e_1, e_2, e_7\}$，$R(e_3)\cap R(e_7)=\Phi$，所以 e_3, e_7 分属两个不同的区域，系统可达性矩阵可划分为两个区域（图 5-5）。

$$\pi_2(S)=\{P_1, P_2\}=\{\{e_3, e_4, e_5, e_6\}, \{e_1, e_2, e_7\}\}$$

对可达矩阵进行初等变换——行和列的顺序变更，化成对角分块矩阵的形式。

$$\boldsymbol{M}=\begin{array}{c} \\ 3\\4\\5\\6\\1\\2\\7 \end{array}\begin{array}{c} \begin{array}{ccccccc} 3 & 4 & 5 & 6 & 1 & 2 & 7 \end{array} \\ \left[\begin{array}{ccccccc} 1 & 1 & 1 & 1 & & & \\ 0 & 1 & 1 & 1 & & 0 & \\ 0 & 0 & 1 & 0 & & & \\ 0 & 1 & 1 & 1 & & & \\ & & & & 1 & 0 & 0 \\ & 0 & & & 1 & 1 & 0 \\ & & & & 1 & 1 & 1 \end{array}\right] \end{array}$$

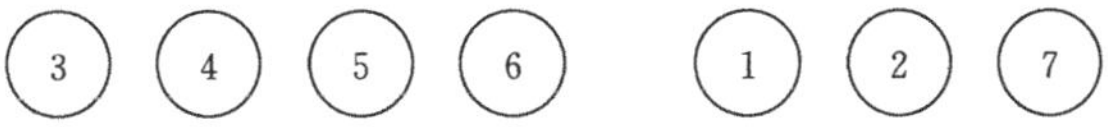

区域 P_1 区域 P_2

图 5-5 区域划分

这种划分对于单元很多的系统来说，可以把系统分成若干子系统来研究，特别是在用计算机辅助设计时，这种划分会带来许多方便。在实际系统分析中，如果存在两个以上的区域，则需重新研究所判断的关系是否正确，因为对无关的区域共同进行研究是没有意义的，只能够对各个相关的区域进行系统分析。

3）$\pi_3(S)$ 级别划分 级别划分是在每一区域里进行的。将系统要素以可达矩阵为准则，划分成不同级（层）次。

可达集 $R(e_i)$ 和先行集 $A(e_i)$ 在可达矩阵中很直观。在可达矩阵中，e_i 行中凡是元素为 1 的列所对应的单元都在 $R(e_i)$ 之内，e_i 列中凡是元素为 1 的行所对应的单元都在 $A(e_i)$

之内。在一个多级结构中的最上级的单元，没有更高的级可达，所以它的可达集 $R(e_i)$ 中只能包括它本身和与它同级的强连接单元。这个最上级的单元的先行集 $A(e_i)$ 则包括它本身，可以到达它的下级单元，以及与它同级的强连接单元。这样一来，$A(e_i)$ 与 $R(e_i)$ 的交集，对最上级单元来说，就和它的 $R(e_i)$ 相同，从而得出 e_i 为最上级单元的条件为

$$R(e_i)=R(e_i)\cap A(e_i)$$

得到最上级各单元后，把它们暂时去掉，再用同样的方法便可求得次一级诸单元，这样继续下去就可以一级级地把各单元划分出来。如果用 $L_1, L_2, \cdots, L_l$ 表示从上到下的各级，则系统 S 中的一个区域（独立子系统）P 的级别划分可用下式表示。

$$\pi_3(P)=\{L_1, L_2, \cdots, L_l\}$$

具体地按以下步骤进行。

Step1：$L_j=\{e_i\in P-L_0-L_1-\cdots-L_{j-1} \mid R_{j-1}(e_i)\cap A_{j-1}(e_i)=R_{j-1}(e_i)\}$

式中，$L_0=\Phi$，L_j 表示第 j 级，$j\geqslant 1$；$R_{j-1}(e_i)=\{e_i\in P-L_0-L_1-\cdots-L_{j-1} \mid m_{ij}=1|\}$；$A_{j-1}(e_i)=\{e_i\in P-L_0-L_1-\cdots-L_{j-1} \mid m_{ji}=1\}$。

Step2：当 $\{P-L_0-L_1-\cdots-L_j\}=\Phi$ 时，划分完毕，反之若 $\{P-L_0-L_1-\cdots-L_j\}\neq\Phi$，则把 $j+1$ 当作 j，返回 Step 1。

【例 5-1】 由表 5-1 中取出 P_1，得表 5-2，且有

$$L_1=\{e_i\in P-L_0 \mid R(e_i)\cap A(e_i)=R(e_i)\}=\{e_5\}$$

$$\{P-L_0-L_1\}\neq\Phi$$

表 5-2 第一级划分

i	$R(e_i)$	$A(e_i)$	$A(e_i)\cap R(e_i)$	i	$R(e_i)$	$A(e_i)$	$A(e_i)\cap R(e_i)$
3	3,4,5,6	3	3	5	5	3,4,5,6	5
4	4,5,6	3,4,6	4,6	6	4,5,6	3,4,6	4,6

继续进行划分，得表 5-3 和表 5-4。

表 5-3 第二级划分

i	$R(e_i)$	$A(e_i)$	$A(e_i)\cap R(e_i)$
3	3,4,6	3	3
4	4, 6	3,4,6	4,6
6	4, 6	3,4,6	4,6

表 5-4 第三级划分

i	$R(e_i)$	$A(e_i)$	$A(e_i)\cap R(e_i)$
3	3	3	3

所以，第一级为 e_5，第二级为 e_4, e_6，第三级为 e_3。同样区域 P_2 进行级别划分，得第一级为 e_1，第二级为 e_2，第三级为 e_7，见图 5-6，用公式表示为

$$\pi_3(P_1)=\{e_5\},\{e_4, e_6\},\{e_3\}$$

$$\pi_3(P_2)=\{e_1\},\{e_2\},\{e_7\}$$

通过级别划分，将可达矩阵按级别进行变化，可得

$$
\boldsymbol{M}=\begin{array}{c}\\ 5\\ 4\\ 6\\ 3\\ 1\\ 2\\ 7\end{array}\begin{array}{c}\begin{array}{ccccccc}5&4&6&3&1&2&7\end{array}\\ \left[\begin{array}{ccccccc}1&0&0&0&&&\\ 1&1&1&0&&0&\\ 1&1&1&0&&&\\ 1&1&1&1&&&\\ &&&&1&0&0\\ &0&&&1&1&0\\ &&&&1&1&1\end{array}\right]\end{array}
$$

如果条件 $R(e_i)=R(e_i)\cap A(e_i)$ 换成条件 $A(e_i)=R(e_i)\cap A(e_i)$，级别划分仍可以进行，不过每次分出的不是最上级单元，而是底层单元。这在进行系统诊断、找问题的病根方面就比较方便。

4）$\pi_4(L)$ 是否强连接单元的划分　进行级别划分之后，分出若干级。设 L_k 是第 k 级，在 L_k 内的各单元或者是某个强连接部分的单元，或者不是。如果某单元不属于同级的任何强连接部分，则它的可达集就是它本身，即 $R_{L_k}(e_i)=\{e_i\}$，这样的单元称为孤立单元，否则称为强连接单元。

则各级上的单元可以分成两类：一类是孤立单元类；另一类是强连接单元类。

例 5-1 中 $\{e_4, e_6\}$ 为强连接单元，其结构模型图见图 5-7。

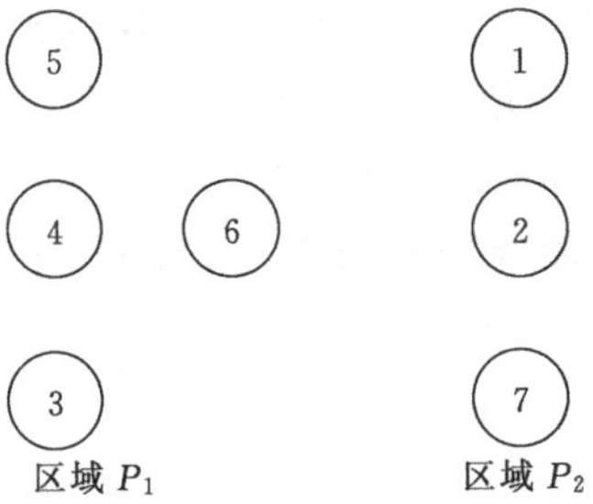

图 5-6　级别划分

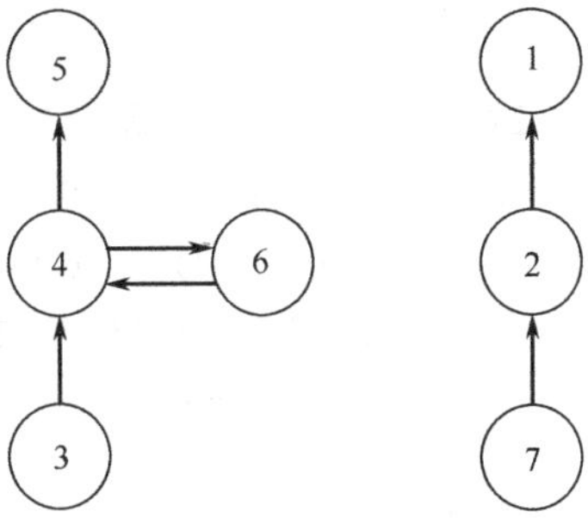

图 5-7　结构模型图

5）缩减可达矩阵 $\boldsymbol{M}'$　系统 S 的任意两个单元 e_i 和 e_j，如果在同一最大回路集中，那么可达性矩阵 $\boldsymbol{M}$ 相应行和列上的元素相同。因此，可以把这两个单元当作一个系统单元看待，从而削减相应的行和列，得到新的可达性矩阵 $\boldsymbol{M}'$ 和新的系统 S'，S' 中保留了 S 中的孤立单元和最大回路集中的代表元，因此 $\boldsymbol{M}'$ 叫做 $\boldsymbol{M}$ 的浓缩阵。

$\{e_4, e_6\}$ 的相应行和列元素完全相同，将 e_6 除去得浓缩阵 $\boldsymbol{M}'$，即

$$
\boldsymbol{M}'=\begin{array}{c}\\ 5\\ 4\\ 3\\ 1\\ 2\\ 7\end{array}\begin{array}{c}\begin{array}{cccccc}5&4&3&1&2&7\end{array}\\ \left[\begin{array}{cccccc}1&0&0&&&\\ 1&1&0&0&&\\ 1&1&1&&&\\ &&&1&0&0\\ &0&&1&1&0\\ &&&1&1&1\end{array}\right]\end{array}
$$

以上几种划分中，后面的划分利用了前面的划分，逐步深入。在 ISM（解析结构模型）

中，可使用六种划分的部分或全部，应视具体情况而定。

下面介绍建立模型的算法。

如前所述，对实际问题，因手算量太大，以致实现困难，这里给出计算机应用程序算法如下。

① 输入邻接目录表示法的有关邻接关系信息。

② 生成邻接矩阵 $\boldsymbol{A}$ 与同阶邻接矩阵 $\boldsymbol{I}$。

③ 计算 $\boldsymbol{M}=(\boldsymbol{I}\cup\boldsymbol{A})^{r}=(\boldsymbol{I}\cup\boldsymbol{A})^{r-1}$，$\boldsymbol{M}$ 为二维数组，计算按布尔运算法则，即 $\boldsymbol{I}\cup\boldsymbol{A}$ 的对应元素值等于 $\boldsymbol{I}$ 和 $\boldsymbol{A}$ 中相应元素的大者。

④ 找出 $\boldsymbol{M}$ 中 i 行为 1 的元素，赋给二维数组 $P(i,j)$，$i=1,2,\cdots,n;j=1,2,\cdots,S_i$（$i$ 行为 1 的元素个数）。

⑤ 找出 $\boldsymbol{M}$ 中 i 列为 1 的元素，赋给二维数组 $R(i,j)$，$i=1,2,\cdots,n;j=1,2,\cdots,T_i$（$i$ 列为 1 的元素个数）。

⑥ 对于 $i,k=1,2,\cdots,n$，$i\neq k$；$j_1=1,2,\cdots,S_i$；$j_2=1,2,\cdots,S_k$；判断 $P(i,j_1)$ 和 $P(k,j_2)$ 是否有相同的元素。有相同元素，则 i 和 k 同属一区，否则不同区。

⑦ 对于 $i=1,2,\cdots,n$；$j_1=1,2,\cdots,S_i$；$j_2=1,2,\cdots,T_i$；依次找出 $P(i,j_1)$ 和 $R(i,j_2)$ 的共同元素与 $P(i,j_2)$ 元素相同的元素，找出的次序即为分级的顺序。

⑧ 删去⑦步所找出的相同元素，返回⑦步继续，直到找完所有的元素。

关于结构模型实际上还有相当多的理论与算法步骤，此处只是给出了其中一些最基本的概念。

【例 5-2】 经研究认为，影响人口增长的主要因素有：期望寿命、医疗保健水平、国民生育能力、计划生育政策、国民思想风俗、食物营养、环境污染程度、国民收入、国民素质、出生率、死亡率。下面建立人口系统影响人口增长问题的结构模型。

解 ① 通过人口专家的分析与讨论，上述影响人口增长因素间的关系如图 5-8 所示。

	P_{12}总人口	P_{11}死亡率	P_{10}出生率	P_9国民素质	P_8国民收入	P_7环境污染程度	P_6食物营养	P_5国民思想风俗	P_4计划生育政策	P_3国民生育能力	P_2医疗保健水平
P_1期望寿命	V	V			A	A	A				A
P_2医疗保健水平	V	V								V	
P_3国民生育能力	V		V		A		A				
P_4计划生育政策	V		V	A	A			V/A			
P_5国民思想风俗	V		V	A	A						
P_6食物营养	V	V	V								
P_7环境污染程度	V	V									
P_8国民收入	V	V	V								
P_9国民素质	V		V								
P_{10}出生率	V										
P_{11}死亡率	V										

图 5-8 影响人口增长因素间的关系

在图中，因素 P_1 是期望寿命，它与死亡率这一因素有关，期望寿命增长了，死亡率就降低，这样总人口数也就相应增加了。故在图中对应期望寿命这一行与死亡率和总人口这两列的交叉空格上，记上符号“V”（表示期望寿命是死亡率和总人口的前因关系）。又如因素 P_2 是医疗保健水平，它与期望寿命和国民生育能力有关，因此与死亡率和总人口也有关。

于是在期望寿命一行与医疗保健水平这一列的交叉空格上记上符号“A”（因空格位于因素 P_2 的上部，故用 A 表示期望寿命是医疗保健水平的后果关系），同时在 P_2 行中对应国民生育能力、死亡率、总人口等三列相交叉的空格上记上符号“V”。依此类推可得图 5-8 所示各因素之间的关系图。

② 根据图示关系建立可达矩阵。

$$
\boldsymbol{M}=\begin{array}{c}P_1\\P_2\\P_3\\P_4\\P_5\\P_6\\P_7\\P_8\\P_9\\P_{10}\\P_{11}\\P_{12}\end{array}\begin{bmatrix}
1&0&0&0&0&0&0&0&0&0&1&1\\
1&1&1&0&0&0&0&0&0&0&1&1\\
0&0&1&0&0&0&0&0&0&1&0&1\\
0&0&0&1&1&0&0&0&0&1&0&1\\
0&0&0&1&1&0&0&0&0&1&0&1\\
1&0&1&0&0&1&0&0&0&1&1&1\\
1&0&0&0&0&0&1&0&0&0&1&1\\
1&0&1&1&1&0&0&1&0&1&1&1\\
0&0&0&1&1&0&0&0&1&1&0&1\\
0&0&0&0&0&0&0&0&0&1&0&1\\
0&0&0&0&0&0&0&0&0&0&1&1\\
0&0&0&0&0&0&0&0&0&0&0&1
\end{bmatrix}
$$

③ 可达矩阵的分解。各单元的可达集 $R(P_i)$ 和先行集 $A(P_i)$ 如表 5-5 所示。

表 5-5　可达集 R（P_i）和先行集 A（P_i）

因素 P_i	可达集 $R(P_i)$	先行集 $A(P_i)$	$A(P_i)\cap R(P_i)$
1	1,11,12	1,2,6,7,8	1
2	1,2,3,11,12	2	2
3	3,10,12	2,3,6,8	3
4	4,5,10,12	4,5,8,9	4,5
5	4,5,10,12	4,5,8,9	4,5
6	1,3,6,10,11,12	6	6
7	1,7,11,12	7	7
8	1,3,4,5,8,10,11,12	8	8
9	4,5,9,10,12	9	9
10	10,12	3,4,5,6,8,9,10	10
11	11,12	1,2,6,7,8,11	11
12	12	1,2,3,4,5,6,7,8,9,10,11,12	12

a. 区域划分。先行集和可达集的交集 $A(P_i)\cap R(P_i)$ 等于先行集 $A(P_i)$ 的元素集 $T=\{2,6,7,8,9\}$。因为 $R(2)\cap R(6)\cap R(7)\cap R(8)\cap R(9)=\{12\}\neq\Phi$，所以属于同一区域。

b. 级别划分。按照前面的方法反复进行可以得到

$L_1=\{12\}$　　$L_2=\{10,11\}$　　$L_3=\{1,3,4,5\}$　　$L_4=\{2,6,7,8,9\}$

c. 强连接划分。可以判定 L_3 中，4,5 单元为强连接单元。

由于单元 P_4 和 P_5 在可达矩阵中行和列的元素完全相同，为最大回路集，现取 P_4 为代表单元，删去 P_5 相应的行和列，即得缩减的可达矩阵 $\boldsymbol{M}'$。

$$
M' = \begin{array}{c} P_{12} \\ P_{10} \\ P_{11} \\ P_3 \\ P_4 \\ P_1 \\ P_7 \\ P_9 \\ P_2 \\ P_6 \\ P_8 \end{array}
\begin{bmatrix}
1 & 0 & 0 & 0 & 0 & 0 & 0 & 0 & 0 & 0 & 0 \\
1 & 1 & 0 & 0 & 0 & 0 & 0 & 0 & 0 & 0 & 0 \\
1 & 0 & 1 & 0 & 0 & 0 & 0 & 0 & 0 & 0 & 0 \\
1 & 1 & 0 & 1 & 0 & 0 & 0 & 0 & 0 & 0 & 0 \\
1 & 1 & 0 & 0 & 1 & 0 & 0 & 0 & 0 & 0 & 0 \\
1 & 0 & 1 & 0 & 0 & 1 & 0 & 0 & 0 & 0 & 0 \\
1 & 0 & 1 & 0 & 0 & 1 & 1 & 0 & 0 & 0 & 0 \\
1 & 1 & 0 & 0 & 1 & 0 & 0 & 1 & 0 & 0 & 0 \\
1 & 0 & 1 & 1 & 0 & 1 & 0 & 0 & 1 & 0 & 0 \\
1 & 1 & 1 & 1 & 0 & 1 & 0 & 0 & 0 & 1 & 0 \\
1 & 1 & 1 & 1 & 1 & 1 & 0 & 0 & 0 & 0 & 1
\end{bmatrix}
$$

d. 绘制系统的多级递阶结构图（图 5-9）。

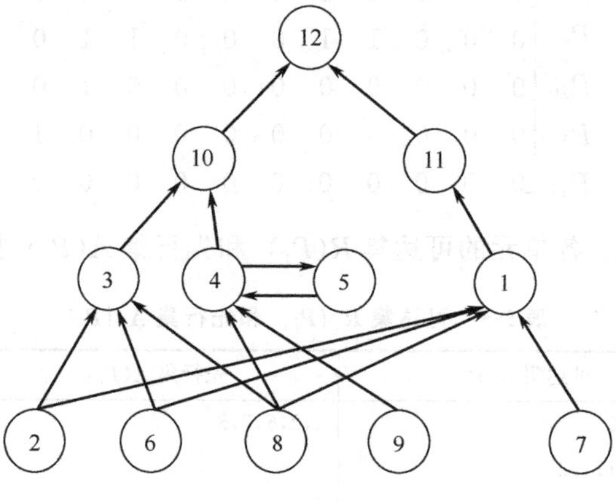

图 5-9 结构模型

e. 解释结构模型（图 5-10）。

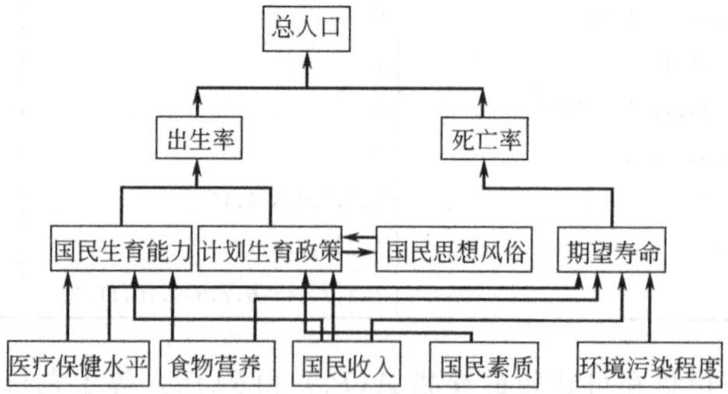

图 5-10 解释结构模型

解释结构模型建立后就可据此进行分析。由图 5-10 知，总人口系统是一个具有 4 级的多级递阶系统。其中，影响总人口增长的直接因素是出生率和死亡率。不言而喻，为使总人口增长不至太快，关键是要控制出生率的增长速度；再从第 2 级和第 3 级的因素来分析，影响死亡率大小的直接因素是期望寿命，而影响出生率大小的因素有国民生育能力、计划生育政策和国民思想风俗。其中，国民生育能力大小与人口年龄结构有关，而可以控制的因素是计划生育政策，且对出生率大小的影响较大，同时又对国民思想风俗有影响。如果计划生育政策宣传和执行得很好，改变人们重男轻女的旧观念，这样就会有效地控制出生率的增长；反之，又会影响计划生育政策的贯彻执行，从而使出生率提高。所以说，计划生育政策和国民思想风俗是相互影响的，从而形成一个回路，其中关键是计划生育政策。再看第 4 级和第 3 级因素的关系。第 4 级的因素中，国民收入这一因素对第 3 级的所有因素都有关系。当然，若能提高国民素质，即提高国民文化教育等水平，则会改变人们的旧观念，使其易于接受并自觉执行计划生育政策。总之，通过上述工作和分析，为控制我国总人口数的增长而采取相应的政策和措施提供科学决策的依据。

5.3.2 网络模型

网络模型在系统工程中应用很广。很多实际问题常可以归结为一定的网络模型。然后，根据网络模型的解法来求得问题的解。常用的网络模型有：最短路、最大流、最小费用流和随机网络模型等，这里主要介绍最小费用流和随机网络两种模型。

(1) 最小费用流模型

很多实际问题可以用最小费用流模型来解决。例如，工厂可选择不同路线将产品送到仓库。根据运送路线的不同，每单位数量产品的运费也不一样。而且，每条路线只能运送一定量的产品。问题是如何运送产品（即通过哪些路线）使得总的运输费用为最省？这个问题可用网络来构造。用起点 s 表示工厂，终点 t 表示仓库。两条或更多的路线的交点用一个节点来表示。节点间的每个路段用一条边来表示。每条边的容量是该路段所能运送的最大质量，费用是该路段运送单位质量所需的费用。这样，问题就归结为从起点 s 到终点 t 的最小费用流问题。

【例 5-3】 某工厂 s 的产品可经两地 a 和 b 运往仓库 t。产品到 a 后，可直接送往 t，也可经 b 到 t。从工厂 s 到 a 最多可运送 2 吨产品，每吨运费为 100 元。从 s 到 b 最多可运送 1 吨产品，每吨运费为 300 元。从 a 到 b 和 t 最多可分别运送 2 吨和 4 吨产品，每吨运费分别为 100 元和 300 元。从 b 到 t 最多可运送 2 吨产品，每吨运费为 100 元。问工厂如何安排运输路线，在最大可能运送产品情况下使运费最省？

解 图 5-11 为上述最小费用流问题的网络图。

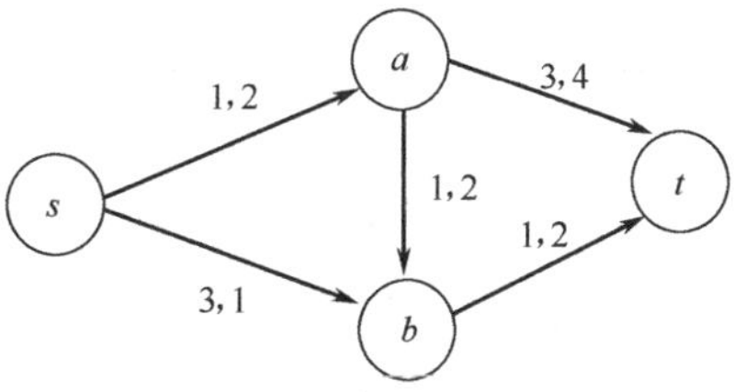

图 5-11 求最小费用流网络运费/(百元/吨)，容量/吨

现说明最小费用流算法如下。

算法中给网络的每个节点赋以整数 $P(x)$，$P(x)$ 称为节点数。起点 s 的 $P(s)=0$，终点 t 的 $P(t)=P$，对其他所有节点 x，$0 \leqslant P(x) \leqslant P$。边 (x, y) 只有满足下列条件时才能有流的变化：$P(y)-P(x)=a(x,y)$，这里的 $a(x,y)$ 是边 (x,y) 上的费用。如果找到一条从 s 到 t 的路，其每条边都满足 $P(y)-P(x)=a(x,y)$ 的条件，则一单位流量从 s 到 t 所需费用为 P。

算法的步骤如下。

① 开始，令每条边上的流量为零。令 $P(x)=0$（对所有节点 x）。

② 决定哪些边的流量可变化。令 I 是满足下列条件的边的集合

$$P(y)-P(x)=a(x,y) \text{和} f(x,y)<C(x,y)$$

令 R 是满足下列条件的边的集合

$$P(y)-P(x)=a(x,y) \text{和} f(x,y)>0$$

令 N 是所有不在 $I \cup R$ 的边的集合。

③ 流变化。根据第②步中定义的 I，R，N 来找最大流。当 V 个单位流已从 s 送到 t，或没有更多的流可从 s 送到 t，则结束；否则，转第④步。

④ 节点数变化。考虑流增加算法所做出的最后一次着色，使每个未着色的节点 x 的节点数增加 1，回到第②步。

现用上述算法解例 5-3 中工厂 s 到仓库 t 的最小流问题。

开始时，所有节点数为 0，除 s 外，所有节点均未着色。结果如表 5-6 所示。

表 5-6 迭代结果 (1)

迭　代	$P(s)$	$P(a)$	$P(b)$	$P(t)$	着　色　边	着　色　节　点
0	0	0	0	0	无	s
1	0	1	1	1	(s,a)	s,a
2	0	1	2	2	$(s,a),(a,b)$	s,a,b
3	0	1	2	3	$(s,a),(a,b),(b,t)$	s,a,b,t

由表 5-6 可知，节点 t 已着色，沿边 (s,a),(a,b),(b,t) 送 2 单位流量。因此，$f(s,a)=f(a,b)=f(b,t)=2$。

接着，再进行迭代，其结果如表 5-7 所示。

表 5-7 迭代结果 (2)

迭　代	$P(s)$	$P(a)$	$P(b)$	$P(t)$	着　色　边	着　色　节　点
3	0	1	2	3	无	s
4	0	2	3	4	$(s,b),(a,b)$	s,a,b
5	0	2	3	5	$(s,b),(a,b),(a,t)$	s,a,b,t

由表 5-7 可知，节点 t 已着色，沿边 (s,b),(a,b),(a,t) 从 s 到 t 送 1 单位流量。因此，$f(s,a)=2$，$f(s,b)=1$，$f(a,t)=1$，$f(b,t)=2$。

继续迭代，其结果如表 5-8 所示。

表 5-8 迭代结果 (3)

迭　代	$P(s)$	$P(a)$	$P(b)$	$P(t)$	着　色　边	着　色　节　点
6	0	2	3	5	无	s

这时，从 s 到 t 的流量已达最大，因为从着色点到未着色点的边 (s,a) 和 (s,b) 都已饱和。因此，现有的 3 单位的流量是最小费用下的最大流。

$$总费用=(2\times1)+(1\times3)+(1\times1)+(1\times3)+(2\times1)=1100\text{ 元}$$

最小费用算法比较简单，但它只适用于费用为正的情况。

(2) 随机网络（GERT）模型

GERT（Graphical Evaluation and Review Technique 的缩写）是 20 世纪 60 年代中期发展起来的处理随机网络的一种网络技术，是应用于系统分析的一种近代化的方法。目前，它已成功地应用于空间科学研究、开发研究的规划、钻探油井、工业合同谈判、费用分析、人口动态、维修和可靠性研究、运输网络、事故的产生和防止、计算机算法等方面。

下面是两个简单的随机网络模型。

【例 5-4】 这是一个稿件处理（审查）随机网络模型，作者将稿件寄至编辑部，经内部处理（登记、复制）后分别寄给审稿人甲和乙审查。并且规定，只有两位审稿人同时认为该稿可用后才能采用，甲和乙两者之一认为不能采用就退稿。稿件处理模型如图 5-12 所示。

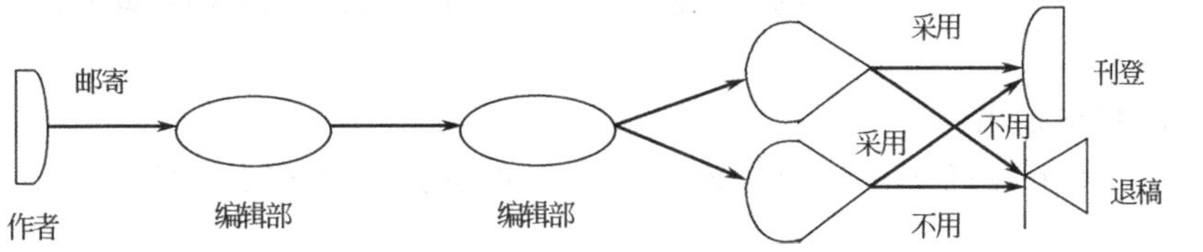

图 5-12 稿件处理模型

【例 5-5】 有一个两阶段训练计划。第 1 阶段训练后有三种可能：失败，进行第 2 阶段训练，回到第 1 阶段训练。第 2 阶段训练后，也有三种可能：失败，训练成功，回到第 2 阶段重新训练。其模型如图 5-13 所示。

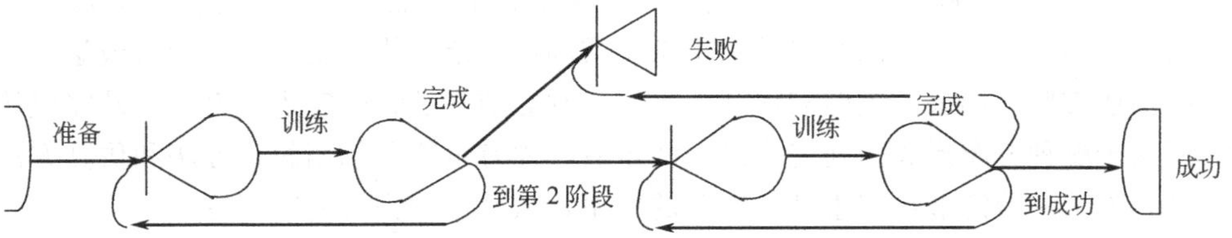

图 5-13 两阶段训练模型

从这两个例子可以看到随机网络有下列一些特点。

① 网络的支路不一定都实现。图 5-12 中，每个审稿人对稿件的意见只能是采用或不采用两者之一。图 5-13 中，每阶段训练完毕后只能是三种结果中的任一种。

② 多个汇节点（即有多种结果）。图 5-12 中，对稿件审查有两种结果（采用与退稿）。图 5-13 中，对训练也有两种结果（成功与失败）。

③ 网络中有反馈环。即节点可以重复出现。图 5-13 中，每阶段训练完成后，由于训练不成功，可重新回到该阶段开始再训练，重复多次。

④ 节点实现的工序不一定等于终接在该节点上的工序。它可以小于终接在该节点上的工序。图 5-12 中，对于退稿事件，只要审稿人甲或乙两者之一认为不用即可实现。图 5-13 中，对于失败事件，只要第 1 或第 2 阶段完成后不成功即可实现。

⑤ 概率分布不同。与每道工序结合的时间可有各种不同的概率分布。

⑥ 两节点间有支路。两节点间可有一条以上的支路等。

1）随机网络的表示　随机网络是由一些逻辑节点和连接两节点间的有向支路构成的。逻辑节点由输入侧和输出侧组成。输入侧有 2 种逻辑关系，输出侧有 2 种逻辑关系。因此，可以得到 6 种不同的节点，如图 5-14 所示。

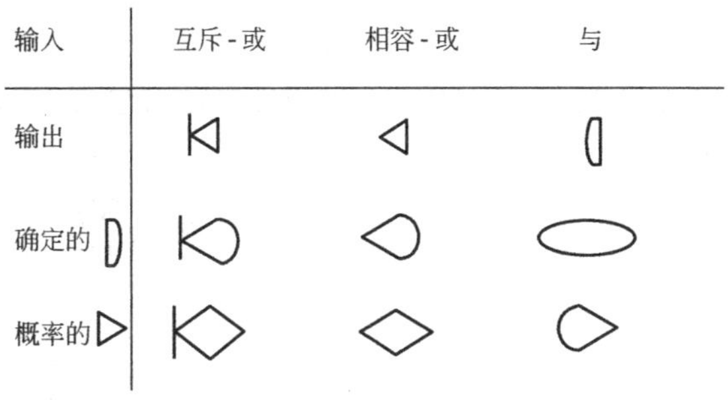

图 5-14 随机网络节点的特性和符号

在图 5-14 中的输入侧：

互斥-或——至该节点的任一支路实现能导致节点实现。但在一给定时间内只能有一条支路实现；

相容-或——至该节点的任一支路实现导致该节点的实现。实现时间是很多工序（由至该节点的不同支路来表示）中完工时间最短的；

与——仅当至该节点的所有支路实现后，节点才能实现。实现时间是很多工序中完工时间最长的。

在图 5-14 中的输出侧：

确定的——若节点已实现，则从该节点出发的支路都要实现，即所有支路实现的概率为 1；

概率的——若节点已实现，则只能有一条从该节点出发的支路实现，即所有从该节点出发的支路实现的概率之和为 1。

对每条支路，有两个参数：①概率参数，即支路的起点实现时该支路实现的概率；②时间参数，即进行该工序所需的时间 t，t 又称为转移时间，它可以是随机变量。

所有节点的输入侧均为互斥-或型的网络，称为 GERT 网络，它是随机网络的一种。对于 GERT 网络，有两种不同的解决方法：一种是解析的方法；另一种是仿真方法。无论用哪种方法都必须先完成以下两个步骤：将系统或问题的定性描述变为随机网络模型；收集必要的数据描述支路。如果用支路表示某一工序，则必须知道它的实现概率，以及完成该工序所需时间属于哪种分布形式。在完成以上两步后，才有可能分别用解析方法和仿真方法求系统的特性。如某一特定节点（事件）实现的概率，从开工到完工的时间等。

2）GERT 网络的求解

① 解析方法　GERT 网络实际上是半马尔柯夫过程的图形表示。半马尔柯夫过程是这样一种随机过程：系统从一种状态 i 转移到另一种状态 j（也可以仍是状态 i）取决于马尔柯夫过程的转移概率矩阵，但转移时间是取决于状态 i 和 j 的随机变量。实际上，半马尔柯夫过程中的状态就相当于 GERT 网络中的事件。转移概率 P_{ij}（从 i 到 j 的转移概率）就是工序 (i,j) 的时间。由于可用变换方法将表示半马尔柯夫过程的积分方程组变为线性方程组，对于线性方程组的计算，可直接利用信号流图来进行。

首先，将与支路结合时间 t 用下式所定义的矩母函数来定义

$$M_t(S) = E\{e^{st}\} = \int_t e^{st} f(t)\mathrm{d}t \quad \text{（当 } t \text{ 为连续变量时）}$$

或

$$M_t(S) = \sum_t e^{st} f(t) \quad \text{（当 } t \text{ 为离散变量时）}$$

式中，$f(t)$为与 t 结合的密度函数。

若 t 为常数 t_0，则 $M_t(s)=e^{st_0}$，故 $M_t(0)=1$。

用支路实现概率 P 乘该支路的矩母函数 $M_t(s)$，得出 W 函数

$$W(s)=PM_t(s)$$

引入 W 函数后，即可将积分方程组变为线性代数方程组，从而可以用信号流图方法求网络中从源节点至汇节点的等效 W 函数 $W_E(s)$。由此，可求出从源节点至汇节点的转移概率

$$P_E=\frac{W_E(s)}{M_E(s)}=W_E(0)$$

相应地，有

$$M_E(s)=\frac{W_E(s)}{W_E(0)}$$

从源节点至汇节点的预期完工时间$=\frac{\mathrm{d}M_E(s)}{\mathrm{d}s}\big|_{s=0}$。

② 仿真方法　采用仿真工具（已有专门的程序包）对 GERT 进行仿真。程序的输出结

果是统计形式，而不是单一的解。系统分析人员可根据输出的统计结果来了解系统的性态。在此不做详细介绍。

5.3.3　状态空间模型

研究动态系统的行为，常采用两种既有联系又有区别的方法：输入-输出法和状态变量法。输入-输出法只研究系统的端部特性，不研究系统的内部结构，常用传递函数来表示。状态变量法可揭示系统的内部特征，可用于表示线性或非线性、时变或时不变、多输入多输出等系统，且更适合于计算机仿真与应用，故得到广泛的应用。第二章曾介绍了连续系统的状态空间模型，本章讨论离散系统的状态空间模型。

定义系统的状态是影响到将来行为的历史的总结。因此，知道系统在任一时刻的状态，在输入已知时就能知道该时刻后的系统行为。系统的状态可由一些称为状态变量的变量来描述。因此，当状态变量的结合表示系统的状态，用系统的状态来描述系统的行为，称为状态空间描述。对应地，系统的模型称为状态空间模型。

(1) 离散系统的状态空间描述

状态空间模型通常分为两部分。

联系状态变量与输入变量的一组方程，称为状态方程。

联系状态变量、输入变量与输出变量的一组方程，称为输出方程。

设离散系统的状态变量为 $x_1(t),x_2(t),\cdots,x_n(t)$，在任意时刻系统的输出 $y(t)$ 可由这些状态在 t 的数值和输入 $u(t),u(t+1),u(t+2),\cdots$ 算出。对于因果系统［即 $y(t)$ 与将来的输入 $u(t+1),u(t+2),\cdots$ 无关的系统］有

$$y(t)=f\left[x_1(t),x_2(t),\cdots,x_n(t),u(t)\right]$$

系统状态将随时间而变化，因此状态变量的值要修正。计算时刻 $(t+1)$ 的状态变量可由时刻 t 的状态变量值和时刻 t 的输入值决定，即

$$\begin{aligned}x_1(t+1)&=g_1[x_1(t),x_2(t),\cdots,x_n(t),u(t)]\\x_2(t+1)&=g_2[x_1(t),x_2(t),\cdots,x_n(t),u(t)]\\&\vdots\\x_n(t+1)&=g_n[x_1(t),x_2(t),\cdots,x_n(t),u(t)]\end{aligned}$$

这些方程即为系统状态方程。如果给出系统的输入 $u(t)$ $(t\geqslant t_0)$，以及系统在 $t=t_0$ 的状态，则可求出输出 $y(t)$ $(t\geqslant t_0)$。在 t_0 的状态称为系统的初始状态。

若系统输出方程和状态方程系数是常数，则该系统称为时不变系统（或定常系统）。否则称为时变系统。

【例 5-6】 电话公司第七年增加了 $u(t)$ 百万元的新资金，$0.75u(t)$ 用于安装新的交换设备（地区服务），$0.25u(t)$ 用于安装新的传输电缆，以增加长途通信服务能力。每年对每一元交换设备的价值要损失 20 分，对每一元价值的电缆要收益 15 分。收益将用于下一年购买更多的交换设备。现计算公司在七年的总价值。

解　设状态变量 $x_1(t)$ 为第七年交换设备的全部价值，状态变量 $x_2(t)$ 为第七年电缆的全部价值，则

$$\text{第七年公司的总价值 } y(t)=x_1(t)+x_2(t)$$

又由所给条件，得出状态方程

$$\begin{aligned}x_1(t+1)&=0.8x_1(t)+0.15x_2(t)+0.75u(t)\\x_2(t+1)&=x_2(t)+0.25u(t)\end{aligned}$$

(2) 离散时间系统状态方程的解

对于线性定常离散系统（有 n 个状态变量，m 个输入和 r 个输出），可用矩阵方程描述

$$\begin{aligned} \boldsymbol{x}(k+1) &= \boldsymbol{A}\boldsymbol{x}(k)+\boldsymbol{B}\boldsymbol{u}(k) \\ \boldsymbol{y}(k) &= \boldsymbol{C}\boldsymbol{x}(k)+\boldsymbol{D}\boldsymbol{u}(k) \end{aligned} \qquad k=0,1,2,\cdots$$

① 无强制的情况　设系统中未加入输入，即令

$$\boldsymbol{u}(0)=\boldsymbol{u}(1)=\cdots=\boldsymbol{u}(k)=0$$

则状态依下列差分方程变化为

$$\boldsymbol{x}(k+1)=\boldsymbol{A}\boldsymbol{x}(k) \tag{5-1}$$

要使无强制系统式(5-1) 的输出不为 0，必须从非零的初始状态 $x(0)$ 开始，且有

$$\boldsymbol{y}(k)=\boldsymbol{C}\boldsymbol{x}(k)$$

② 有强制的情况　对于输入不为零的强制情况，即 $\boldsymbol{u}(k)$ 不为 0，$k=0,1,2,\cdots$

$$\boldsymbol{x}(k+1)=\boldsymbol{A}\boldsymbol{x}(k)+\boldsymbol{B}\boldsymbol{u}(k) \tag{5-2}$$

由式(5-2) 可知，若知道初始状态 $\boldsymbol{x}(0)$ 及输入序列 $\{\boldsymbol{u}(0),\boldsymbol{u}(1),\cdots\}$，就可算出状态序列 $\{\boldsymbol{x}(0),\boldsymbol{x}(1),\cdots\}$。还可推导出状态 $\boldsymbol{x}(k)$ 与 $\boldsymbol{x}(j)$ $(k\geqslant j)$ 间的关系

$$\boldsymbol{x}(k)=\boldsymbol{A}^{k-j}\boldsymbol{x}(j)+\sum_{i=j}^{k-1}\boldsymbol{A}^{k-(i+1)}\boldsymbol{B}\boldsymbol{u}(i) \tag{5-3}$$

(3) 差分方程和状态方程

很多离散系统的输入输出关系可用差分方程来描述。而差分方程的描述又可变为状态方程的描述，其优点是：用 r 个一阶差分方程代替了一个 r 阶差分方程后在求解上要方便得多。

【例 5-7】 有一个用下列差分方程描述的系统

$$3Y(t)-2Y(t-1)+2Y(t-2)=5u(t)$$

可用状态方程

$$x_1(t+1)=x_2(t)$$

$$x_2(t+1)=-\frac{2}{3}x_1(t)+\frac{2}{3}x_2(t)+\frac{5}{3}u(t)$$

及输出方程

$$Y(t)=-\frac{2}{3}x_1(t)+\frac{2}{3}x_2(t)+\frac{5}{3}u(t)$$

来描述。

5.3.4 输入输出模型

研究动态系统的行为，除状态变量法之外，还有一种方法——输入输出法。输入输出法研究系统的端部特性，不研究系统的内部结构。建立这类系统数学模型主要通过机理分析与实验测试两条途径。机理分析法是通过对系统各环节的运动机理进行分析，根据它们运动的物理或化学变化规律（如电学中的基尔霍夫定律，力学中的牛顿定律，以及人们熟知的能量守恒与物料守恒等定律），忽略一些次要因素或经合理的近似处理，列写出相应的运动方程。采用这种方法建立的模型称为机理模型。实验测试法建模的基础是数据。一般是人为地在系统的输入端施加某种典型的测试信号，记录下系统在该输入下的输出响应数据，采用适当的数学模型去模拟逼近该过程，所获得的数学模型称为辨识模型。

(1) 微分方程模型

假定一个系统的输入量 $u(t)$，输出量 $y(t)$ 都是时间的连续函数，那么可以用连续时间输入输出微分方程模型来描述它。对于线性时不变系统，可以表述为线性定常微分方程的形式，该模型一般具有

$$a_n\frac{\mathrm{d}^n y}{\mathrm{d}t^n}+a_{n-1}\frac{\mathrm{d}^{n-1}y}{\mathrm{d}t^{n-1}}+\cdots+a_1\frac{\mathrm{d}y}{\mathrm{d}t}+a_0y=b_m\frac{\mathrm{d}^m u}{\mathrm{d}t^m}+b_{m-1}\frac{\mathrm{d}^{m-1}u}{\mathrm{d}t^{m-1}}+\cdots+b_1\frac{\mathrm{d}u}{\mathrm{d}t}+b_0u \tag{5-4}$$

从实际可实现的角度出发，上式应满足以下约束。

① 方程的系数 $a_i(i=0,1,2,\cdots,n)$，$b_j(j=0,1,2,\cdots,m)$ 为实常数，是由物理系统本身的结构特性决定的。

② 方程右边的导数阶次不高于方程左边的阶次，这是因为一般物理系统含有质量、惯性或滞后的储能元件，故输出的阶次会高于或等于输入的阶次，即 $n\geqslant m$。

③ 方程两边的量纲应该一致。利用这一特点，可以检验自己所列写的微分方程是否正确。特别是当 $a_n=1$ 时，方程的各项都应有输出 y 的量纲。

在满足上述约束条件下，微分方程(5-4) 可以代表各种具有不同物理性质的实际系统，性质不同的实际系统也完全有可能具有相同的数学模型。输入输出之间具有相同的阶次、相同的形式，表示输入输出之间具有相同的运动规律，通常将具有这种性质的两个系统称为相似系统。

(2) 列写微分方程的一般步骤

建立输入输出模型的一般步骤如下。

① 找出系统的因果关系，确定系统的输入量、输出量以及内部中间变量，分析中间变量与输入输出量之间的关系。为了简化运算，方便建模，可做一些合乎实际情况的假设，以忽略次要因素。

② 根据对象的内在机理，找出支配系统动态特性的基本定律，列出系统各个部分的原始方程。常用的基本定律有基尔霍夫定律、牛顿定律、能量守恒定律、物质守恒定律以及由这些基本定律推导出的各专业应用公式。

③ 列写各中间变量与输入输出变量之间的因果关系式。至此，列写出的方程数目与所设的变量数目（除输入变量）应相等。

④ 联立上述方程，消去中间变量，最终得到只包含系统输入与输出变量的微分方程。

⑤ 将已经得到的方程化成标准形，即将与输入量有关的各项放在方程的右边，与输出量有关的各项放在方程的左边，方程两边的各导数项以降阶次形式从左至右排列。针对具体问题，将各项的系数化成有物理意义的量纲，得到系统或对象的数学模型。

⑥ 对连续时间线性时不变系统而言，得到的微分方程是线性定常系数微分方程；若是离散时间系统，则为常系数差分方程。

当然，并不是对所有系统的建模均需经过以上步骤，对简单的系统建模或对建模熟悉以后就可直接进行，但掌握一般的建模步骤显然对分析复杂系统大有好处。

下面以机械动力学系统为例，介绍输入输出模型的建立过程。

【例 5-8】 简单的弹簧-质量-阻尼器串联系统如图 5-15 所示，设初始为静止状态。试列写出以外力 $F(t)$ 为输入量，以质量块 m 的位移 $y(t)$ 为输出量的运动方程。

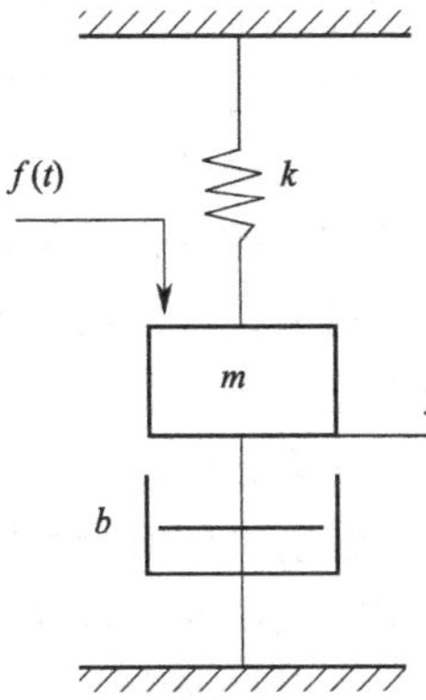

图 5-15　简单机械系统示意图

解　由题意分析，已知 $F(t)$ 是输入，$y(t)$ 为输出，弹性力 F_k 与黏性力 F_b 为中间变量。

当无外力作用时，系统处于静止状况（平衡状态）；

当外力作用于质量块 m 时，根据牛顿第二定律列写原始方程

$$\sum F=F(t)+F_k(t)+F_b(t)=ma=m\frac{d^2y}{dt^2} \tag{5-5}$$

由弹性力方程与阻尼力方程。得

$$F_k(t)=-ky \tag{5-6}$$

$$F_b=-b\frac{dy}{dt} \tag{5-7}$$

将式(5-6)、式(5-7)代入方程(5-5)，得

$$F(t)-ky-b\frac{dy}{dt}=m\frac{d^2y}{dt^2}$$

整理成标准形式，得

$$\frac{m}{k}\frac{d^2y}{dt^2}+\frac{b}{k}\frac{dy}{dt}+y=\frac{1}{k}F(t) \tag{5-8}$$

令 $T_m^2=\frac{m}{k}$；$T_b=\frac{b}{k}$，则方程化为

$$T_m^2\frac{d^2y(t)}{dt^2}+T_b\frac{dy(t)}{dt}+y(t)=\frac{1}{k}F(t) \tag{5-9}$$

此为标准的2阶线性常系数微分方程。

5.4 系统仿真概述

系统仿真（系统模拟）是设计系统的计算机模型，并利用它进行实验以了解系统的行为或评估系统运用的各种策略的过程。仿真是建立在模型基础之上的。由于计算机的发展，仿真已成功地用到很多领域中，例如工程、管理、社会经济等领域，解决了以前不能解决的问题。

如果构成模型的关系相当简单，则可以用一般的数学方法，例如代数、微积分或概率论等求得问题的准确解，这称为解析解。但是很多现实世界的系统非常复杂，不可能用解析方法进行研究。因此，必须借助于仿真。在仿真中，应用计算在一定时间范围内从数值上来评估模型，并收集数据以估计模型的真实性。

5.4.1 系统仿真的概念

系统仿真是近30年来发展起来的一门新兴技术学科。仿真（Simulation）就是利用模型对实际系统进行实验研究的过程。由于安全上、经济上、技术上或者是时间上的原因，对实际系统进行真实的物理实验是很困难的，有时甚至是不可能时，系统仿真技术就成了十分重要、甚至是必不可少的工具。特别是随着计算机技术的发展，仿真技术日益受到人们的重视，其应用领域也越来越广泛。在我国，仿真技术最初是用于航空、航天、核反应堆等少数领域，后来逐步发展到电力、冶金、机械、电子、通信网络等一些主要工业部门。现在，系统仿真已逐步扩大应用于社会经济、交通运输、生态环境、武器装备研制、军事作战、企业管理等众多领域，开始成为分析、设计和研究各种系统的重要手段和辅助决策工具。

系统仿真的概念可以表述为：系统仿真是指通过建立和运行系统的计算机仿真模型，来模仿实际系统的运行状态及其随时间变化的运行规律，以实现在计算机上进行试验的全过程。在这个过程中，通过对仿真运行过程的观察与统计，得到被仿真系统的仿真输出参数和基本特性，以此来估计和推断实际系统的真实参数和真实性能。

例如，在某项作战行动计划中，需要制订我军的攻击方案和策略。显然，这种问题由于敌方情况不完全可知，以及人力、财力、物力方面的约束，我们不可能进行真实条件下的“实验”。但是我们可以根据敌我双方的兵力、武器装备、后勤支援系统的情况等，按照作战规律，建立起敌我双方的作战模型。采用不同情况下设想的作战方案，在计算机上进行仿真

实验，就可以获得不同作战方案时，敌我双方战斗力（如兵力、装备、阵地等）指标的变化情况，为指挥官最后确定作战方案提供多方位、多方案的决策依据。

从以上的概念和实际问题看到，首先，系统仿真是一种有效的“实验”手段，它为一些复杂系统创造了一种“柔性”的计算机实验环境，使人们有可能在短时间内从计算机上获得对系统运动规律以及未来特性的认识。第二，系统仿真实验是一种计算机上的软件实验，因此它需要较好的仿真软件（包括仿真语言）来支持系统的建模仿真过程。通常，计算机模型特别是仿真模型是面向实际问题的，或者说是问题导向的，它可以包含系统中的元素对象以及元素之间的关系，如逻辑关系、数学关系等。第三，系统仿真的输出结果是在仿真过程中，是仿真软件自动给出的。第四，一次仿真结果，只是对系统行为的一次抽样，因此，一项仿真研究往往由多次独立的重复仿真所组成，所得到的仿真结果也只是对真实系统进行具有一定样本量的仿真实验的随机样本。故而，系统仿真往往要进行多次实验的统计推断，以及对系统的性能和变化规律做多因素的综合评估。

目前，系统仿真作为系统研究和系统工程实践中的一个重要技术手段，在各种具体的应用领域中表现出越来越强的生命力。特别在求解一些复杂系统问题中，系统仿真具有下列几个优点。

① 很多复杂的、带有随机因素的现实世界系统，不可能正确地用解析方法计算的数学模型来描述。因此，仿真是经常唯一可行的一种研究方式，这也是目前系统仿真得到广泛应用的最根本的原因。

② 系统仿真采用问题导向来建模分析，并使用人机友好的计算机软件，使建模仿真直接面向分析人员，他们可以集中精力研究问题的内部因素及其相互关系，而不是计算机编程、调试及实现，从而使系统仿真为广大科研人员及管理人员所接受。

③ 仿真允许人们在假设的一组运行条件下估计现有系统的性能。从而为分析人员和决策人员提供了一种有效的实验环境，他们的设想和方案可以通过直接调整模型的参数或结构来实现，并通过模型的仿真运行得到其“实施”结果，从而可以从中选择满意的方案。

④ 仿真比用系统本身做实验能更好地控制实验条件。

⑤ 仿真使人们能在较短的时间内研究长时间范围的系统（如经济系统），或在扩展时间内研究系统的详细运行情况。

然而，仿真技术也并非十全十美，它有其自身固有的缺点。

① 开发仿真软件，建立运行仿真模型是一项艰巨的工作，它需要进行大量的编程、调试和重复运行试验，这也是及其耗时、耗力和消耗资金的。

② 系统仿真只能得到问题的一个特解或可行解，不可能获得问题的通解或者是最优解。仿真参数的调整往往具有极大的盲目性，寻找优化方案将消耗大量的人力物力。

③ 仿真建模直接面向实际问题，对于同一问题，由于建模者的认识和看法有差异，往往会得到迥然不同的模型，自然，模型运行的结果也就不同。因此，仿真建模常被称为非精确建模，或认为仿真建模是一种“艺术”而不是纯粹的技术。

④ 随机仿真模型每运行一次，仅对一组特定的输入参数产生模型的真实特性的估计。因此对每组研究的输入参数，可能需要几组独立的模型运行。另一方面，解析模型通常容易产生模型的真实特性（对于各种输入参数组）。因此，如果经过证实的解析模型可以应用且容易开发，则解析模型比仿真模型更为可取。

⑤ 仿真研究产生大量数据使人们产生一种更信任仿真研究结果的趋向。如果模型的表示是没有证实的系统，则仿真结果对实际系统提供的有用信息是很少的。

虽然以上缺点是由仿真本身的性质所造成的，但随着计算机科学（包括硬件和软件）的发展和系统仿真方法研究的深入，这些问题正在得到不同程度的改善。随着计算机软硬件技术性能的提高，出现了所谓的图形建模、可视建模方法和工具，从而使仿真建模工作变得轻松、方便；由于智能化技术的引入，也产生了所谓的自动建模环境，使仿真建模的科学性进一步提高。此外，仿真理论的发展，也使模型的验证、确认、优化工作进一步自动化，仿真的精确性得以提高。计算机技术中的多媒体技术、分布式网络技术的引入更使系统仿真技术如虎添翼，它们与仿真技术相结合而成为崭新的研究方向。

5.4.2 仿真技术的发展

仿真技术综合集成了计算机、网络技术、图形图像技术、多媒体、软件工程、信息处理、自动控制等多个高新技术领域的知识。仿真技术是以相似原理、信息技术、系统技术及其应用领域有关的专业技术为基础，以计算机和各种物理效应设备为工具，利用系统模型对实际的或设想的系统进行实验研究的一门综合性技术。仿真技术的应用已不仅仅限于产品或系统生产集成后的性能测试实验，仿真技术已扩大为可应用于产品型号研制的全过程，包括方案论证、战术技术指标论证、设计分析、生产制造、试验、维护、训练等各个阶段。仿真技术不仅仅应用于简单的单个系统，也应用于由多个系统综合构成的复杂系统。

伴随着第一台电子计算机的诞生和以相似理论为基础的模拟技术的应用，仿真作为一种研究、发展新产品、新技术的科学手段，在航空、航天、造船、兵器等与国防科研相关的行业中首先发展起来，并显示了巨大的社会效益和经济效益。以武器的作战使用训练为例，1930年左右美国陆、海军航空队就使用了林克式仪表飞行模拟训练器。据说当时其经济效益相当于每年节约1.3亿美元，而且少牺牲524名飞行员，此后，固定基座及三自由度飞行模拟座舱陆续大量投入使用。1950～1953年美国首先利用计算机来模拟战争，防空兵力或地空作战被认为是具有最大训练潜力的应用范畴。20世纪60年代，目标探测、捕获、跟踪和电子对抗已经进入了仿真系统。20世纪70年代利用放电影方式，在大屏幕内实现了多目标、飞机-导弹作战演习。随着20世纪80年代数字计算机的高速发展，训练仿真开始蓬勃发展，甚至呈现了两个新概念：即武器系统研制与训练装置的开发同步进行和训练装置作为武器系统可嵌入的组成部分而进入整个计算机软件系统。至于武器的控制与制导（C&G）系统研制、试验与定型中仿真技术的应用则更为普遍。在20世纪80年代对于导弹研制，由于采用仿真就有了减小飞行试验数量30%～40%、节约研制经费10%～40%和缩短周期30%～60%的效果，这足以说明系统仿真在工程应用中的重大意义。

近十年来系统仿真更有了迅猛发展，它主要得益于如下几种因素。

首推是数字计算机技术的快速发展。日益提高的处理速度、高速数字通讯与网络、海量存储以及各种高质量接口，这些是硬件基础；系统软件、高级与仿真专用语言、数据库管理以及包括模型校验、验证与确认（VVA）在内的各类应用程序的开发是软件基础，建立在它们之上的系统仿真，无论是精度、速度、实时性、效率，还是在应用范围、所处理问题的能力上相对过去都有“质”的飞跃。

第二是半实物仿真非标设备研制有了长足的进步：在20世纪50年代还断言不可能实现的6自由度仿真器，在70～80年代已经问世，覆盖射频、声频和光学（含可见光、红外、紫外）频段的各类目标与环境仿真技术已趋成熟，尤其成像目标与环境模拟器的出现使得精确制导与各类训练模拟器也有了“质”的提高。先进的控制理论、仿真原理和高精度、高性能的传感器、光机电系统的基础和充分利用计算机技术使各类仿真非标设备研制有了良好条件。这样对那些模型建立尚感困难或把握不大的一些系统，可以利用半实物仿真手段得以充分研究。

第三是视景生成及图形显示技术的发展。似乎视景与图形显示和系统仿真没有直接关联，但是，由于人与客观世界之间信息交换的70%要依靠视觉，不仅图形显示可为仿真结果与过程提供最直接的信息，更重要的是视景生成技术为以成像目标为探测对象的精确制导仿真和有人参与的系统仿真及训练提供了十分重要的视觉环境。虽然给机器“看”的和给人看的图像信息仿真生成的侧重点不同，但它们都要提供一个“逼真”的场景，以供机器和人来进行判断。计算机图形学、计算机图像生成（CIG）技术、不同频段之间图像信息的转换和频率匹配技术、显示与投影技术的发展为视景生成与图形显示技术提供了良好条件，同时这些进步直接促进了仿真技术在更广泛的领域内得到应用。

第四是系统仿真本身建模、校模与验模的理论和方法的成熟。仿真是以模型为基础的，模型是否真实，或者更确切地说是在一定使用范围内是否“足够”真实地反映了现实是仿真得以立足的生命线。随着在频域和时域校模、模型简化和以试验数据应用为基础的验模理论和方法的成功应用，使得人们对仿真所用的模型有了信任感，从而使具有安全、可靠、经济、使用灵活、适用性强的仿真技术得以进入各个工程领域以及社会科学领域。

一种技术或科学的发展除去技术基础之外，更重要的则是社会需求。促使系统仿真全面向更高、更全面发展的因素有三个。

第一是军事需求。在当前战争仍然是作为解决国际之间利害冲突的重要手段的条件下，发展先进武器是各个国家共同的策略。鉴于仿真具有明显的安全、可靠、保密、应用灵活和高效费比的优点，而且它可应用于武器发展的全过程，从而先进的国家都把仿真作为重要的关键技术而加以重视。1994年10～11月份北大西洋组织进行的代号为“大西洋决心94”的世界规模的作战演习是基于分布式交互仿真（DIS）的成功先例。无论在军事上、政治影响上还是技术上，它都标志着以系统仿真与训练为主要形势的作战仿真或演练已经走上了历史舞台，仿真与训练正在对武器发展策略、武器的运用、战场指挥与决策、甚至演习与作战方式起着愈来愈大的影响。

第二是节省经费。尽管在直接数字统计上有着一定困难。但仿真技术可以节约经费是个明白的事实。以“爱国者”导弹射击指挥训练器的应用为例，开发该系统需1300万美元，而建立战术系统本身则需1亿美元，投资并不算多，但每次训练就可以为军方节约9千美元。学员与设备的比例也由2∶1变为4∶1，即大大减少了对指挥官和设备的需求，而演练效果十分逼真，（学员操作中手心冒汗的紧张程度也和真的一样）从而达到非常好的训练效果。至于作战仿真取代真实的作战演习而带来的物力、人力、时间方面的效益更是巨大，此外它的保密性、可重复性和灵活适用性也是真实演习无法比拟的。不仅军事上，在国民经济各个部门，如交通、动力、化工、制造以至农业、社会科学，都可以借助于仿真手段获得巨大的经济效益，从而达到“多、快、好、省”的目标。

第三是特殊需求。对于那些不允许或因代价太高而难于通过实验而达到研究目的问题，仿真可以说是唯一的手段或途径。如当前的核武器实验、载人航天实验、高能武器实验，通过少量子样实验取得足够可靠的模型条件下，人们就可以实现对这些投资高、风险大、动用人力、物力多的系统的仿真研究。由于人类对于客观事物的了解和开发各类资源的难度愈来愈大，对系统仿真这方面的要求会愈来愈多。

正是由于这些需求和技术实现的可能，系统仿真已经有了如下几个方面的明显变化。其一是仿真规模由小到大、从局部向全面发展，例如，在武器系统的发展范畴已由控制和制导系统研制中的应用向全武器系统及其全生命周期发展；其二是由以实物及外场实验为主向，以数学模型及实验室内仿真为主，例如，大规模的作战演练已经可以通过分布交互式仿真，借助于参试人员与作战平台和建立在数字计算机技术为支撑的虚拟仿真、各种计算机生成兵力、武器运行模型、作战规划流程交互作用而实现，这其中数学模型起到了核心作用，分布交互式仿真和由综合集成为特色的先进的分布仿真将成为军事应用的重要发展方向；其三是由军用转向了国民经济各个方面的应用，例如，各类大型工业、运输行业系统运行操作的培训已有了众多的成功先例，而且仿真已开始向产业方向的发展。作为可以为各行各业服务的公用手段，仿真技术正在不断自身完善和规范化，从而在国民经济中今后可以更好地得以应用。

我国仿真技术的研究与应用开展较早，发展迅速。自 20 世纪 50 年代开始，在自动控制领域首先采用仿真技术，面向方程建模和采用模拟计算机的数学仿真获得较普遍的应用；同时采用自行研制的三轴模拟转台的自动飞行控制系统的半实物仿真实验已开始应用于飞机、导弹的工程型号研制中。20 世纪 60 年代，在开展连续系统仿真的同时，已开始对离散事件系统（例如交通管理、企业管理）的仿真进行研究。20 世纪 70 年代，我国训练仿真器获得迅速发展，我国自行设计的飞行模拟器、舰艇模拟器、火电机组培训仿真系统、化工过程培训仿真系统、机车培训仿真器、坦克模拟器、汽车模拟器等相继研制成功，并形成一定市场，在操作人员培训中起了很大作用。20 世纪 80 年代，我国建设了一批水平高、规模大的半实物仿真系统，如射频制导导弹半实物仿真系统、红外制导导弹半实物仿真系统、歼击机工程飞行模拟器、歼击机半实物仿真系统、驱逐舰半实物仿真系统等，这些半实物仿真系统在武器型号研制中发挥了重大作用。20 世纪 90 年代，我国开始对分布交互仿真、虚拟现实等先进仿真技术及其应用进行研究，开展了较大规模的复杂系统仿真，由单个武器平台的性能仿真发展为多武器平台在作战环境下的对抗仿真。系统仿真作为人类认识客观和改造客观世界的有效手段正在也必将发挥日愈巨大的作用。

5.4.3 系统仿真分类

根据系统仿真的定义，实施一项系统仿真的研究工作，包含三个基本要素，即系统对象、系统模型以及计算机工具。因此，对于仿真中不同的基本要素组合，就必须使用不同类型的仿真技术。系统仿真最基本的分类方式有以下三种。

① 根据系统模型的基本类型，系统仿真可以分成物理仿真与数学仿真和物理-数学仿真。

物理仿真是指对与真实系统相似的物理模型进行实验研究的过程，如用电路系统模拟机械振动系统等。物理仿真的优点是真实感强，直观、形象，但缺点是仿真建模周期长、花费大、灵活性不够好。

数学模型是指对真实系统的数学模型进行实验的过程。由于计算机为数学模型的建立与实验提供了巨大灵活性，使得与物理仿真相比，数学仿真更加经济、灵活、方便。数学仿真又可以分为解析仿真和随即仿真。所谓解析仿真就是利用已建立的数学模型，利用解析的方法求出最佳的决策变量值，从而使系统得到优化。然而，在大多数情况下，往往由于问题本身的随机性质，或数学模型过于复杂，这时采用解析的方法不容易或根本无法求出问题的最优解，在这种情况下，就要借助于随机模型。但是，随机仿真也有其缺点：与解析方法相比，它不能提供一般情况下的解，一次仿真只能提供一组特定参数下的数值解。因此，在探索系统的最优解等问题时，必须对很多组不同的参数进行仿真，而不同参数的组合数往往是非常可观的。此外，由于系统中许多因素具有随机性，为提高仿真的精度，就必须增加仿真的次数。由此可见，采用随机仿真求解问题时需要花费大量的时间，用人工几乎无法进行，必须借助于电子计算机这一计算工具。

如果在仿真中同时使用物理模型和数学模型，并将它们通过计算机软硬件接口联接起来进行实验，就称为物理-数学仿真，或半实物仿真。

② 根据仿真中所用的计算机类型，系统仿真又可分为模拟仿真、数字仿真和混合仿真。

模拟仿真是基于系统模型数学上的同构和相似原理，通过专用的模拟计算机进行仿真实验。模拟计算机仿真的主要优点在于所有运算（包括加、减、乘、除等）都是同时进行的（“并行的”），所以运算速度快；其整个运算为连续量，易于与实物连接。这两点使模拟计算机在快速、实时仿真方面至今仍保持有一定长处。其主要缺点是解题精度低，一般仅为百分之几；对一些特殊的系统，用电子线路来进行仿真不仅线路上比较复杂，而且精度也不易保证；存储和逻辑功能差，且通用性和灵活性也不够好。

数字仿真是基于数值计算方法，利用数字计算机和仿真软件，进行系统的建模仿真实验的过程。数字计算机仿真能很好地解决模拟计算机仿真时的不足，即使小型的数字计算机的运算精度通常也可达到6～7位有效数字，所以精度远高于模拟计算机。对于一些特殊环节，用数字计算机来仿真是很容易的。另外，用数字计算机来仿真时使用方便，修改参数也容易。所以，数字仿真具有自动化程度高，复杂的推理判断能力强，快速、灵活、方便、经济等特点，而且可以获得较高精度。

而混合仿真是将模拟仿真和数字仿真相结合的一种仿真方法。其主要工具是混合计算机吸引，主要包括模拟计算机、数字计算机以及它们之间信息转换（通常是A/D、D/A转换）界面。混合仿真具有模拟和数字仿真的优点，如快速、高精度、灵活性等，它在某些大系统的实时仿真中具有很大优势。此外，由于其具有高速求解能力，混合仿真还可广泛用于参数优化、最优控制以及统计寻优和统计计算等方面。

③ 根据研究的系统对象的性质，系统仿真可分成连续系统仿真和离散事件系统仿真。

连续系统是指系统状态随时间连续变化的系统，系统行为通常是一些连续变化的过程。连续系统模型通常是用一组方程式描述，如微分方程、差分方程等。注意差分方程形式上是时间离散的，但状态变量的变化过程本质上是时间连续的，如人口的变化过程、导弹运动、化工过程等。因此，连续系统仿真的主要任务就是如何求解上述的系统模型——系统运动方程组。

离散事件系统中，表征系统性能的状态只在随机的时间点上发生跃变，且这种变化是由随机事件驱动的，在两个时间点之间，系统状态不发生任何变化。例如，银行就是一个离散事件系统，因为状态变量（如银行里的顾客数量）只有顾客到达或离开时才有变化。离散事件仿真就是通过建立表达上述过程的模型，并在计算机上人为构造随机事件环境，以模拟随机事件的发生、终止、变化的过程，获得系统状态随之变化的规律和行为。

5.4.4　系统仿真的基本步骤

系统仿真是一项应用技术，根据它的基本概念和求解问题的出发点和思路，在实施系统仿真应用时，遵循以下几个基本步骤。

(1) 问题描述与定义

成功的仿真是基于彻底了解系统的每个组成部分及其与系统中其他组成部分的相互作用。没有系统运行过程和系统特性的详细知识是很难对系统进行仿真的。由于系统仿真是面向问题的而不是面向整个实际系统的，因此，首先要在分析调查的基础上，明确要解决的问题以及实现的目标，确定描述这些目标的主要参数（变量）以及评价准则。根据以上目标，要清晰地定义系统边界，辨识主要状态变量和主要影响因素，定义环境及控制变量（决策变量）；同时，给定仿真的初始条件，并充分估计初始条件对系统主要参数的影响。

(2) 建立仿真模型

模型是关于实际系统某一方面本质属性的抽象描述和表达，建立仿真模型具有其本身的特点。在离散系统仿真建模中，主要应根据随机发生的离散事件、系统中的实体流以及时间推进机制，按系统的运行进程来建立模型；而在连续系统仿真建模中，则主要根据内部各个环节之间的因果关系、系统运行的流程，按一定方式建立响应的状态方程或微分方程来实现仿真建模。建立仿真模型包括下列五个步骤：①决定仿真的目标。首先，仿真应回答哪些问题？需要从仿真中做出哪些结论？其次，必须提供一定的准则来评估问题的解答。②决定状态变量。选择一些能达到仿真目标的关键因素。考虑那些反映待回答的问题的组成部分和相应的状态变量。③选择模型的时间移动方法。有两种方法：固定时间增长（以一定时间间隔变化时间）和可变的时间增长（仅在一定的事件发生时变化时间）。④描述运用行为。应用状态变量和上述的时间移动方法，描述状态变量如何随时间而变化。这种描述可以是数学形式或叙述形式，并需指明问题的概率分布。⑤准备过程发生器。对于上一步中指明的概率分布，必须准备产生该分布的随机变量的数值。

(3) 数据采集

为了进行系统仿真，除了要有必要的仿真输入数据外，还必须收集与仿真初始条件及系统内部变量有关的数据，这些数据往往是某种概率分布的随机变量的抽样结果。因此，需要对真实系统的这些参数，或类似系统的这些参数做必要的统计调查，通过分布拟合、参数估计以及假设检验等步骤，确定这些随机变量的概率密度函数，以便输入仿真模型实施仿真运行。

此外，某些动态模型，如系统动力学、计量经济模型等，还需要对历史数据进行误差检验和模型有效性检验。

(4) 仿真模型的确认

在仿真建模中，所建立的仿真模型能否代表真实系统，这是决定仿真成败的关键。按照统一的标准对仿真模型的代表性进行衡量，这就是仿真模型的确认。目前常用的是三步法确认：第一步由熟知该系统的专家对模型做直观和有内涵的分析评价；第二步是对模型的假设、输入数据的分布进行必要的统计检验；第三步是对模型做试运行，观察初步仿真结果与估计的结果是否相近，以及改变主要输入变量的数值时仿真输出的变化趋势是否合理。通过以上三个步骤，一般可认为该模型已得到了确认。然而，由于仿真模型确认的理论和方法目前尚未达到完善的程度，仍有可能出现不同仿真模型都能得到确认的情况。因此改进仿真模型的确认方法使之更趋于定量化，仍然是系统仿真的一项研究课题。

(5) 仿真模型的编程实现与验证

在建立仿真模型之后，就需要按照所选用的仿真语言编制相应的仿真程序，以便在计算机上做仿真运行实验。为了使仿真运行能够反映仿真模型的运行特征，必须使仿真程序与仿真模型在内部逻辑关系和数学关系方面具有高度的一致性，使仿真程序的运行结果能精确地代表仿真模型应当具有的性能。通常这种一致性由仿真语言在编制和建模的对应性中得到保证。但是，在模型规模较大或内部关系比较复杂时，仍需对模型与程序之间的一致性进行检验。通常均采用程序分块调试和整体程序运行的方法来验证仿真程序的合理性，也可采用对局部模块进行解析计算、与仿真结果进行对比的方法来验证仿真程序的正确性。

(6) 仿真实验设计

因为仿真一般包括随机事件、概率分布等，一系列仿真的运行实质上是统计实验，因此要加以设计。在进行正式仿真运行之前，一般均应进行仿真实验框架设计，也就是确定仿真实验的方案。这个实验框架与多种因素有关，如建模仿真目的、计算机性能以及结果处理需求等。通常，仿真实验设计包括：仿真时间区间、精度要求、输入输出方式、控制参数的方案及变化范围等。

(7) 仿真模型的运行

经过确认和验证模型，就可以在实验框架指导下在计算机上进行运行计算。在运行过程中，可以了解模型对各种不同输入及各种不同仿真方案的输出响应情况，通过获得的所需实验结果和数据，掌握系统的变化规律。

(8) 仿真结果的输出与分析

对仿真模型进行多次独立重复运行可以得到一系列的输出响应和系统性能参数的均值、标准偏差、最大和最小数值及其他分布参数等，但是，这些参数仅是对所研究系统做仿真实验的一个样本，要估计系统的总体分布参数及其特征，还需要在仿真输出样本的基础上，进行必要的统计推断。通常，用于对仿真输出进行统计推断的方法有：对均值和方差的点估计，满足一定置信水平的置信区间估计，仿真输出的相关分析，仿真精度与重复仿真运行次数的关系以及仿真输出响应的方差衰减技术等。

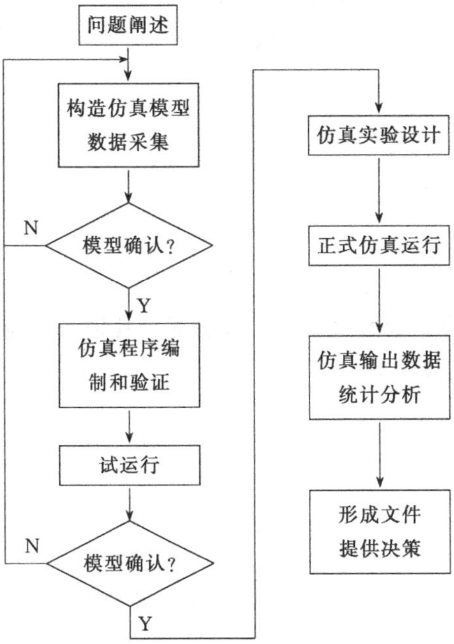

图 5-16 系统仿真步骤

以上所述是系统仿真的一般和原则性的步骤，在实施仿真研究时，这几个步骤紧密联系，针对不同的问题和仿真方法，也不是一成不变的。从问题定义开始，通过建立仿真模型、收集数据、完成模型确认、仿真编程实验和验证，在仿真实验设计的基础上，重复仿真模型运行，并对仿真结果进行统计分析和统计推断，直到为决策部门和人员提供满意的方案为止的全过程是一个辨证的过程、迭代的过程。这一过程的逻辑顺序关系如图 5-16 所示。

5.5 连续系统仿真与离散系统仿真

仿真是真实过程或系统在整个时间内运行的模仿，根据被研究系统的特性可以分为连续系统仿真和离散事件系统仿真两大类。

5.5.1 连续系统仿真

连续系统是指系统中的状态变量随时间连续地变化的系统。由于连续系统的关系式要描述每一个实体属性的变化率，所以连续系统的数学模型通常是由微分方程组成。当系统比较复杂，尤其是引入非线性因素后，此微分方程经常不可求解，至少非常困难，所以采用仿真方法求解。

(1) 连续时间模型

连续系统的数学模型表示方法有很多种，但基本上可分为三大类：连续时间模型、离散时间模型及连续-离散混合模型。

假定一个系统的输入量 $u(t)$，输出量 $y(t)$ 以及内部状态变量 $x(t)$ 都是时间的连续函数，那么我们可以用连续时间模型来描述它。具体地讲，有四种形式。

1）微分方程

$$\begin{aligned}&\frac{d^n y}{dt^n}+a_1\frac{d^{n-1}y}{dt^{n-1}}+\cdots+a_{n-1}\frac{dy}{dt}+a_n y\\&=c_1\frac{d^{n-1}u}{dt^{n-1}}+c_2\frac{d^{n-2}u}{dt^{n-2}}+\cdots+c_n u\end{aligned} \tag{5-10}$$

2）传递函数 若系统的初始条件为零，即系统在 $t=0$ 时已处于一个稳定状态，那么对式(5-10) 两边取拉氏变换后得

$$\begin{aligned}&s^nY(s)+a_1s^{n-1}Y(s)+\cdots+a_{n-1}sY(s)+a_nY(s)\\&=c_1s^{n-1}U(s)+c_2s^{n-2}U(s)+\cdots+c_nU(s)\end{aligned} \tag{5-11}$$

经整理后得

$$G(s)=\frac{Y(s)}{U(s)}=\frac{\sum_{j=1}^{n}c_{n-j+1}s^{j-1}}{\sum_{j=0}^{n}a_{n-j}s^j}$$

式中，$a_0=1$。式(5-11) 称为系统的传递函数。

3）权函数 若系统（初始条件为零）在理想脉冲函数 $\delta(t)$ 的作用下，其输出响应为 $g(t)$，则 $g(t)$ 就称为该系统的权函数，或称脉冲过渡函数。

理想脉冲函数 $\delta(t)$ 的定义

$$\begin{cases}\delta(t)=\begin{cases}\infty, & t=0\\0, & t\neq 0\end{cases}\\\int_0^{\infty}\delta(t)dt=1\end{cases} \tag{5-12}$$

若系统在任意函数 $u(t)$ 作用下，则其输出响应 $y(t)$ 可通过以下卷积积分公式求出

$$y(t)=\int_0^t u(\tau)g(t-\tau)d\tau \tag{5-13}$$

可以证明，$g(t)$ 与 $G(s)$ 构成一对拉氏变换对，即

$$L[g(t)]=G(s) \tag{5-14}$$

4）状态空间描述 线性定常系统的状态空间表达式包括下列两个矩阵方程

$$\dot{\boldsymbol{X}}(t)=\boldsymbol{AX}(t)+\boldsymbol{BU}(t) \tag{5-15}$$

$$\boldsymbol{Y}(t)=\boldsymbol{CX}(t)+\boldsymbol{DU}(t) \tag{5-16}$$

式(5-15) 由 n 个一阶微分方程组成，称为状态方程；式(5-16) 由 p 个线性代数方程组成，称为输出方程。式中，$\boldsymbol{X}(t)$ 为 $n\times 1$ 的状态向量；$\boldsymbol{U}(t)$ 为 $m\times 1$ 的控制向量；$\boldsymbol{Y}(t)$ 为 $p\times 1$ 的输出向量；$\boldsymbol{A}$ 为 $n\times n$ 的状态矩阵，它由被控对象的参数决定；$\boldsymbol{B}$ 为 $n\times m$ 的控制矩阵；$\boldsymbol{C}$ 为 $p\times n$ 的输出矩阵；$\boldsymbol{D}$ 为 $p\times m$ 的直接传输矩阵。

如果传递函数或传递函数阵各元素为严格真有理分式，则 $\boldsymbol{D}$ 为零。此时，式(5-16) 为

$$\boldsymbol{Y}(t)=\boldsymbol{CX}(t) \tag{5-17}$$

(2) 常微分方程数值解法

在微分方程理论中，主要是研究诸如在什么条件下解存在且唯一，以及它的光滑性质，还讨论各种获得准确解（解析解）的方法。然而，这种数学分析方法只能解决少数比较简单和典型的微分方程问题，比如说一般只能胜任常系数线性方程，对于变系数线性方程就有很

大困难，更不用说一般的非线性方程了。一般来说，解析方法比较适合于定性的研究，当然也还远不能解决问题。这说明除求准确解（解析解）的解析方法以外，尚需其他求解方法。数值解法便是其中之一，它的重点不在于求准确解，而是直接求一系列点上的数值。由于这些数值是近似的，当然就会碰到近似值与准确解相差多少，数值方法是否稳定等问题。数值分析方法的实用范围远较解析方法宽广，对于绝大多数实践中出现的常微分方程初值问题，无论是常系数还是变系数，是线性还是非线性，一般都能应用数值方法在实际上得到解决。在生产实践中，对于非线性和复杂系统的问题，应用计算机和数值方法的效果最为明显。因为正是在这个方面，传统的数学分析方法是难以胜任的。

常用的数值积分方法实际上有三类，即单步法、多步法和预报-校正方法。下面分别加以说明。

1）单步法　属于单步法的主要有欧拉（Euler）法和龙格-库塔（Runge-Kutta）法。其中欧拉法最简单，但由于它有明显的几何意义，可以比较清楚地看出其数值解是如何逼近方程精确解的。

① 欧拉法　设有一微分方程

$$\dot{y}(t)=f[t,y(t)] \tag{5-18}$$

且

$$y(0)=y_0$$

对式(5-18) 所示的初值问题的解 $y(t)$ 是一连续变量 t 的函数。现要以一系列离散时刻的近似值 $y_1,y_2,\cdots,y_n$ 来代替，这就是我们要讨论的微分方程初值问题的数值解，不同的近似方法得出不同精度的数值解。我们先看最简单的欧拉法。

若把方程式(5-18) 在某一区间（t_n，t_{n+1}）上积分则可得

$$y_{n+1}-y_n=\int_{t_n}^{t_{n+1}} f[t,y(t)]\mathrm{d}t \tag{5-19}$$

上式右端积分若以一近似公式代之，即

$$\int_{t_n}^{t_{n+1}} f[t,y(t)]\mathrm{d}t=hf_n \tag{5-20}$$

式中，$h=t_{n+1}-t_n$，即步长。

令 $f_n=f[t_n,y(t_n)]$，$y_{n+1}=y(t_{n+1})$，$y_n=y(t_n)$，只要 h 取得比较小，就可以认为：在该步长内的导数近似保持前一时刻 t_n时的导数值 f_n。这样式(5-20) 就可以写成以下递推算式

$$y_{n+1}=y_n+hf_n \tag{5-21}$$

因已知 $y(0)=y_0$，所以由式(5-21) 可以求出 y_1，然后求出 y_2，以此类推。其一般规律是：由前一点 t_n上的数值 y_n就可以求得后一点 t_{n+1}的数值 y_{n+1}。这种方法称为单步法。由于它可以直接由微分方程已知的初值 y_0，作为它递推计算时的初值，而不需其他信息，因此它是一种自动启动的算式。

下面用一简单例子说明欧拉法的应用及其数值解与精确解的误差。

【例 5-9】 用欧拉法求下述微分方程的数值解。

$$\begin{cases}\dot{y}+y^2=0\\ y(0)=1\end{cases} \tag{5-22}$$

解　因欧拉法递推公式为　$y_{n+1}=y_n+hf_n$

现有　$\dot{y}=-y^2$

所以　$f(y)=-y^2$

若取步长 $h=0.1$，由 $t=0$ 开始积分，则可得

$$\begin{cases} y_1=1+(0.1)\times(-1^2)=0.9 \\ y_2=0.9+(0.1)\times[-(0.9)^2]=0.819 \\ y_3=0.819+(0.1)\times[-(0.819)^2]=0.7519 \\ \vdots \\ y_{10}=0.4627810 \end{cases}$$

式(5-22) 的精确解为 $y=\dfrac{1}{1+t}$。

以上结果与精确解比较如下表 5-9 所示。

表 5-9　结果与精确解比较

T	0	0.1	0.2	0.3	1.0
精确解 $y(t)$	1	0.9090909	0.8333333	0.7692307	0.5
数值解 y_n	1	0.9	0.819	0.7519	0.4627810

由例 5-9 已可看出，欧拉法的误差是比较大的。

② 龙格-库塔法　欧拉法的优点是简单易行，但精度低。为了得到精度较高的数值积分方法，龙格和库塔两人先后提出了用函数值 f 的线性组合来代替 f 的高阶导数项，则既可避免计算高阶导数，又可提高数值积分的精度，其方法如下。

先将精确解 $y(t)$ 在 t_n附近用泰勒级数展成

$$y(t_n+h)=y(t_n)+h\dot{y}(t_n)+\frac{h^2}{2}\ddot{y}(t_n)+\cdots \tag{5-23}$$

因为
$$\dot{y}(t_n)=f_n,\ \ddot{y}(t_n)=\dot{f}_n+\dot{f}_{yn}f_n$$

所以
$$y_{n+1}=y_n+hf_n+\frac{h^2}{2}(\dot{f}_n+\dot{f}_{yn}f_n)+\cdots \tag{5-24}$$

为避免计算 $\dot{f}_n,\dot{f}_{yn}$ 等导数项，可以令 y_{n+1}由以下算式表示

$$y_{n+1}=y_n+h\sum_{i=1}^{\gamma}b_ik_i \tag{5-25}$$

式中，γ 即阶数，b_i是待定系数，由比较式(5-24)、式(5-25) 对应项的系数来决定。

$$k_i=f(t_n+c_ih,y_n+\sum_{j=1}^{i-1}a_jk_jh),\quad i=1,2,\cdots,\gamma$$

其中
$$c_1=0$$

当 $\gamma=1$ 时，
$$y_{n+1}=y_n+hf_n \tag{5-26}$$

即欧拉法。

当 $\gamma=2$ 时，
$$k_1=f(t_n,y_n)=f_n$$
$$k_2=f(t_n+c_2h,y_n+a_1k_1h) \tag{5-27}$$

即二阶龙格-库塔法。

因 $f(t_n+c_2h,y_n+a_1k_1h)$ 在 (t_n,y_n) 点附近用泰勒级数展开可得

$$f(t_n+c_2h,y_n+a_1k_1h)\cong f(t_n,y_n)+c_2h\dot{f}_n+a_1k_1\dot{f}_{yn}h \tag{5-28}$$

以式(5-27)、式(5-28) 代入式(5-25)，则得

$$y_{n+1}=y_n+b_1k_1h+b_2k_2h=y_n+b_1hf_n+b_2h[f_n+c_2h\dot{f}_n+a_1f_nh\dot{f}_{yn}] \tag{5-29}$$

式(5-24) 与式(5-29) 右端对应项系数相等，则可得以下关系

$$\begin{cases} b_1+b_2=1 \\ b_2c_2=\dfrac{1}{2} \\ b_2a_1=\dfrac{1}{2} \end{cases}$$

因上述方程组中有四个未知数 a_1, b_1, b_2, c_2，可先选定一未知数，常用的有以下几种。取

$$a_1=\frac{1}{2},\ c_2=\frac{1}{2},\ b_1=0,\ b_2=1$$

$$a_1=\frac{2}{3},\ c_2=\frac{2}{3},\ b_1=\frac{1}{4},\ b_2=\frac{3}{4}$$

$$a_1=1,\quad c_2=1,\quad b_1=\frac{1}{2},\ b_2=\frac{1}{2}$$

则相应的递推公式为

$$y_{n+1}=y_n+hf\left(t_n+\frac{1}{2}h, y_n+\frac{1}{2}hf_n\right) \tag{5-30}$$

$$y_{n+1}=y_n+\frac{h}{4}\left[f_n+3f\left(t_n+\frac{2}{3}h, y_n+\frac{2}{3}hf_n\right)\right] \tag{5-31}$$

$$y_{n+1}=y_n+\frac{h}{2}[f_n+f(t_n+h, y_n+hf_n)] \tag{5-32}$$

以上是三个典型的二阶龙格-库塔公式，其中式(5-32) 也称改进欧拉公式。

当 $\gamma=3$ 时，可得三阶龙格-库塔公式

$$y_{n+1}=y_n+\frac{h}{4}(k_1+3k_3) \tag{5-33}$$

其中

$$k_1=f(t_n, y_n)$$

$$k_2=f\left(t_n+\frac{h}{3}, y_n+\frac{h}{3}k_1\right)$$

$$k_3=f\left(t_n+\frac{2h}{3}, y_n+\frac{2h}{3}k_2\right)$$

当 $\gamma=4$ 时，则可得四阶龙格-库塔公式

$$y_{n+1}=y_n+\frac{h}{6}(k_1+2k_2+2k_3+k_4) \tag{5-34}$$

其中

$$k_1=f(t_n, y_n)$$

$$k_2=f\left(t_n+\frac{h}{2}, y_n+\frac{h}{2}k_1\right)$$

$$k_3=f\left(t_n+\frac{h}{2}, y_n+\frac{h}{2}k_2\right)$$

$$k_4=f(t_n+h, y_n+hk_3)$$

对于大部分实际问题，四阶龙格-库塔法已可满足精度要求，它的整体截断误差正比于 h^4。若要检查所选步长是否已小到足以得到精确的数值解，一般可以通过两种不同的步长进行计算，即在第一次计算后，再用上次步长的一半计算一次。比较两次计算结果，如果在小数点后 4～5 位数字上已很接近的话，则所选步长已足够小了；反之，则需再取一半步长计算第三次。同样，最后再比较前后两次结果，直至满足要求为止。

龙格-库塔方法有时也叫“单步”法，这是因为其解可以从 t_j 到 t_{j+1} 直接完成，并不需要 $t<t_j$ 时的 y 或 f 的值。所以这种方法可以自启动。下面要介绍的是另一类方法。

2）多步法　用多步法解题时，计算 y_{n+1} 的值时可能需要 y 及 $f(t,y)$ 在 $t_n, t_{n-1}, t_{n-2}, t_{n-3}$ 各时刻的值，显然这种多步型公式不是自启动的，必须用其他方法先获得所求时刻以前多步的解，这是多步法的共同特点。

① 亚当斯-巴什福思（Adams-Bashforth）显式公式，其递推计算公式如下。

$$y_{n+1}=y_n+\frac{h}{2}[3f_n-f_{n-1}]+o(h^3) \tag{5-35}$$

它是由泰勒级数展开式推导得到的

因
$$y_{n+1}=y_n+h\left(f_n+\frac{h}{2}\dot{f}_n+\frac{h^2}{3!}\ddot{f}_n+\cdots\right) \tag{5-36}$$

且其中 $\dot{f}_n$ 用向后差分代替，即

$$\dot{f}=\frac{f_n-f_{n-1}}{h} \tag{5-37}$$

将式(5-37) 代入式(5-36)，即得式(5-35)。

公式(5-35) 所以称为显式的，是由于 y_{n+1} 可用已知的 y_n, f_n, f_{n-1} 等给出其显式解。公式(5-35) 又是多步型的，为了求解一个新的 y 值，需要 f 的两个值 f_n 及 f_{n-1}。然而这一递推公式在零点处（$t=0$），仅 y 的一个值（初值 y_0）及相应的 f 值为已知。因此，属于多步法的公式(5-35) 就不能从 $t=0$ 自己开始。一般常用同阶的龙格-库塔法来启动。

② 亚当斯-莫尔顿（Adams-moulton）隐式公式，其递推计算公式如下。

$$y_{n+1}=y_n+hf_{n+1}+o(h^2) \tag{5-38}$$

它是由向后展开的泰勒级数公式推导得到的

$$y(t_n)=y(t_n+h)-h\dot{y}(t+h)+\frac{h^2}{2}\ddot{y}(t+h)-\frac{h^3}{3}\dddot{y}(t+h)+\cdots$$

则
$$y_{n+1}=y_n+h\left[f_{n+1}-\frac{h}{2}\dot{f}_{n+1}+\frac{h^2}{3!}\ddot{f}_{n+1}+\cdots\right]$$

截掉 f_{n+1} 以后各项即得式(5-38)。

公式(5-38) 所以称为隐式的，是因为 y_{n+1} 的表达式中包含有 f_{n+1}，而 f_{n+1} 一般又反过来包含着 y_{n+1}。所以，为解出 y_{n+1} 就需要迭代法，其步骤是：先估算一个 y_{n+1}，计算 f_{n+1}，而后用式(5-38) 求得 y_{n+1} 的新估值；重复迭代，直至前后两次 y_{n+1} 值之间的差在要求的某一范围为止（即计算收敛于某一所需的精度为止）。

隐式公式需要迭代解，那它就要比（使用 Adams 显式公式的）显式解花更多的时间，那么为什么还要研究 Adams 隐式公式呢？这是因为在实际误差方面，给定阶数的隐式公式要比同阶显式公式小得多。

必须说明，以上两种公式(包括其他任何显式或隐式公式）在实用中很少单独使用。而一般用显式和隐式相结合的方法，即下面要介绍的预估-校正法。

3）预估-校正法　隐式公式的主要优点在于精度高，而其主要缺点则在于其求解所必需的迭代过程耗时过多。所以，最有效的方法似乎应当是使用隐式公式，但还包含一个能为每一步解都提供一个首次精确估值的方法，借以能使隐式收敛迅速。为提供这种首次估值，其合理的选择就是使用一误差阶数起码和隐式相同的显式公式。例如，我们可以选择四阶 Adams 显式公式作为“预估”。

$$y_{n+1}^{(0)}=y_n+h\left[\frac{55}{24}f_n-\frac{59}{24}f_{n-1}+\frac{37}{24}f_{n-2}-\frac{9}{24}f_{n-3}\right] \tag{5-39}$$

而把四阶 Adams 隐式公式作为“校正”

$$y_{n+1}^{(i+1)}=y_n+h\left[\frac{9}{24}f_{n+1}^{(i)}+\frac{19}{24}f_n-\frac{5}{24}f_{n-1}+\frac{1}{24}f_{n-2}\right] \tag{5-40}$$

计算过程可以采用四阶龙格-库塔公式开始，以便得到初始条件之外的最初三步 h 的 y 及 f 值。有了这些初始值，用预估公式(5-39) 就可以估算出下一个 y 值，记为 $y_{n+1}^{(0)}$。有了该首次估算，就可以用校正公式(5-40) 进行迭代，直至得到所需收敛精度为止［即 $|y_{n+1}^{(i+1)}-y_{n+1}^{(i)}|<\varepsilon$］。然后再进行下一步计算 y_{n+2}的预估值，进行校正迭代计算。每前进一步都自预估开始，至校正（迭代）结束，直至要求的最大计算时刻为止。

在要求精度较高时，可采用另一种业已广泛使用的预估-校正法，即为汉明（Hamming）法。汉明法积分公式如下。

设一阶微分方程 $\dot{y}=f(t,y)$，已知初始条件为 $t=t_0$，$y(t_0)=y_0$，则有

① 预估公式 $$y_{n+1}^{(0)}=y_{n-3}+\frac{4}{3}h(2f_n-f_{n-1}+2f_{n-2}) \tag{5-41}$$

② 修正公式 $$\tilde{y}_{n+1}^{(0)}=y_{(n+1)}^{(0)}+\frac{112}{121}[y_n-y_n^{(0)}] \tag{5-42}$$

③ 校正公式 $$y_{n+1}^{(i+1)}=\frac{1}{8}(9y_n-y_{n-2})+\frac{3}{8}h[f_{n+1}^{(i)}+2f_n-f_{n-1}] \tag{5-43}$$

其中

$$f_n=f[t_n,y(t_n)]=f(t_n,y_n)$$
$$f_{n-1}=f[t_{n-1},y(t_{n-1})]=f(t_{n-1},y_{n-1})$$
$$f_{n-2}=f[t_{n-2},y(t_{n-2})]=f(t_{n-2},y_{n-2})$$
$$f_{n-3}=f[t_{n-3},y(t_{n-3})]=f(t_{n-3},y_{n-3})$$
$$f_{(n+1)}^{(i)}=f[t_{n+1},y_{t_{n+1}}^{(i)}]=f[t_{n+1},y_{n+1}^{(i)}]$$

$y_n^{(0)}$为上一步未经修正的预估值。

对于第一步（在已得到初始值之后的）修正公式还不能使用，因为从其前一步尚不能得到预估值。

修正公式是将预估公式和校正公式的误差级数结合起来，为预估提供一个误差估计，从而可使 y_{n+1}的预估值显著改善。使用了修正公式以后，校正过程所需的迭代次数一般会降低。

预估-校正法的效率很高，这是目前普遍使用它的主要原因之一。实用中，一二次校正迭代一般就足以满足多数合理的收敛准则，虽然偶尔也可能有必要进行三次或更多迭代。所以对大多数问题来说，可以认为预估-校正法要比同阶的龙格-库塔法耗用机时更少。

下面用一个例子说明汉明法的应用。

【例 5-10】 设 $\dot{y}=(y+t)^2$，$y(0)=-1$，选步长 $h=0.1$。

由于汉明法不能自启动，所以 3 个起始值 f_n, f_{n-1}, f_{n-2}需用其他方法计算，用四阶龙格-库塔法启动，求得

$$y_{n-3}=y_0=y(0)=-1,\quad \dot{y}(0)=1$$
$$y_{n-2}=y_1=y(0.1)=-0.917628$$
$$f_{n-2}=\dot{y}(0.1)=0.668516$$
$$y_{n-1}=y_2=y(0.2)=-0.862910$$
$$f_{n-1}=\dot{y}(0.2)=0.439450$$
$$y_n=y_3=y(0.3)=-0.82749$$

$$f_n=\dot{y}(0.3)=0.278246$$

则 y_4 可用预估公式(5-41) 先得出

$$y_4^{(0)}=-1+\frac{4}{3}\times0.1\times[2\times(0.278246)-0.439450+2\times(0.668516)]$$
$$=-0.806124$$

由于 y_3 没有预估值 $y_3^{(0)}$，所以，还不能使用修正公式(5-42)。那就直接转向校正公式(5-43)，即

$$y_4^{(1)}=\frac{1}{8}\times[9\times(-0.827490)-(-0.917628)]+$$
$$\frac{3}{8}\times0.1\times[(-0.806124+0.4)^2+2\times(0.278246)-0.439450]$$
$$=-0.805649$$

校正值 $y_4^{(1)}$ 和预估值 $y_4^{(0)}$ 不同，差 0.000475，这一差别相当大，所以需要进行迭代校正，即

$$y_4^{(2)}=\frac{1}{8}\times[9\times(-0.827490)-(-0.917628)]+$$
$$\frac{3}{8}\times0.1\times[(-0.805649+0.4)^2+2\times(0.278246)-0.439450]$$
$$=-0.805663$$

校正值 $y_4^{(2)}$ 与 $y_4^{(1)}$ 差异值已减少为 1.4×10^{-5}，若我们要 1×10^{-5}，则尚需再次迭代校正。由此得到

$$y_4^{(3)}=-0.805663$$

$y_4^{(3)}$ 与 $y_4^{(2)}$ 实际已极为接近，所以可取 $y(0.4)=y_4^{(3)}=-0.805663=y_4$。

为了说明修正公式(5-42) 的用法，我们再继续计算第五步：预估值 $y_5^{(0)}=-0.793658$，应用修正公式(5-42) 得

$$\tilde{y}_5^{(0)}=y_5^{(0)}+\frac{112}{121}[y_4-y_4^{(0)}]$$
$$=-0.793658+\frac{112}{121}\times[-0.805663-(-0.806124)]$$
$$=-0.793231$$

再用校正公式进行两次迭代，得

$$y_5^{(1)}=-0.793374,\quad y_5^{(2)}=-0.793371$$

此时，已满足收敛条件，因此修正公式可以使预估值更接近最终敛值。

对连续系统进行数字仿真，首先应保证这一数值解的稳定性，即在初始值有误差，计算机在舍入误差的影响下，误差不会积累而导致计算失败。所以在进行仿真时必须正确选择积分步长，积分步长过大将影响计算机的稳定性及计算精度，而积分步长过小则大大增加计算量与计算时间，所以应在保证计算稳定性与计算精度的要求下，选最大步长。

(3) 离散相似法

数值积分方法是把微分方程模型化成不同的迭代算式，当然，这也是一种把连续系统离散化的方法。但是，由于迭代算式中的系数每一步都要重新计算，因此，一般计算量比较大。

另一种方法是离散相似法，即将连续系统进行离散化处理，用离散化模型代替连续系统数学模型。实质上，它就是以常系数差分方程近似“等效”原来的常系数微分方程。由于差分方程可以直接用迭代方法在数字计算机上求解，所以非常方便。

假设连续系统的状态方程为

$$\dot{\boldsymbol{X}}=\boldsymbol{AX}+\boldsymbol{BU} \tag{5-44}$$

我们先求解式(5-44)。对式(5-44) 两边进行拉氏变换，得

$$s\boldsymbol{X}(s)-\boldsymbol{X}(0)=\boldsymbol{AX}(s)+\boldsymbol{BU}(s)$$

或

$$(s\boldsymbol{I}-\boldsymbol{A})\boldsymbol{X}(s)=\boldsymbol{X}(0)+\boldsymbol{BU}(s)$$

以 $(s\boldsymbol{I}-\boldsymbol{A})^{-1}$左乘上式的两边，得

$$\boldsymbol{X}(s)=(s\boldsymbol{I}-\boldsymbol{A})^{-1}\boldsymbol{X}(0)+(s\boldsymbol{I}-\boldsymbol{A})^{-1}\boldsymbol{BU}(s) \tag{5-45}$$

令

$$\mathscr{L}^{-1}[(s\boldsymbol{I}-\boldsymbol{A})^{-1}]=\boldsymbol{\Phi}(t)$$

称为系统的状态转移矩阵，则式(5-45) 可改写为

$$\boldsymbol{X}(s)=\mathscr{L}[\boldsymbol{\Phi}(t)]\boldsymbol{X}(0)+\mathscr{L}[\boldsymbol{\Phi}(t)]\boldsymbol{BU}(s)$$

对上式进行反变换，并利用卷积公式，可得

$$\boldsymbol{X}(t)=\boldsymbol{\Phi}(t)\boldsymbol{X}(0)+\int_0^t \boldsymbol{\Phi}(t-\tau)\boldsymbol{BU}(\tau)\mathrm{d}\tau \tag{5-46}$$

我们知道

$$\mathscr{L}^{-1}[(s\boldsymbol{I}-\boldsymbol{A})^{-1}]=\mathrm{e}^{\boldsymbol{A}t}$$

于是，式(5-46) 也可写成

$$\boldsymbol{X}(t)=\mathrm{e}^{\boldsymbol{A}t}\boldsymbol{X}(0)+\int_0^t \mathrm{e}^{\boldsymbol{A}(t-\tau)}\boldsymbol{BU}(\tau)\mathrm{d}\tau \tag{5-47}$$

这就是连续系统状态方程的解析解。下面我们由此出发来推导系统离散化后的解。

现在人为地在系统输入及输出端加上采样开关（这完全是虚构的，目的是将这个系统离散化）。同时，为使输入信号复原到原来的信号，在输入端还要加一个保持器，现假定为零阶保持器，即假定输入向量 $\boldsymbol{U}(t)$ 的所有分量在任意两个依次相连的采样瞬时值之间保持不变。比如，对第 k 个采样周期，$\boldsymbol{U}(t)=\boldsymbol{U}(kT)$，其中 T 为采样间隔。

将式(5-47) 离散化，对于 k 及 $k+1$ 两个依次相连的采样瞬时有

$$\boldsymbol{X}(kT)=\mathrm{e}^{\boldsymbol{A}kT}\boldsymbol{X}(0)+\int_0^{kT} \mathrm{e}^{\boldsymbol{A}(kT-\tau)}\boldsymbol{BU}(\tau)\mathrm{d}\tau \tag{5-48}$$

$$\boldsymbol{X}[(k+1)T]=\mathrm{e}^{\boldsymbol{A}(k+1)T}\boldsymbol{X}(0)+\int_0^{(k+1)T} \mathrm{e}^{\boldsymbol{A}[(k+1)T-\tau]}\boldsymbol{BU}(\tau)\mathrm{d}\tau \tag{5-49}$$

式(5-49)－式(5-48)×$\mathrm{e}^{\boldsymbol{A}T}$得

$$\boldsymbol{X}[(k+1)T]=\mathrm{e}^{\boldsymbol{A}T}\boldsymbol{X}(kT)+\int_{kT}^{(k+1)T} \mathrm{e}^{\boldsymbol{A}[(k+1)T-\tau]}\boldsymbol{BU}(\tau)\mathrm{d}\tau \tag{5-50}$$

由于式(5-50) 右端的积分与 k 无关，故可令 $k=0$ 来进行积分。同时，又由于在 k 与 $k+1$ 之间，$\boldsymbol{U}(\tau)=\boldsymbol{U}(kT)$，并保持不变，故有

$$\boldsymbol{X}[(k+1)T]=\mathrm{e}^{\boldsymbol{A}T}\boldsymbol{X}(kT)+\left[\int_0^T \mathrm{e}^{\boldsymbol{A}(T-\tau)}\boldsymbol{B}\mathrm{d}\tau\right]\boldsymbol{U}(kT) \tag{5-51}$$

已知

$$\mathrm{e}^{\boldsymbol{A}T}=\boldsymbol{\Phi}(T)$$

则有

$$\int_0^T \mathrm{e}^{\boldsymbol{A}(T-\tau)}\boldsymbol{B}\mathrm{d}\tau=\int_0^T \boldsymbol{\Phi}(T-\tau)\boldsymbol{B}\mathrm{d}\tau=\boldsymbol{\Phi}_m(T)$$

所以式(5-50) 可改写为

$$\boldsymbol{X}[(k+1)T]=\boldsymbol{\Phi}(T)\boldsymbol{X}(kT)+\boldsymbol{\Phi}_m(T)\boldsymbol{U}(kT)$$

即

$$\boldsymbol{X}(n+1)=\boldsymbol{\Phi}(T)\boldsymbol{X}(n)+\boldsymbol{\Phi}_m(T)\boldsymbol{U}(n) \tag{5-52}$$

这就是一个连续系统离散化后状态方程的解。

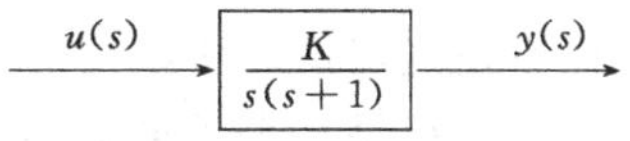

图 5-17 系统方框图

下面举一个例子来说明如何利用上述方法将一个状态方程离散化（图 5-17）。

【例 5-11】 有一个系统，其传递函数为

$$W(s)=\frac{y(s)}{u(s)}=\frac{K}{s(s+1)}$$

其状态方程为

$$\begin{cases}\dot{X}=AX+Bu\\ Y=CX\end{cases} \tag{5-53}$$

其中 $$A=\begin{bmatrix}0 & 0\\ 1 & -1\end{bmatrix},\ B=\begin{bmatrix}K\\ 0\end{bmatrix},\ C=[0\quad 1]$$

解　因为 $$\Phi(T)=e^{AT}=\mathscr{L}^{-1}[(sI-A)^{-1}]$$

而 $$sI-A=\begin{bmatrix}s & 0\\ -1 & s+1\end{bmatrix}$$

$$(sI-A)^{-1}=\begin{bmatrix}\frac{1}{s} & 0\\ \frac{1}{s(s+1)} & \frac{1}{s+1}\end{bmatrix}$$

故 $$\Phi(T)=\begin{bmatrix}1 & 0\\ 1-e^{-T} & e^{-T}\end{bmatrix}$$

$$\Phi_m(T)=\int_0^T\Phi(T-\tau)B\mathrm{d}\tau=\int_0^T\begin{bmatrix}1 & 0\\ 1-e^{-(T-\tau)} & e^{-(T-\tau)}\end{bmatrix}\begin{bmatrix}K\\ 0\end{bmatrix}\mathrm{d}\tau$$

$$=\int_0^T\begin{bmatrix}K\\ K(1-e^{-(T-\tau)})\end{bmatrix}\mathrm{d}\tau=\begin{bmatrix}KT\\ K(T-1+e^{-T})\end{bmatrix}$$

有了 $\Phi(T)$ 及 $\Phi_m(T)$，则根据式(5-52) 可得差分方程

$$X(n+1)=\Phi(T)X(n)+\Phi_m(T)u(n)$$

即

$$\begin{bmatrix}x_1(n+1)\\ x_2(n+1)\end{bmatrix}=\begin{bmatrix}1 & 0\\ 1-e^{-T} & e^{-T}\end{bmatrix}\begin{bmatrix}x_1(n)\\ x_2(n)\end{bmatrix}+\begin{bmatrix}KT\\ K(T-1+e^{-T})\end{bmatrix}u(n)$$

$$\begin{cases}x_1(n+1)=x_1(n)+KTu(n)\\ x_2(n+1)=(1-e^{-T})x_1(n)+e^{-T}x_2(n)+K(T-1+e^{-T})u(n)\end{cases} \tag{5-54}$$

式中，x 的下标 1,2 分别表示第 1、第 2 个状态变量。

从式(5-54) 得到系统的输出 $Y=CX=x_2$，即

$$Y(n+1)=x_2(n+1) \tag{5-55}$$

5.5.2　离散事件系统仿真

离散事件系统是状态变量只在一些离散的时间点上发生变化的系统，这些离散的时间点称为特定时刻。在这些特定时刻系统状态发生变化，在其他时刻系统状态保持不变，而在这些特定时刻是由于有事件发生所以引起了系统状态发生变化。常见的离散事件系统有排队系统、库存系统等。

离散事件系统的一个主要特征是随机性。因为在这类系统中有一个或多个输入为随机变量，而不是确定量，所以它的输出也往往是随机变量。在这类系统仿真中，对随机型输入、输出进行分析是一个重要内容。另外，对离散事件系统模型可以进一步分为动态和静态两类。对静态系统仿真也被称为蒙特卡罗法，它是对每一时间点上的系统进行仿真。动态系统仿真是系统在整个运行时间内的仿真。

蒙特卡罗（Monte Carlo）法是通过随机模型，利用一连串的随机数作为输入，对相应的输出参数进行统计计算的一种数值计算方法，蒙特卡罗法的理论基础是概率论中的大数定理。即在相同的条件下，对事件 A 进行 n 次独立的实验，当 n 无限增大时，事件 A 的 n 个观测值的平均值依概率收敛于其数学期望值。从原则上讲，蒙特卡罗法可以求解任何形式系统问题的数学模型，特别是对于涉及随机因素多、用解析方法无法求解的复杂的数学模型，蒙特卡罗法就显示出了它的优越性。

在用蒙特卡罗法进行随机模拟时，一个重要的环节就是用随机数来获得随机变量的现实值。随机数可以由种种不同的方法产生，最简单的方法是掷骰子或者抽取扑克牌，也可以由随机数表中任取或者由电子计算机产生。如果事先知道或者估计出某一偶然性事件发生的概率，就可以选择合适的方法产生随机数进行模拟。例如，某一地区在某一时期下雨的可能性为 25%，那么就可以用抽出一张红桃牌代表下雨，而抽出其他花色的纸牌代表不下雨。这是一种随机抽样，要重复进行许多个回合。

【例 5-12】 某商店为了估算每天的营业额，对商店每天接待顾客数和每位顾客的购货金额做了 100 天的统计，如表 5-10 和表 5-11 所示。

表 5-10 某商店每天接待顾客数统计表

每天接待顾客人次	30～39	40～49	50～59	60～69	70～79 以上
发生天数	5	25	40	28	2

表 5-11 某商店每位顾客购货金额统计表

每位顾客购货金额/元	10～19	20～29	30～39	40～49	50～59 以上
发生天数	40	30	15	10	5

由表 5-10 所示可知，每天接待顾客数在 30～39 人次的天数，在 100 天中只有 5 天，占 5%，接待 40～49 人次的天数只有 25 天，占 25%等。表 5-11 中，每位顾客购货金额在 10～19 元之间的占 40%等。据此可以列出相应的概率分布如表 5-12 和表 5-13 所示。

表 5-12 每天接待顾客人次概率分布表

每天接待顾客人次	概　率
30～39	0.05
40～49	0.25
50～59	0.40
60～69	0.28
70～79 以上	0.02

表 5-13 每位顾客购货金额概率分布表

每位顾客购货金额/元	概　率
10～19	0.40
20～29	0.30
30～39	0.15
40～49	0.10
50～59 以上	0.05

今若以随机数 01，02，…，98，99，100 来表示上述概率分布，则可将上述两表重新写成如表 5-14 和表 5-15 所示。

表 5-14 每天接待顾客人次概率分布和随机数取值表

每天接待顾客人次	概　率	随机数取值
30～39	0.05	01～05
40～49	0.25	06～30
50～59	0.40	31～70
60～69	0.28	71～98
70～79 以上	0.02	99～100

表 5-15 每位顾客购货金额概率分布和随机数取值表

每位顾客购货金额/元	概　率	随机数取值
10～19	0.40	01～40
20～29	0.30	41～70
30～39	0.15	71～85
40～49	0.10	86～95
50～59 以上	0.05	96～100

在做好上述准备工作之后，就可以任意取随机数。如取得随机数为 10，则从表 5-14 中可知，这天来商店的顾客在 40～49 人次之间，取平均数为 45 人次；又任意取得随机数为

39，则从表 5-15 中可知，每位顾客的购货金额在 10～19 元之间，取平均数为 15。如仿真延续时间定为 30 天，则分别任意取随机数 30 次，再求得每天接待顾客平均人数乘上每位顾客平均购货金额，再除以 30，即得到每天的平均营业额。

通过上述简单例子可以看出，应用蒙特卡罗，首先要知道仿真事件的概率分布，其次要确定随机数的取值。如例 5-11 中需要 100 个随机数可以分别刻在 100 个小球上，并置于一袋中摇匀，然后从袋中任意取出一个小球，如取出的小球上刻着的数字为 10，则表明随机数是 10；然后将小球放回袋中摇匀后再取，等等，直到取满规定的仿真天数。

到目前为止，随机数的生成方法大致有如下三种。

1）随机数表（random number table）法　即由人们在事先人为地产生出一批均匀随机数，并制成表格形式备用。当需要使用它时，直接调用这张随机数表就可以了。

2）随机数发生器　即在计算机上附加一个能产生随机数的装置，如附加一个某种放射粒子的发射源装置，由于发射源在单位时间内发射的粒子数量是随机的，所以计数器记录下来的数值就是随机数了。

3）利用数学方法产生随机数　由于这类方法既方便又经济，所以是目前较多采用的随机数生成法。由于真正的随机数只能从客观的真实的随机现象本身中才产生出来，从这个意义上讲，人们特别把数学方法所产生的随机数称为“伪随机数”。

思考题与习题

1　设某系统 S 的可达矩阵为

$$
\boldsymbol{R}=\begin{array}{c} \\ 1\\2\\3\\4\\5\\6\\7\\8 \end{array}\begin{array}{c} \begin{array}{cccccccc}1&2&3&4&5&6&7&8\end{array} \\ \begin{bmatrix}
1&0&0&0&0&0&0&0\\
1&1&0&0&0&0&0&0\\
0&0&1&1&1&1&0&0\\
0&0&0&1&1&1&0&0\\
0&0&0&0&1&0&0&0\\
0&0&0&1&1&1&0&0\\
0&0&0&0&1&0&1&0\\
0&0&0&0&1&0&1&1
\end{bmatrix}\end{array}
$$

利用可达集 $R(e_i)$ 和先行集 $A(e_i)$ 的关系进行系统的区域划分和级别划分。

2　某城市交通问题的现象汇总如表 5-16 所示。

表 5-16　某城市交通问题的现象汇总

问题编号	交通问题	问题编号	交通问题
1	道路交通拥挤	13	路上摆摊设点
2	横向干扰严重	14	空间功能不足
3	交通事故多	15	交通设施占用空间大
4	非机动车不遵守交通规则	16	能耗太大
5	公交车少	17	投资不足
6	公交车内拥挤	18	公交补偿制度不完善
7	公交车换乘不便	19	规划滞后于实施
8	公交车速度低	20	组织机构不完善
9	铁道公害	21	交通设施功能划分不明确
10	汽车公害	22	交通规划与土地利用规划不配合
11	街区被分隔	23	公交线布局不合理
12	交通设施破坏景观		

这些问题的邻接关系如表 5-17 所示。

表 5-17 问题的邻接关系

问题编号	邻 接 问 题	问题编号	邻 接 问 题
1	3,10,16,11	13	2
2	1	14	1,3,11
3		15	14,11
4	1,14	16	
5	6	17	14,5
6	3,10,16,11	18	5
7	1	19	14
8	1	20	19
9	1,14	21	12
10	12	22	9,21
11		23	7,8
12			

求该交通问题的结构模型。

3 已知系统的状态空间表达式为

$$\boldsymbol{x}(k+1)=\begin{bmatrix}0 & 1\\ -2 & 1\end{bmatrix}\boldsymbol{x}(k)+\begin{bmatrix}0\\ 1\end{bmatrix}\boldsymbol{u}(k)$$

$$\boldsymbol{y}(k)=[1 \quad 0]\boldsymbol{x}(k)+\boldsymbol{u}(k)$$

初值 $\boldsymbol{x}(0)=\begin{bmatrix}1\\ 0\end{bmatrix}$，试求当输入 $\boldsymbol{u}$ 为 1 时系统的输出 $\boldsymbol{y}$。

4 简述蒙特卡罗（Monte Carlo）法。

6 系统预测

6.1 引言

系统预测是系统工程理论的重要组成部分，它把系统作为预测对象，分析系统发展变化的规律性，预测系统未来发展变化趋势，为系统规划设计、经营管理和决策提供科学依据。

所谓系统预测，就是根据系统发展变化的实际情况和历史数据、资料，运用现代的科学理论方法，以及对系统的各种经验、判断和知识，对系统在未来一段时期内的可能变化情况，进行推测、统计和分析，并得到有价值的系统预测结论。

系统预测是一个非常通用的技术，在经济、社会、环境、气候、工程等许多领域有广泛的应用，所采用的理论和技术方法也比较多。如果从预测方法本身的性质特点来考虑，预测方法大致分为三类。

1）定性预测方法　定性预测方法依据人们对系统发展变化规律的把握、判断，用经验和直觉做出预测，如专家打分、主观评价、市场调查。常见的定性预测方法是特尔斐(Delphi)法。

2）因果关系预测方法　系统的各种变量之间往往存在着复杂的因果关系，形成相互关联作用并因此形成系统运动的动因。因果关系预测方法以若干系统变量为分析对象，以样本数据为分析基础，建立系统变量之间因果数学模型。根据因果数学模型，预测某些系统变量的变化对其他系统变量的定量影响。因果关系预测方法主要有回归分析预测、状态空间预测等。

3）时间序列分析预测方法　时间序列分析预测主要考察系统变量随时间变化的定量关系，给出系统的演变发展规律，并对未来做出预测。该方法的主要理论基础是时间序列分析理论。

在上述三类预测方法中，第一类为定性方法，第二、三类为定量方法。

科学的系统预测要具备三个方面的基础条件。首先，系统预测应建立在科学的理论基础之上，要符合科学规律并正确运用所涉及的科学理论。第二，系统预测要有先进的预测方法。不同的预测方法有可能产生不同的预测效果，应根据预测问题的具体特点选择具体的适用方法，并且尽量选择那些被证明是有效的方法。第三，可信的预测结果离不开大量资料、数据的支撑，只有积累了足够量且足够全面的翔实资料和数据，才能得到正确的预测结果。

针对不同的系统预测问题，当采用不同的科学理论和不同的预测方法时，一般会导致不同的预测实施过程，但就其规律性而言，系统预测大体经历以下几个阶段。

1）确定预测目标　包括熟悉预测对象、分析预测问题、明确预测要求，最终确定预测目标。

2）选择预测方案　根据不同的预测问题，在分析、明确预测要求和目标的基础上，选择一个最佳的预测方案，包括确定所要采用的预测方法，建立预测实验过程的时间表和各时间段内的主要任务，为实际开展工作打好基础。

3）收集、整理资料和数据 首先分析、整理现有的资料和数据，列出尚缺的资料和数据；然后深入实际进行调查、访问、搜集，填平补齐所需要的第一手资料，必要时进行一定的科学实验，产生所需要的数据；最后还要对资料和数据进行科学处理，去伪存真，归纳整理。

4）建立预测模型 根据前述第二步确定的预测方案，用第三步得到的资料和数据建立科学的预测模型，包括四个内容：模型结构确定、模型参数估计、模型检验、模型修正。只有经过严格检验的模型才能用于系统预测分析，一旦发现模型不合理，必须对模型加以修正，直到模型正确为止。

5）利用模型预测 运用通过检验的模型，使用有关数据对未来的系统特征或运动规律进行预测，按照预测目标，尽可能全面地给出预测结果，并标明各结果的适用范围和条件。

6）预测结果分析 在确认预测结果之前，必须对预测结果加以对比分析，以做出更加可信的判断，为系统决策提供依据。

6.2 德尔菲定性预测方法

德尔菲法是美国兰德公司发明的一种定性预测方法，已经广泛应用于军事、社会、经济、人口、环境、医疗卫生等多个领域的系统评价与决策问题。

德尔菲法的思路是，在上述预测步骤的第 4 步和第 5 步，由负责预测任务的机构经过慎重考虑，选择熟悉与所预测问题相关的领域的专家 10～15 人（对于重大预测问题，可适当增加人数），采用通信往来的方式与专家们建立联系，将预测问题的目标和任务告诉专家并提供所掌握的初步资料和数据；然后将专家关于预测分析的意见进行整理、综合、归纳，再以第一轮预测结果的形式匿名反映至各位专家，进行第二轮征求意见，供他们分析判断，提出新的论证结果。如此经过多轮反复论证调查，各专家的意见逐轮趋向一致，结论的可信性也大大增加。

德尔菲法是专家会议调查法的一种发展，但其效果往往比专家会议法要好，其原因在于：①克服了专家会议中常见的随大流或由某些权威一言定调的缺点，专家与专家之间互不见面，各专家的意见完全独立做出，消除了心理影响；②为保证预测结果的可靠性，德尔菲法一般要经过多轮，并且在下一轮开始时让专家充分参考本轮甚至以前各轮的预测分析结果，不仅能保证过程和结果的客观性和公正性，而且能逐渐消弭个别固执己见的结论；③尽管德尔菲法本质上是一类定性预测的方法，但其非常注重定性向定量的转化工作，使方法不仅具有定性的优点，同时也具有部分定量的优点。

一种将定性预测结果转化为定量指标的方法是对预测中的每个因素给定一个分值。设有 N_j 个专家对可选答案 j（对应分值为 C_j）投了赞成票，则某轮总体预测的分值的均值和方差分别为

$$E=\frac{\sum_{j=1}^{n}C_jN_j}{\sum_{j=1}^{n}N_j},\quad D=\frac{\sum_{j=1}^{n}(C_j-E)^2N_j}{\sum_{j=1}^{n}N_j}$$

将此分析结果告知预测专家，以便进行下一轮预测。

6.3 一元线性回归分析预测

实际系统中，存在着大量这样的情况：两个变量（例如 x 和 y）彼此有一些依赖关系，由 x 可以部分地决定 y 的值（称两者具有因果关系）。然而，这种决定往往不是很准确的，一个熟知的例子是人的身高与体重之间的关系。众所周知，一般身材较高的人体重也较重，但这种因果关系是因人而异的，即仅由某一人的身高并不能准确知道他的体重。尽管如此，基于“人的身高与体重有一定联系”的认识，我们可以搜集足够多的人的身高体重数据，经过统计分析，可以发现身高和体重间服从某种统计规律。利用统计方法研究这种因果关系的方法就是回归分析，它主要处理连续型随机变量之间的相关关系，利用它建立经验公式，确定最佳生产条件，进行某种预测分析等。

6.3.1 一元线性回归原理

一元线性回归处理两个系统变量 x 和 y 之间的线性因果关系，也就是拟合直线问题。

假定已经得到了 x 和 y 的若干数据对 x_i 与 y_i，$i=1,2,\cdots,n$，这些点（x_i，y_i）称为样本点。如果已知 x 和 y 之间存在某种线性关系，则 x 和 y 可用

$$y=a+bx+\varepsilon \tag{6-1}$$

的模型表示，式中 a,b 是待定常数，ε 是随机变量。式(6-1) 称为一元线性回归模型，a 和 b 称为回归系数，确定回归模型式(6-1) 的关键是得到回归系数 a 和 b 的值。为此，将样本点 (x_i,y_i)，$i=1,2,\cdots,n$ 代入式(6-1)

$$y_i=a+bx_i+\varepsilon_i,\quad i=1,2,\cdots,n \tag{6-2}$$

则理论上可以通过式(6-2) 的 n 个方程求取（或称为估计）a 和 b 的值。设若 $\hat{a}$ 和 $\hat{b}$ 是回归系数 a 和 b 的一对估计值，用此估计值计算在自变量 x_i 处的因变量，得到

$$\hat{y}_i=\hat{a}+\hat{b}x_i,\quad i=1,2,\cdots,n \tag{6-3}$$

则 $\hat{y}_i$ 是 y_i 在 x_i 处以 $\hat{a}$ 和 $\hat{b}$ 作为回归系数的估计值。显然，$\hat{y}_i$ 与 y_i 之间存在误差，根据“参数 $\hat{a}$ 和 $\hat{b}$ 的估计目标是使误差 ε_i 的平方和最小”的最小二乘原理，在 a 和 b 中选择一对 $\hat{a}$ 和 $\hat{b}$，使得

$$\sum_{i=1}^{n}\varepsilon_i^2=\sum_{i=1}^{n}(y_i-\hat{a}-\hat{b}x_i)^2=\min_{a,b}\sum_{i=1}^{n}(y_i-a-bx_i)^2 \tag{6-4}$$

称参数 $\hat{a}$ 和 $\hat{b}$ 分别为 a 和 b 的最小二乘估计，而

$$\hat{y}=\hat{a}+\hat{b}x \tag{6-5}$$

称为一元回归方程。

为求取最小二乘估计 $\hat{a}$ 和 $\hat{b}$，对

$$Q=\sum_{i=1}^{n}(y_i-a-bx_i)^2 \tag{6-6}$$

求一阶偏导数并令其为零，有

$$\hat{a}=\bar{y}-\hat{b}\bar{x} \tag{6-7}$$

$$\hat{b}=\frac{L_{xy}}{L_{xx}} \tag{6-8}$$

式中，$\bar{x}=\dfrac{1}{n}\sum_{i=1}^{n}x_i$ 为 x 关于 n 个样本点的均值；$\bar{y}=\dfrac{1}{n}\sum_{i=1}^{n}y_i$ 为 y 关于 n 个样本点的均值；且

$$L_{xy}=\sum_{i=1}^{n}(x_i-\bar{x})(y_i-\bar{y})=\sum_{i=1}^{n}x_iy_i-n\bar{x}\bar{y} \tag{6-9}$$

$$L_{xx}=\sum_{i=1}^{n}(x_i-\bar{x})^2=\sum_{i=1}^{n}x_i^2-n\bar{x}^2 \tag{6-10}$$

利用式(6-7) 和式(6-8) 可以确定回归方程 $\hat{y}=\hat{a}+\hat{b}x$，所以当知道了 x 的值时，可以用式(6-5) 去预测 y 的值。但问题是它是否符合 x 和 y 之间的客观规律，或所拟合的回归直线在多大程度上能反映出 x 和 y 之间的真实因果关系。为解决这一问题，需要构造一个能反映变量 x 和 y 之间线性关系密切程度的统计量，以便进行统计检验。通常，人们采用相关系数检验法和 F 检验法进行回归方程检验。

(1) 相关系数检验法

可以证明，对于变量 y，样本值 y_i 与均值 $\bar{y}$ 之差的平方和可分解为两部分

$$L_{yy}=Q+U \tag{6-11}$$

其中

$$L_{yy}=\sum_{i=1}^{n}(y_i-\bar{y})^2=\sum_{i=1}^{n}y_i^2-n\bar{y}^2$$

$$Q=\sum_{i=1}^{n}(y_i-\hat{y}_i)^2$$

$$U=\sum_{i=1}^{n}(\hat{y}_i-\bar{y})^2=\frac{L_{xy}^2}{L_{xx}}$$

式中，L_{yy} 反映了数据 y_i 的总体波动情况；Q 是样本值 y_i 与回归值 $\hat{y}_i$ 之差的平方和，它反映了样本值偏离回归直线 $\hat{y}=\hat{a}+\hat{b}x$ 的程度；U 是回归值 $\hat{y}_i$ 与平均值 $\bar{y}$ 之差的平方和，反映了 x 对 y 线性关系的密切程度。式(6-11) 表明，数据 y_i 的总体波动 L_{yy} 由两方面引起：一方面是由于 x 的变化所引起 y 的波动 U，称为回归平方和；另一方面是其他的偶然因素（如随机误差）引起 y 的波动 Q，称为剩余平方和。

对于给定的一组数据样本（x_i,y_i），$i=1,2,\cdots,n$，如果点（x_i,y_i）的分布很接近于一条直线（即线性拟合程度较高），则 Q 值相对于 U 值较小；反之，若点（x_i,y_i）的分布较大地偏离直线，则 Q 值相对于 U 值较大。为此，定义

$$|r|=\sqrt{1-\frac{Q}{L_{yy}}} \tag{6-12}$$

称 r 为变量 x 与 y 的相关系数，其大小能反映出变量 x 与 y 之间的线性密切程度，其值介于 -1 与 1 之间。当 Q 相对于 U 值很小时，r 接近于 ±1，说明变量 x 与 y 之间的线性关系很密切，回归方程有实际意义；当 Q 相对于 U 值很大时，r 接近于 0，说明 x 与 y 之间的线性关系很弱，回归方程无实际价值。因此，r 值的大小的确能反映变量 x 与 y 之间线性相关关系的密切程度。为运用假设检验方法刻画回归方程的线性因果关系，构造统计量

$$t=\frac{\sqrt{n-2r}}{\sqrt{1-r^2}} \tag{6-13}$$

则由数理统计有关原理，有以下结果。

定理 6-1 设 r 是总体（x,y）的相关系数，当假设 H_0：$r=0$ 成立时，统计量 t 服从自由度为 $n-2$ 的 t 分布。

对于给定的显著性水平 α（$0\leqslant\alpha\leqslant1$）以及自由度（$n-2$），查 t 分布表得出相应的临界值 t_α，从而对 H_0 进行假设检验，即

当 $t>t_\alpha$ 时，否定原假设，认为 x 与 y 存在线性关系；

当 $t\leqslant t_\alpha$ 时，接受原假设，认为 x 与 y 不存在线性关系。

(2) F 检验法

如果变量 x 与 y 间无线性关系，回归方程中的回归系数 $b=0$，所以检验两个变量之间是否有线性关系，只需要检验假设

$$H_0: b=0$$

是否成立。为此，有如下定理

定理 6-2 在假设 H_0：$b=0$ 成立时，L_{yy}，U，Q 分别是自由度为 $f_y=n-1$，$f_U=1$，$f_Q=n-2$ 的 χ^2 变量，并且 Q 与 U 相互独立，于是统计量

$$F=\frac{U/f_U}{Q/f_Q}=\frac{(n-2)U}{Q} \tag{6-14}$$

服从自由度为（f_U, f_Q）的 F 分布。

对于给定的显著性水平 α（$0\leqslant\alpha\leqslant1$），及相应的自由度（$1, n-2$），查 F 分布得相应的临界值 F_α，则有

如果 $F>F_\alpha$，则否定原假设 H_0，认为 x 与 y 存在线性关系；

如果 $F\leqslant F_\alpha$，则接受原假设，认为 x 与 y 之间不存在线性关系。

6.3.2 一元线性回归预测的精度分析

既然我们建立一元线性回归方程的目的是根据变量 x 的值来预测其相关变量 y 的值，那么其预测精度就是衡量所建一元线性回归方程有效性的一个重要指标，它直接影响到我们对其能否作为预测模型的取舍。为此，采用类似于区间估计的方法，给定置信度 α（$0\leqslant\alpha\leqslant1$），求出预测变量 y 所取的可能值范围。

设 S_δ 为 y 的剩余均方差，它表示变量 y 偏离回归直线的误差

$$S_\delta=\sqrt{\frac{\sum_{i=1}^{n}(y_i-\hat{y}_i)^2}{n-2}}=\sqrt{\frac{(1-r^2)L_{yy}}{n-2}} \tag{6-15}$$

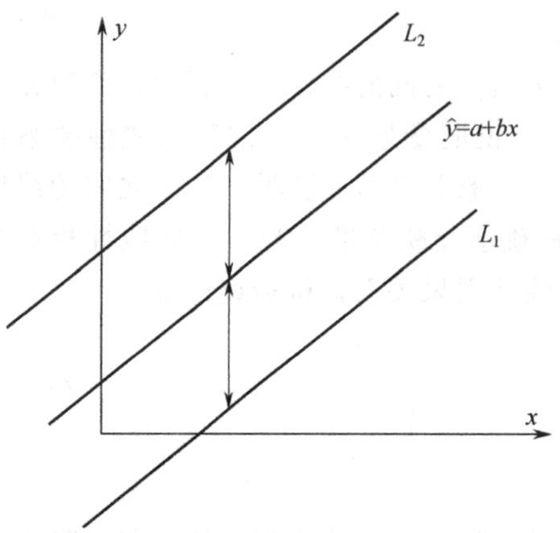

图 6-1 一元线性回归预测区间

这样，对某一 x_0，相应的 y_0 将以（$1-\alpha$）的概率落在式(6-16) 所示的区间内。

$$(\hat{y}_0-Z_{\alpha/2}S_\delta,\ \hat{y}_0+Z_{\alpha/2}S_\delta) \tag{6-16}$$

式中，$\hat{y}_0$ 是对应于 x_0 的 y_0 的预测值，$Z_{\alpha/2}$ 是标准正态分布上 $\alpha/2$ 百分位点的值。

以线性回归预测方程 $\hat{y}=a+bx$ 为中心线，上下做两条平行直线如图 6-1 所示。

$$\begin{aligned} L_1: & \ y_1=a+bx-Z_{\alpha/2}S_\delta \\ L_2: & \ y_2=a+bx+Z_{\alpha/2}S_\delta \end{aligned} \tag{6-17}$$

这表明，在全部可能出现的观察值 y_i 中，大

约有 100(1－α)%的点落在 L_1 与 L_2 之间的范围内。显然，L_1 与 L_2 越靠近，预测精度越高。

6.3.3　一元线性回归预测的步骤

一般地，运用一元线性回归方法进行预测经历如下处理过程。

① 为便于计算，通常按预测问题的物理意义进行下述平移和归一化压缩变换。

$$x'=\frac{x-c_1}{d_1}$$
$$y'=\frac{y-c_2}{d_2} \tag{6-18}$$

式中，c_1,c_2,d_1,d_2 分别是与数据大小尺度有关的常数。

② 按如下公式对新变量 x'，y'进行计算。

$$\bar{x}'=\frac{1}{n}\sum_{i=1}^{n}x_i'$$
$$\bar{y}'=\frac{1}{n}\sum_{i=1}^{n}y_i'$$
$$L_{x'y'}=\sum_{i=1}^{n}x_i'y_i'-n\bar{x}'\bar{y}_i'$$
$$L_{x'x'}=\sum_{i=1}^{n}x_i'^2-n\bar{x}'^2 \tag{6-19}$$
$$L_{y'y'}=\sum_{i=1}^{n}y_i'^2-n\bar{y}'^2$$
$$\hat{b}'=L_{x'y'}/L_{x'x'}$$
$$\hat{a}'=\bar{y}'-\hat{b}'\bar{x}'$$

③ 代回原变量，得到 x,y 的回归方程。

$$\frac{y-c_2}{d_2}=\hat{a}'+\hat{b}'\frac{x-c_1}{d_1} \tag{6-20}$$

④ 按下述公式进行统计检验。

$$U'=\hat{b}'^2L_{x'x'}=\hat{b}'L_{x'y'}$$
$$Q'=L_{y'y'}-U' \tag{6-21}$$
$$F'=\frac{(n-2)U'}{Q'}$$

由给定的显著性水平 α 及自由度（1,n－2）的 F 分布表，得相应的临界值 F_α。若 $F'>F_\alpha$，则认为一元线性回归模型式(6-20）成立；若 $F'\leqslant F_\alpha$，则认为该模型不成立。

⑤ 对回归直线进行预测。

$$S_\delta'=\sqrt{\frac{Q'}{n-2}}$$
$$S_\delta=d_2S_\delta'$$

做两条平行直线

$$L_1：\ y_1=a+bx-Z_{\alpha/2}S_\delta$$
$$L_2：\ y_2=a+bx+Z_{\alpha/2}S_\delta$$

则预测 y_i 将以 $(1-\alpha)$ 的概率落在直线 L_1 与 L_2 之间。

【例 6-1】 从某矿石中取得 14 块样品，测得成分 A 和成分 B 的含量如表 6-1 所示。试分析矿石中成分 A 和成分 B 的含量之间是否存在线性关系。

表 6-1　原始测试数据

编　号	成分 $A(x)$	成分 $B(y)$	编　号	成分 $A(x)$	成分 $B(y)$
1	0.009	4.0	8	0.014	1.7
2	0.013	3.44	9	0.016	2.92
3	0.006	3.6	10	0.014	4.8
4	0.025	1.0	11	0.016	3.28
5	0.022	2.04	12	0.012	4.16
6	0.007	4.74	13	0.020	3.35
7	0.036	0.6	14	0.018	2.2

解　① 做线性变换 $c_1=3$，$c_2=0.016$，$d_1=0.01$，$d_2=0.001$，于是

$$x'=100(x-3)$$

$$y'=1000(y-0.016)$$

表 6-1 变为表 6-2。

表 6-2　原始数据的变换值

编　号	x'	y'	x'^2	$x'y'$	y'^2
1	100	−7	10000	−700	49
2	44	−3	1936	−132	9
3	60	−10	3600	−600	100
4	−200	9	40000	−1800	81
5	−96	6	9216	−576	36
6	174	−9	30276	−1566	81
7	−200	20	40000	−4000	400
8	−130	−2	16900	260	4
9	−8	0	64	0	0
10	180	−2	32400	−360	4
11	28	0	784	0	0
12	116	−4	13456	−464	16
13	35	4	1225	140	16
14	−80	2	6400	−160	4
总计	−17	4	223857	−10758	800

② 按式(6-19) 进行计算。

$$\bar{x}'=\frac{1}{14}\times(-17)=-1.214$$

$$\bar{y}'=\frac{1}{14}\times4=0.286$$

$$L_{x'y'}=-10758-\frac{1}{14}(-17)\times4=-10753$$

$$L_{x'x'}=223857-\frac{1}{14}\times(-17)^2=223836$$

$$L_{y'y'}=800-\frac{1}{14}\times4^2=799$$

$$\hat{b}'=-\frac{10753}{223838}=-0.048$$

$$\hat{a}'=0.286-(-0.048)\times(-1.214)=0.228$$

③ 代回原变量，得 x 与 y 的回归方程。

$$1000(y-0.016)=0.228-0.048\times100(x-3)$$

即

$$y=0.0306-0.0048x$$

④ 进行统计检验。

$$U'=(-0.048)\times(-10753)=516.144$$

$$Q'=799-516.144=282.856$$

$$F'=\frac{12\times516.144}{282.856}=21.96$$

设置信度（$1-\alpha$）为 95%，则 $\alpha=0.05$，查得

$$F_{0.05}(1,12)=9.93$$

由于现在 $F=21.96>F_{0.05}=9.93$，故可认为 x 与 y 存在线性关系，预测模型有效。

⑤ 对预测模型进行精度分析。

$$S_\delta'=\sqrt{\frac{Q'}{n-2}}=\sqrt{\frac{282.856}{12}}=4.9$$

$$S_\delta=d_2S_\delta'=\frac{1}{1000}\times4.9=0.0049$$

对于给定的置信度 95%，查出 $Z_{0.025}=1.96$，则

$$L_1:y_1=a+bx-Z_{\alpha/2}S_\delta=0.021-0.0048x$$

$$L_2:y_2=a+bx+Z_{\alpha/2}S_\delta=0.0402-0.0048x$$

于是可以预料，对应不同的成分 A、成分 B 将以 95%的概率落在 L_1 与 L_2 之间。

6.4 一元非线性回归分析预测

变量间的线性相关关系仅仅是一种简单的特殊情况，在实际的科学和工程问题中，变量间绝大多数都是服从复杂的非线性关系。例如，热力学最简单的 Van der Waals 方程具有以下形式

$$\left(P+\frac{a}{v^2}\right)(v-b)=RT$$

这时，往往需要用非线性回归分析建立预测模型。

常用的非线性回归分析主要有以下两类处理方法。

① 将复杂的非线性关系通过某种数学变换化为线性关系，然后采用线性回归分析方法，称为线性化方法。函数变换线性化、多项式变换线性化和分段线性化均属于此类。

② 直接进行非线性回归分析的方法。

下面分别做一简要介绍。

6.4.1 函数变换线性化方法

函数变换线性化处理的一般步骤是：

① 根据机理或测点图形判断，选择一种易于线性化的非线性函数；

② 将自变量和因变量通过适当的数学变换得到线性关系；

③ 对变换后的自变量和因变量数据做线性回归分析；

④ 将得到的线性回归方程通过逆变换得出自变量和因变量间的非线性关系。

常用的、易于线性化的非线性函数有以下几类。

(1) 幂函数

$$y=a_0x^b \tag{6-22}$$

将等号两端都取对数，得到

$$\ln y=\ln a_0+b\ln x$$

令 $Y=\ln y$，$a=\ln a_0$，$X=\ln x$，则有

$$Y=a+bX \tag{6-23}$$

这样，非线性函数式(6-22) 就变换为线性函数式(6-23)，对式(6-23) 进行线性回归预测，然后反变换回到式(6-22) 即可。

(2) 指数函数

$$y=a_0b_0^x \tag{6-24}$$

取对数成为

$$\ln y=\ln a_0+x\ln b_0$$

令 $Y=\ln y$，$a=\ln a_0$，$X=x$，$b=\ln b_0$，则式(6-24) 化为线性化方程

$$Y=a+bX$$

(3) 双曲函数

$$\frac{1}{y}=a+\frac{b}{x} \tag{6-25}$$

令 $Y=1/y$，$X=1/x$，代入方程式(6-25)，得

$$Y=a+bX$$

为了判断所得到的非线性方程是否有效，仿照检验线性回归方程的相关系数式(6-12)，定义一个指标，称为相关指数，即

$$|R|=\sqrt{1-\frac{Q}{L_{yy}}}=\sqrt{1-\frac{\sum_i(y_i-\hat{y}_i)^2}{\sum_i(y_i-\bar{y})^2}} \tag{6-26}$$

式中，$\hat{y}_i$ 为用非线性方程得到的因变量 y 的回归值。R 并不表示自变量和因变量的线性相关程度，也不表示自变量和因变量经变换以后的线性相关程度，而是表示在总变差平方和中用非线性方程表达的份额。

6.4.2 多项式变换线性化方法

当已知变量间存在某种非线性函数关系、但这种非线性函数形式又无法确定时，运用非线性函数的函数逼近论原理，可以采用如下多项式作为近似模型。

$$y=c_0+c_1x+c_2x^2+\cdots+c_px^p \tag{6-27}$$

令

$$t_1=x,\ t_2=x^2,\ \cdots,\ t_p=x^p$$

则式(6-27) 化为

$$y=c_0+c_1t_1+c_2t_2+\cdots+c_pt_p \tag{6-28}$$

是 y 关于 p 个变量 $t_1,t_2,\cdots,t_p$ 的多元线性回归模型。本章后续内容将专门介绍多元线性回归问题的分析，式(6-28) 的求解可以参照后面章节的相应方法。

6.4.3 分段线性化方法

对于许多应用场合，尽管在总体的变量变化范围内呈现较复杂的非线性特征，但在若干局部区域却具有明显的线性特征，如图 6-2 所示。

从图 6-2 可以看出，在 x 从 O 到 D 的变化区域内，曲线呈非线性特征，但是在其中 O-A、A-B、B-C、C-D 的四个局部区域内，x 与 y 都具有明显的线性特征。这种现象不是孤立的，以工业生产过程为例，在不同的生产工况下生产设备往往表现出不同的变量对应关系，而且在生产工况的边界点还会产生一定的工作点跃变。当进入一个新的工况区域后，生产变量间会有一段相对

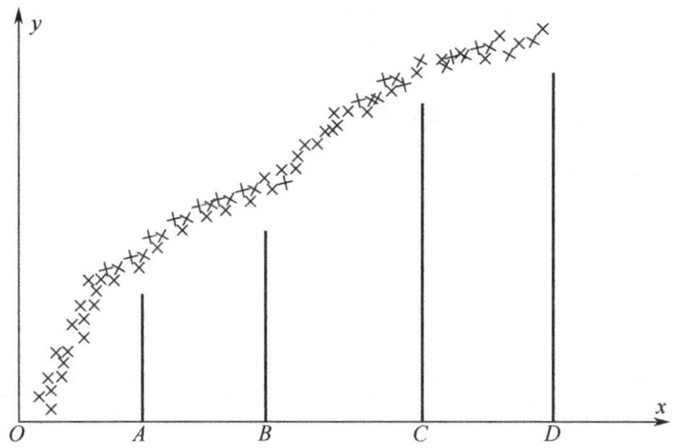

图 6-2 具有分段线性化特征的非线性相关数据

稳定的相关关系，直到再次到达工况边界。即使是日常生活中也存在这一现象，所得税缴纳就是一个典型例子，在不同的个人收入范围内有不同的所得税计算标准，相应的缴纳值也就不同。

对于具有明显分段线性化特征的非线性数据，可以采用分段线性化回归分析处理。例如，对于图 6-2 所示数据，可以按 O-A,A-B,B-C,C-D 四段进行回归分析，从而建立四个一元线性回归模型。

$$Q\text{-}A: y=a_1+b_1x,\quad x\in OA$$
$$A\text{-}B: y=a_2+b_2x,\quad x\in AB$$
$$B\text{-}C: y=a_3+b_3z,\quad x\in BC$$
$$C\text{-}D: y=a_4+b_4x,\quad x\in CD$$

对上述四个模型在各自的区域内分别进行求解即可得到总体非线性回归模型。

6.4.4 直接非线性回归分析的方法

对于更一般的非线性对应关系，应进行直接非线性回归分析。设变量 x 和 y 服从如下的非线性函数模型，即

$$y=f(x) \tag{6-29}$$

则基于非线性回归模型的因变量预测值

$$\hat{y}_i=f(x_i,\hat{\boldsymbol{\theta}}) \tag{6-30}$$

其中

$$\hat{\boldsymbol{\theta}}=[\hat{\theta}_1\ \ \hat{\theta}_2\ \ \cdots\ \ \hat{\theta}_k]^{\mathrm{T}} \tag{6-31}$$

是非线性回归模型中 k 个未知参数的估计值。这样，预测误差为

$$\varepsilon_i=y_i-\hat{y}_i=y_i-f(x_i,\hat{\boldsymbol{\theta}}) \tag{6-32}$$

式中，x_i 和 y_i 是样本观测值。非线性回归分析的目的就是求出未知参数向量 $\boldsymbol{\theta}=[\theta_1\ \ \theta_2\ \ \cdots\ \ \theta_k]^{\mathrm{T}}$ 的一个最佳估计值 $\hat{\boldsymbol{\theta}}^*$，为此，应首先确定所谓最佳估计的准则。

与线性回归分析相同，仍采用最小二乘作为最佳估计准则，预测误差的加权平方和为

$$J(\hat{\boldsymbol{\theta}})=\sum_i w_i\varepsilon_i^2=\sum_i w_i[y_i-f(x_i,\hat{\boldsymbol{\theta}})]^2 \tag{6-33}$$

式中，$w_i\in[0,1]$ 为回归权系数，表示第 i 个样本值的重要程度，w_i 愈大则表明样本值愈重要。当无需区分各个样本值的重要程度时，可取 $w_i=1$，$i=1,2,\cdots$。这样，非线性回归问题化为如下的非线性规划命题

$$\min_{\hat{\boldsymbol{\theta}}} J(\hat{\boldsymbol{\theta}}) = \min_{\hat{\boldsymbol{\theta}}} \sum_i w_i [y_i - f(x_i, \hat{\boldsymbol{\theta}})]^2 \tag{6-34}$$

求解式(6-34) 即可得到未知参数向量的最佳估计值$\hat{\boldsymbol{\theta}}^*$。

例如，设有一元非线性函数

$$f(x) = \frac{\theta_1 x}{x + \theta_2}$$

则当无加权时，有

$$J(\hat{\boldsymbol{\theta}}) = \sum_i \left(y_i - \frac{\hat{\theta}_1 x_i}{x_i + \hat{\theta}_2} \right)^2 = \sum_i y_i^2 - 2\hat{\theta}_1 \sum_i \frac{x_i y_i}{x_i + \hat{\theta}_2} + \hat{\theta}_1^2 \sum_i \frac{x_i^2}{(x_i + \hat{\theta}_2)^2}$$

根据非线性函数的极值必要性原理，有

$$\begin{aligned} \frac{\partial J(\hat{\boldsymbol{\theta}})}{\partial \hat{\theta}_1} &= -2\sum_i \frac{x_i y_i}{x_i + \hat{\theta}_2} + 2\hat{\theta}_1 \sum_i \frac{x_i^2}{(x_i + \hat{\theta}_2)^2} = 0 \\ \frac{\partial J(\hat{\boldsymbol{\theta}})}{\partial \hat{\theta}_2} &= 2\hat{\theta}_1 \sum_i \frac{x_i y_i}{(x_i + \hat{\theta}_2)^2} - 2\hat{\theta}_1^2 \sum_i \frac{x_i^2}{(x_i + \hat{\theta}_2)^3} = 0 \end{aligned} \tag{6-35}$$

求解上述式(6-35) 即可得到最佳回归参数$\hat{\theta}_1^*$，$\hat{\theta}_2^*$。因此，求解最佳回归模型的问题转化为求解非线性代数方程组的问题，即

$$\frac{\partial J(\hat{\boldsymbol{\theta}})}{\partial \hat{\theta}_j} = 0, \quad j = 1, 2, \cdots, k \tag{6-36}$$

式中，k 为回归参数的个数。有关非线性方程组 (6-36) 的求解方法，在许多数值分析的教材和著作中都有比较详细的讨论，这里不再展开。

然而，在有些问题中，式(6-36) 的非线性方程组的求解非常困难，这时可尝试利用第二章介绍的方法直接求解式(6-34) 的无约束非线性规划问题。这样，非线性回归问题的求解归结为以下两大类。

① 求解非线性代数方程组的方法。

② 求解无约束非线性规划命题的方法。

6.5 多元线性回归分析预测

6.5.1 多元线性回归预测的原理

一元线性回归模型描述一个自变量对一个因变量的影响关系，是回归分析类模型中最简单的情况。然而，许多实际问题中，影响因变量的自变量往往不止一个，甚至因变量也不止一个。例如，以人的身高和体重作为因变量，那么，影响人的身高和体重的因素至少有：父亲的身高、体重，母亲的身高、体重，人的年龄，人的生活环境，人的食品结构……在这些因素中，有些对身高、体重影响大些，有些影响小些，但无一例外都存在影响。

若对因变量 y 有影响的自变量共有 p 个，记为 $x_1, x_2, \cdots, x_p$，而且它们对因变量 y 都只有线性的影响关系，则可用多元线性回归分析来研究它们之间的定量关系，建立多元线性回归预测模型。显然，一元线性回归分析是多元线性回归分析的特例。

假设有 p 个自变量 $x_1, x_2, \cdots, x_p$ 和一个因变量 y，经过几次试验，其 n 个样本为

$$(y_i, x_{i1}, x_{i2}, \cdots, x_{ip}), \quad i=1,2,\cdots,n \tag{6-37}$$

如果 y 与 $x_1, x_2, \cdots, x_p$ 均存在线性关系，则其回归模型可表示为

$$y=\beta_0+\beta_1 x_1+\beta_2 x_2+\cdots+\beta_p x_p \tag{6-38}$$

式中，$\beta_0, \beta_1, \beta_2, \cdots, \beta_p$ 是未知的 $p+1$ 个回归参数，我们的目的是运用 n 个样本值式(6-37) 估计出 $p+1$ 个回归参数。

将 n 个样本式(6-37) 的自变量值分别代入式(6-38)，则对应 n 个样本的回归预测值为

$$\begin{aligned} \hat{y}_1 &= \beta_0+\beta_1 x_{11}+\beta_2 x_{12}+\cdots+\beta_p x_{1p} \\ \hat{y}_2 &= \beta_0+\beta_1 x_{21}+\beta_2 x_{22}+\cdots+\beta_p x_{2p} \\ &\vdots \\ \hat{y}_n &= \beta_0+\beta_1 x_{n1}+\beta_2 x_{n2}+\cdots+\beta_p x_{np} \end{aligned} \tag{6-39}$$

回归预测误差为

$$\begin{aligned} \varepsilon_1 &= y_1-\hat{y}_1 \\ \varepsilon_2 &= y_2-\hat{y}_2 \\ &\vdots \\ \varepsilon_n &= y_n-\hat{y}_n \end{aligned} \tag{6-40}$$

定义以下向量和矩阵

$$\boldsymbol{Y}=\begin{bmatrix} y_1 \\ y_2 \\ \vdots \\ y_n \end{bmatrix}, \quad \boldsymbol{X}=\begin{bmatrix} 1 & x_{11} & x_{12} & \cdots & x_{1p} \\ 1 & x_{21} & x_{22} & \cdots & x_{2p} \\ \vdots & \vdots & \vdots & \ddots & \vdots \\ 1 & x_{n1} & x_{n2} & \cdots & x_{np} \end{bmatrix}$$

$$\boldsymbol{\beta}=\begin{bmatrix} \beta_0 \\ \beta_1 \\ \beta_2 \\ \vdots \\ \beta_p \end{bmatrix}, \quad \boldsymbol{\varepsilon}=\begin{bmatrix} \varepsilon_1 \\ \varepsilon_2 \\ \vdots \\ \varepsilon_n \end{bmatrix}$$

由此，式(6-39) 和式(6-40) 可以表达为矩阵形式

$$\boldsymbol{Y}=\boldsymbol{X}\boldsymbol{\beta}+\boldsymbol{\varepsilon} \tag{6-41}$$

为求取 $\boldsymbol{\beta}$ 的最佳估计 $\hat{\boldsymbol{\beta}}^*$，运用最小二乘原理，回归预测误差的平方和为最小，即

$$\min_{\hat{\boldsymbol{\beta}}} J(\hat{\boldsymbol{\beta}}) = \min_{\hat{\boldsymbol{\beta}}} \sum_{i=1}^{n} \varepsilon_i^2 = \min_{\hat{\boldsymbol{\beta}}} \sum_{i=1}^{n} (y_i-\hat{y}_i)^2 \tag{6-42}$$

式中，$\hat{\boldsymbol{\beta}}$ 为 $\boldsymbol{\beta}$ 的某一个估计。

将 $J(\hat{\boldsymbol{\beta}})$ 对 $\hat{\beta}_0, \hat{\beta}_1, \hat{\beta}_2, \cdots, \hat{\beta}_p$ 求偏导数，令诸偏导数为 0，并将 n 个样本值代入，可得方程

$$\boldsymbol{A}\hat{\boldsymbol{\beta}}|_{\hat{\boldsymbol{\beta}}=\hat{\boldsymbol{\beta}}^*}=\boldsymbol{B} \tag{6-43}$$

其中

$$A=\begin{bmatrix} n & \sum_{i=1}^{n} x_{i1} & \sum_{i=1}^{n} x_{i2} & \cdots & \sum_{i=1}^{n} x_{ip} \\ \sum_{i=1}^{n} x_{i1} & \sum_{i=1}^{n} x_{i1}^2 & \sum_{i=1}^{n} x_{i1}x_{i2} & \cdots & \sum_{i=1}^{n} x_{i1}x_{ip} \\ \vdots & \vdots & \vdots & \ddots & \vdots \\ \sum_{i=1}^{n} x_{ip} & \sum_{i=1}^{n} x_{i1}x_{ip} & \sum_{i=1}^{n} x_{i2}x_{ip} & \cdots & \sum_{i=1}^{n} x_{ip}^2 \end{bmatrix}$$

$$B=\begin{bmatrix} \sum_{i=1}^{n} y_i \\ \sum_{i=1}^{n} x_{i1}y_i \\ \vdots \\ \sum_{i=1}^{n} x_{ip}y_i \end{bmatrix},\quad \hat{\boldsymbol{\beta}}=\begin{bmatrix} \hat{\beta}_0 \\ \hat{\beta}_1 \\ \vdots \\ \hat{\beta}_p \end{bmatrix}$$

可以证明

$$\boldsymbol{A}=\boldsymbol{X}^{\mathrm{T}}\boldsymbol{X} \tag{6-44}$$

$$\boldsymbol{B}=\boldsymbol{X}^{\mathrm{T}}\boldsymbol{Y} \tag{6-45}$$

于是方程式(6-43) 可以写成

$$(\boldsymbol{X}^{\mathrm{T}}\boldsymbol{X})\hat{\boldsymbol{\beta}}=(\boldsymbol{X}^{\mathrm{T}}\boldsymbol{Y}) \tag{6-46}$$

在 $(\boldsymbol{X}^{\mathrm{T}}\boldsymbol{X})$ 满秩的条件下，存在逆矩阵 $(\boldsymbol{X}^{\mathrm{T}}\boldsymbol{X})^{-1}$，所以

$$\hat{\boldsymbol{\beta}}=(\boldsymbol{X}^{\mathrm{T}}\boldsymbol{X})^{-1}(\boldsymbol{X}^{\mathrm{T}}\boldsymbol{Y}) \tag{6-47}$$

式(6-47) 是多元线性回归预测模型式(6-41) 中参数 $\boldsymbol{\beta}$ 的最小二乘估计。

6.5.2 主要计算方法

实际计算中常首先对样本数据进行预处理，以构成如下形式的回归预测模型。

$$y_i=\mu_0+\beta_1(x_{i1}-\hat{y}_1)+\beta_2(x_{i2}-\bar{x}_2)+\cdots+\beta_p(x_{ip}-\bar{x}_p)+\varepsilon_i \tag{6-48}$$

$$i=1,2,\cdots,n$$

式中，$\bar{x}_i=\dfrac{1}{n}\sum_{k=1}^{n}x_{ki}$，$i=1,2,\cdots,p$，显然有

$$\mu_0=\beta_0+\sum_{i=1}^{p}\beta_i\bar{x}_i \tag{6-49}$$

这时，相应的矩阵 $\boldsymbol{X}$，$\boldsymbol{B}$ 和 $\boldsymbol{A}$ 分别为

$$\boldsymbol{X}=\begin{bmatrix} 1 & x_{11}-\bar{x}_1 & x_{12}-\bar{x}_2 & \cdots & x_{1p}-\bar{x}_p \\ 1 & x_{21}-\bar{x}_1 & x_{22}-\bar{x}_2 & \cdots & x_{2p}-\bar{x}_p \\ \vdots & \vdots & \vdots & \ddots & \vdots \\ 1 & x_{n1}-\bar{x}_1 & x_{n2}-\bar{x}_2 & \cdots & x_{np}-\bar{x}_p \end{bmatrix} \tag{6-50}$$

$$\boldsymbol{B}=\begin{bmatrix} \sum_{i=1}^{n} y_i \\ l_{1y} \\ \vdots \\ l_{py} \end{bmatrix} \tag{6-51}$$

$$A=\begin{bmatrix} n & 0 & 0 & \cdots & 0 \\ 0 & l_{11} & l_{12} & \cdots & l_{1p} \\ \vdots & \vdots & \vdots & \ddots & \vdots \\ 0 & l_{p1} & l_{p2} & \cdots & l_{pp} \end{bmatrix}=\begin{bmatrix} n & 0 \\ 0 & \boldsymbol{L} \end{bmatrix} \tag{6-52}$$

其中

$$l_{ij}=\sum_{k=1}^{n} x_{ki}x_{kj}-n\bar{x}_i\bar{x}_j，\quad i,j=1,2,\cdots,p \tag{6-53}$$

$$l_{iy}=\sum_{i=1}^{n} x_{ij}y_i-n\bar{x}_i\bar{y}，\quad j=1,2,\cdots,p \tag{6-54}$$

与式(6-43) 相似，得到如下方程

$$\boldsymbol{A}\hat{\boldsymbol{\mu}}|_{\hat{\boldsymbol{\mu}}=\hat{\boldsymbol{\mu}}^*}=\boldsymbol{B} \tag{6-55}$$

或

$$\hat{\boldsymbol{\mu}}|_{\hat{\boldsymbol{\mu}}=\hat{\boldsymbol{\mu}}^*}=\boldsymbol{A}^{-1}\boldsymbol{B} \tag{6-56}$$

式中，$\hat{\boldsymbol{\mu}}$ 为新的回归系数向量，即

$$\hat{\boldsymbol{\mu}}=\begin{bmatrix} \hat{\mu}_0 \\ \hat{\beta}_1 \\ \hat{\beta}_2 \\ \vdots \\ \hat{\beta}_p \end{bmatrix} \tag{6-57}$$

将式(6-51)、式(6-52) 代入到式(6-56)，得到

$$\begin{bmatrix} \hat{\mu}_0 \\ \hat{\beta}_1 \\ \hat{\beta}_2 \\ \vdots \\ \hat{\beta}_p \end{bmatrix}=\begin{bmatrix} 1/n & 0 \\ 0 & \boldsymbol{L}^{-1} \end{bmatrix}\begin{bmatrix} \sum_{i=1}^{n} y_i \\ l_{1y} \\ \vdots \\ l_{py} \end{bmatrix} \tag{6-58}$$

即

$$\hat{\mu}_0=\frac{1}{n}\sum_{i=1}^{n} y_i=\bar{y} \tag{6-59}$$

$$\begin{bmatrix} \hat{\beta}_1 \\ \hat{\beta}_2 \\ \vdots \\ \hat{\beta}_p \end{bmatrix}=\boldsymbol{L}^{-1}\begin{bmatrix} l_{1y} \\ l_{2y} \\ \vdots \\ l_{py} \end{bmatrix} \tag{6-60}$$

$$\boldsymbol{L}=\begin{bmatrix} l_{11} & l_{12} & \cdots & l_{1p} \\ l_{21} & l_{22} & \cdots & l_{2p} \\ \vdots & \vdots & \ddots & \vdots \\ l_{p1} & l_{p2} & \cdots & l_{pp} \end{bmatrix} \tag{6-61}$$

则原始回归系数为

$$\hat{\mu}_0 = \frac{1}{n}\sum_{i=1}^{n} y_i = \bar{y} \tag{6-62}$$

$$\hat{\beta}_0 = \bar{y} - \sum_{i=1}^{p}\hat{\beta}_i\bar{x}_i$$

$$\begin{bmatrix}\hat{\beta}_1\\ \hat{\beta}_2\\ \vdots\\ \hat{\beta}_p\end{bmatrix} = \boldsymbol{L}^{-1}\begin{bmatrix}l_{1y}\\ l_{2y}\\ \vdots\\ l_{py}\end{bmatrix} \tag{6-63}$$

【例 6-2】 平炉炼钢过程中，铁水的含碳量指标 y 与所加的两种矿石的量 x_1, x_2 有关，也与冶炼时间 x_3 有关。现场操作进行 49 组分析试验，如表 6-3 所示。试求出 y 与 x_1, x_2, x_3 的三元线性回归预测模型。

表 6-3 样本数据

样本号	y	x_1	x_2	x_3	样本号	y	x_1	x_2	x_3
1	4.3302	2	18	50	26	2.7066	9	6	39
2	3.6458	7	9	40	27	5.6314	12	5	51
3	4.4830	5	14	46	28	5.8152	6	13	41
4	5.5468	12	3	43	29	5.1302	12	7	47
5	5.4970	1	20	64	30	5.3910	0	24	61
6	3.1125	3	12	40	31	4.4583	5	12	37
7	5.1182	3	17	64	32	4.6569	4	15	49
8	3.8759	6	5	39	33	4.5212	0	20	45
9	4.6700	7	8	37	34	4.8650	6	16	42
10	4.9536	0	23	55	35	5.3566	4	17	48
11	5.0006	3	16	60	36	4.6098	10	4	48
12	5.2701	0	18	49	37	2.3815	4	14	36
13	5.3772	8	4	50	38	3.8746	5	13	36
14	5.4849	6	14	51	39	4.5919	9	18	51
15	4.5960	0	21	51	40	5.1586	6	13	54
16	5.6645	3	14	51	41	5.4373	5	18	100
17	6.0795	7	12	56	42	3.9960	5	11	44
18	3.2194	16	0	48	43	4.3970	8	6	63
19	5.8076	6	16	45	44	4.0622	2	13	55
20	4.7306	0	15	52	45	2.2905	7	8	50
21	4.6805	9	0	40	46	4.7115	4	10	45
22	3.1272	4	6	32	47	4.5310	10	5	40
23	2.6104	0	17	47	48	5.3637	3	17	64
24	3.7174	9	0	44	49	6.0771	4	15	72
25	3.8946	2	6	39					

解 ① 为求出 y 与 x_1, x_2, x_3 的三元线性回归预测模型，采用式(6-48) 的形式。

$$y_i = \mu_0 + \beta_1(x_{i1} - \bar{x}_1) + \beta_2(x_{i2} - \bar{x}_2) + \beta_3(x_{i3} - \bar{x}_3) + \varepsilon_i$$

$$i = 1, 2, \cdots, 49$$

② 计算各变量的总和、算术平均值、交叉乘积和等。

$$\sum_{i=1}^{49} y_i = 224.5196, \qquad \bar{y} = 4.582$$

$$\sum_{i=1}^{49} x_{i1} = 259, \qquad \bar{x}_1 = 5.286$$

$$\sum_{i=1}^{49} x_{i2} = 578, \qquad \bar{x}_2 = 11.796$$

$$\sum_{i=1}^{49} x_{i3} = 2411, \qquad \bar{x}_3 = 49.204$$

$$\sum_{i=1}^{49} x_{i1}^2 = 2031, \qquad \sum_{i=1}^{49} x_{i2}^2 = 8572$$

$$\sum_{i=1}^{49} x_{i3}^2 = 124879, \qquad \sum_{i=1}^{49} x_{i1} x_{i2} = 2137$$

$$\sum_{i=1}^{49} x_{i1} x_{i3} = 12355, \qquad \sum_{i=1}^{49} x_{i2} x_{i3} = 29216$$

$$\sum_{i=1}^{49} x_{i1} y_i = 1180.3, \qquad \sum_{i=1}^{49} x_{i2} y_i = 2717.51$$

$$\sum_{i=1}^{49} x_{i3} y_i = 11292.72$$

由此得

$$l_{11} = \sum_{i=1}^{49} x_{i1}^2 - \frac{1}{49}(\sum_{i=1}^{49} x_{i1})^2 = 662.0$$

$$l_{22} = \sum_{i=1}^{49} x_{i2}^2 - \frac{1}{49}(\sum_{i=1}^{49} x_{i2})^2 = 1753.959$$

$$l_{33} = \sum_{i=1}^{49} x_{i3}^2 - \frac{1}{49}(\sum_{i=1}^{49} x_{i3})^2 = 6247.959$$

$$l_{21} = l_{12} = \sum_{i=1}^{49} x_{i1} x_{i2} - \frac{1}{49}(\sum_{i=1}^{49} x_{i1})(\sum_{i=1}^{49} x_{i2}) = -918.143$$

$$l_{31} = l_{13} = \sum_{i=1}^{49} x_{i1} x_{i3} - \frac{1}{49}(\sum_{i=1}^{49} x_{i1})(\sum_{i=1}^{49} x_{i3}) = -388.857$$

$$l_{23} = l_{32} = \sum_{i=1}^{49} x_{i3} x_{i2} - \frac{1}{49}(\sum_{i=1}^{49} x_{i3})(\sum_{i=1}^{49} x_{i2}) = 776.041$$

$$l_{1y} = \sum_{i=1}^{49} x_{i1} y_i - \frac{1}{49}(\sum_{i=1}^{49} x_{i1})(\sum_{i=1}^{49} y_i) = -6.433$$

$$l_{2y} = \sum_{i=1}^{49} x_{i2} y_i - \frac{1}{49}(\sum_{i=1}^{49} x_{i2})(\sum_{i=1}^{49} y_i) = 69.13$$

$$l_{3y} = \sum_{i=1}^{49} x_{i3} y_i - \frac{1}{49}(\sum_{i=1}^{49} x_{i3})(\sum_{i=1}^{49} y_i) = 245.571$$

③ **计算系数矩阵 $\boldsymbol{A}$ 及 $\boldsymbol{A}^{-1}$，常数矩阵 $\boldsymbol{B}$。**

$$\boldsymbol{A} = \begin{bmatrix} n & 0 \\ 0 & \boldsymbol{L} \end{bmatrix} = \begin{bmatrix} 49 & 0 & 0 & 0 \\ 0 & 662.0 & -918.143 & -388.857 \\ 0 & -918.143 & 1753.959 & 776.041 \\ 0 & -388.857 & 776.041 & 6247.959 \end{bmatrix}$$

$$A^{-1}=\begin{bmatrix} \frac{1}{49} & 0 & 0 & 0 \\ 0 & 0.005515 & 0.002984 & -0.00001623 \\ 0 & 0.002984 & 0.002122 & -0.00008345 \\ 0 & -0.00001623 & -0.00008345 & 0.0001694 \end{bmatrix}$$

$$B=\begin{bmatrix} 224.5196 \\ -6.433 \\ 69.13 \\ 245.571 \end{bmatrix}$$

④ 计算回归系数和回归方程。

$$\begin{bmatrix} \hat{\mu}_0 \\ \hat{\beta}_1 \\ \hat{\beta}_2 \\ \hat{\beta}_3 \end{bmatrix}=A^{-1}B=\begin{bmatrix} 4.582 \\ 0.1604 \\ 0.1706 \\ 0.0359 \end{bmatrix}$$

由此可得回归方程

$$\hat{y}=4.582+0.1604(x_1-5.286)+0.1706(x_2-11.769)+0.0359(x_3-49.204)$$

即 $$\hat{y}=0.7014+0.1604x_1+0.1706x_2+0.0359x_3$$

6.5.3 多元线性回归方程的显著性检验

对于 n 组给定的样本数据($y_i, x_{i1}, x_{i2}, \cdots, x_{ip}$)，$i=1,2,\cdots,n$，总可以按最小二乘原理建立一个多元线性回归方程。然而，这样得到的回归方程是否有效，还须进行统计检验。

与一元线性回归的原理相同，总的离差平方和 L_{yy} 可以分成 Q 与 U 两部分，即

$$L_{yy}=Q+U \tag{6-64}$$

其中

$$L_{yy}=\sum_{i=1}^{n}(y_i-\bar{y})^2$$

$$U=\sum_{i=1}^{n}(\hat{y}_i-\bar{y})^2$$

$$Q=\sum_{i=1}^{n}(y_i-\hat{y}_i)^2$$

在假设 $$H_0:\beta_1=\beta_2=\cdots=\beta_p=0 \tag{6-65}$$

成立时，L_{yy}, U, Q 分别是自由度 $f_y=n-1$，$f_U=p$，$f_Q=n-p-1$ 的 χ^2 变量，并且 Q 与 U 相互独立。

在假设 H_0 成立时，统计量

$$F=\frac{U/p}{Q/(n-p-1)}=\frac{(n-p-1)U}{pQ} \tag{6-66}$$

服从自由度为 (p, $n-p-1$) 的 F 分布，这样按给定的显著性水平 α 查 F 分布表，得到相应的临界值 F_α，则有

若 $F>F_\alpha$，则否定原假设 H_0，认为 y 与 $x_1, x_2, \cdots, x_p$ 之间存在线性关系；

若 $F\leqslant F_\alpha$，则接受原假设 H_0，认为 y 与 $x_1, x_2, \cdots, x_p$ 之间不存在线性关系。

【例 6-3】 在例 6-2 中，可以计算

$$L_{yy}=\sum_{i=1}^{n}(y_i-\bar{y})^2=44.905$$

$$U=\sum_{i=1}^{n}(\hat{y}_i-\bar{y})^2=15.221$$

$$Q=\sum_{i=1}^{n}(y_i-\hat{y}_i)^2=29.684$$

$$f_y=n-1=48$$

$$f_U=p=3$$

$$f_Q=n-p-1=45$$

$$U/p=5.074$$

$$Q/f_Q=0.66$$

$$F=\frac{5.074}{0.66}=7.69$$

若给定 $\alpha=0.01$，查 F 分布表 $F_{0.01}(3,45)=4.25$，因此

$$F=7.69>F_{0.01}(3,45)=4.25$$

检验结果表明 y 与 $x_1,x_2,\cdots,x_p$ 间存在线性关系。

6.5.4 多元线性回归模型的预测精度

对于多元线性回归的预测模型

$$y=\beta_0+\beta_1x_1+\beta_2x_2+\cdots+\beta_px_p$$

仿照一元线性回归问题的处理方法，可以用

$$S_\delta=\sqrt{\frac{Q}{n-p-1}}$$

近似地表示 y 偏离回归平面的误差，于是，可以预测在各变量 $x_1,x_2,\cdots,x_p$ 取固定的样本值时，预测值 $\hat{y}$ 将以 $(1-\alpha)$ 的概率落在下述区域内，即

$$(\hat{y}_0-Z_{\alpha/2}S_\delta,\ \hat{y}_0+Z_{\alpha/2}S_\delta)$$

式中，$\hat{y}_0$ 是采用 $\hat{\beta}_0,\hat{\beta}_1,\hat{\beta}_2,\cdots,\hat{\beta}_p$ 作为最佳回归参数时的预测值，$Z_{\alpha/2}$是标准正态分布上 $\alpha/2$ 百分位点的值。

6.6 多元线性偏回归分析预测

6.6.1 复共线问题

在多元线性回归预测模型式(6-41) 的建立过程中，利用最小二乘原理可以得到模型参数的最小二乘估计

$$\hat{\boldsymbol{\beta}}=(\boldsymbol{X}^{\mathrm{T}}\boldsymbol{X})^{-1}(\boldsymbol{X}^{\mathrm{T}}\boldsymbol{Y}) \tag{6-67}$$

理论上可以证明，最小二乘估计为方差最小的线性无偏估计，在正态分布下是方差最小无偏的。也就是说，最小二乘估计具有良好的估计性质。

然而，实际应用中，某些情况下利用最小二乘原理估计 $\hat{\boldsymbol{\beta}}$，其结果并不理想。究其原因，发现与数据矩阵的特性有关。从式(6-67) 可以看出，求解 $\hat{\boldsymbol{\beta}}$ 需要 $\boldsymbol{X}^{\mathrm{T}}\boldsymbol{X}$ 的逆矩阵存在。

当 X^TX 的逆矩阵不存在时显然无法求解 $\hat{\boldsymbol{\beta}}$。即使 X^TX 的逆矩阵存在但行列式很小（接近于0）时（称为“病态”数据矩阵），最小二乘估计的性能也会变得很差。

如果 X^TX 不可逆（即 $|X^TX|=0$），则表明 X 的列向量是线性相关的；如果 X^TX 接近不可逆（即 $|X^TX|$ 接近零），则表明 X 的列向量接近线性相关。换句话说，在自变量之间存在一定程度的线性关系。通常把这种近似线性关系称为复共线关系。

一般来说，如果自变量之间存在完全的线性关系，它们之间的相关系数等于1，则称自变量之间存在着完全的相关性；若自变量之间完全没有相关关系，它们之间的相关系数等于零，则称自变量之间完全不存在相关现象。这是两种极端的状态，并不常见。经常出现的是自变量之间存在着程度不同的相关现象，相关系数在0与1之间变化。

实际问题中，复共线性的存在是十分普遍的，其形成的主要原因基本有两个。一个原因是，某些变量的物理含义就决定了它们之间的相关性，这在技术、经济、社会科学或工程中都十分常见。例如，一个地区的国民生产总值往往与其工业总产值、商品零售总额等存在着共同增长的趋势。产生复共线性的另一个重要原因是由于实验、取样条件的限制，使样本数据点不足所造成的。因此，在普通多元线性回归中，规定的样本点数量不宜太少。

当自变量之间存在复共线性时，最小二乘估计性能会大大下降，主要表现在以下几个方面。

首先，在自变量完全相关的情况下，最小二乘的回归系数完全无法确定。其次，如果自变量之间存在不完全的复共线现象，则回归系数是可以估计的，但是，回归系数的估计方差将随着自变量之间的相关程度的增加而迅速扩大。第三，在自变量高度相关的条件下，回归系数的估计值对样本数据的微小变化将变得非常敏感，回归系数估计值的稳定性将变得很差。第四，当存在严重复共线性影响时，会给回归模型的统计检验造成一定的困难。第五，在自变量高度相关条件下，对用最小二乘法得到的回归模型，其回归系数的物理解释会出现矛盾（或称为回归异常）。例如，有这样一个例子，用多元线性回归建立成年人的身体脂肪（用变量 y 表示）和三个变量——皮褶厚度（用 x_1 表示）、大腿围长（用 x_2 表示）、中臂围长（用 x_3 表示）之间的关系。经20组样本数据的测试计算，得到如下回归预测模型，即

$$\hat{y}=117.08+4.33x_1-2.86x_2-2.19x_3$$

在这个模型中，x_2 的符号为负，这意味着一个人的大腿越粗大，其身体脂肪越少，这显然与人们的生活常识相违背。造成这一结果的原因是 x_1 与 x_2 高度相关。

6.6.2 岭回归分析

为克服最小二乘估计的上述缺点，相继提出了一些新的回归分析方法，岭回归分析就是其中一种，它是最小二乘法的一种修正，是一种有偏估计（最小二乘估计是无偏的）。

首先，假定在式(6-41)中数据矩阵 X 和 Y 已经是中心化和标准化的，并且存在一定程度的复共线性，那么在最小二乘估计式(6-67)的基础上定义一个新的参数估计算法

$$\hat{\boldsymbol{\beta}}(M)=(X^TX+MI)^{-1}(X^TY)\triangleq W_M(X^TY) \tag{6-68}$$

称为参数 $\boldsymbol{\beta}$ 的岭回归估计。式中，$0\leqslant M\leqslant+\infty$ 是一个足够大的正数，$W_M=(X^TX+MI)^{-1}$，I 是与 X^TX 同维的单位矩阵。可以看出，岭回归的估计效果与 M 的选择有关。

设 X^TX 的特征根是 $\lambda_1,\lambda_2,\cdots,\lambda_p$，所以 (X^TX+MI) 的特征根是 $\lambda_1+M,\lambda_2+M,\cdots,\lambda_p+M$。如果 X^TX 的最小特征根 λ_i 很接近于零，那么 λ_i+M 由于 M 的存在其接近于零的程度就小得多。因此，一定程度地减弱了复共线性的影响，故有理由认为式(6-68)的 $\hat{\boldsymbol{\beta}}(M)$ 比式(6-67)的 $\hat{\boldsymbol{\beta}}$ 性能要好。

如上所述，M 的选择对岭回归估计至关重要，但如何找到最佳的 M 值却是一个复杂的

问题，岭迹分析是寻找最佳 M 值的行之有效的方法。

所谓岭迹分析，是以 M 为横坐标。以 $\hat{\boldsymbol{\beta}}(M)$ 为纵坐标，在平面上绘出 $\hat{\boldsymbol{\beta}}(M)$ 的各个回归参数随 M 变化的曲线簇，最佳的 M 值应使各回归参数的估计值都能达到稳定，并且没有不合理的符号，残差平方和也不会增加太多，如图 6-3 中的 M^*。

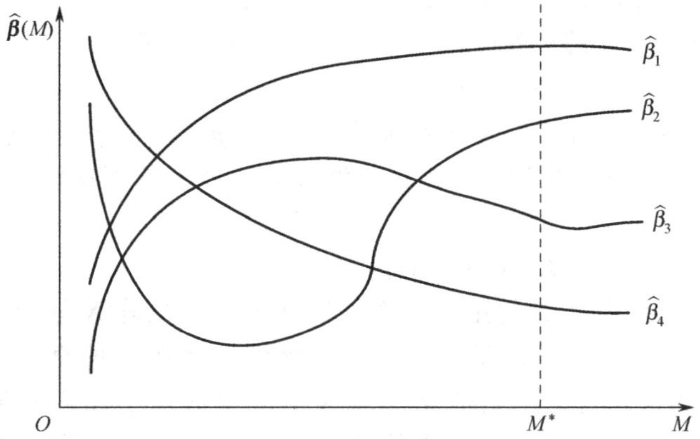

图 6-3 岭迹分析曲线

6.6.3 偏最小二乘回归分析

假设有 m 个自变量 $x_1, x_2, \cdots, x_m$ 和 l 个因变量 $y_1, y_2, \cdots, y_l$，经过 n 次试验得到 n 个样本，$\boldsymbol{X} \in \boldsymbol{R}^{n\times m}$ 是自变量的数据矩阵，m 对应 m 个自变量，$\boldsymbol{Y} \in \boldsymbol{R}^{n\times l}$ 是因变量的数据矩阵，l 对应 l 个因变量。所谓偏最小二乘回归分析就是对自变量数据矩阵 $\boldsymbol{X}$ 和因变量数据矩阵 $\boldsymbol{Y}$ 进行多元统计投影变换，建立 $\boldsymbol{X}$ 和 $\boldsymbol{Y}$ 的线性正交投影关系。如果 $\boldsymbol{X}$ 的 m 个变量之间、$\boldsymbol{Y}$ 的 l 个变量之间的相关性很弱，则运用经典的多元最小二乘回归方法，即可由式

$$\boldsymbol{\theta} = (\boldsymbol{X}^{\mathrm{T}}\boldsymbol{X})^{-1}\boldsymbol{X}^{\mathrm{T}}\boldsymbol{Y} \tag{6-69}$$

求得 $\boldsymbol{X}$ 和 $\boldsymbol{Y}$ 的矩阵模型为

$$\boldsymbol{Y} = \boldsymbol{X}\boldsymbol{\theta} + \boldsymbol{E}_r \tag{6-70}$$

式中，$\boldsymbol{\theta}$ 为模型参数矩阵，$\boldsymbol{E}_r$ 为模型误差随机矩阵。然而，当自变量之间、因变量之间存在较严重的相关关系时，秩 $Rank(\boldsymbol{X}^{\mathrm{T}}\boldsymbol{X}) \leqslant m$，$(\boldsymbol{X}^{\mathrm{T}}\boldsymbol{X})^{-1}$ 不存在或是临界非奇异的（病态矩阵），最小二乘回归将导致不可靠的模型参数。这种情况下，需要采用基于主元分析的偏最小二乘（PLS）方法来计算回归模型参数。

为实现自变量矩阵的无关化处理，将 $\boldsymbol{X}$ 分解为 m 个向量的外积之和，即

$$\boldsymbol{X} = \boldsymbol{t}_1\boldsymbol{p}_1^{\mathrm{T}} + \boldsymbol{t}_2\boldsymbol{p}_2^{\mathrm{T}} + \cdots + \boldsymbol{t}_m\boldsymbol{p}_m^{\mathrm{T}} \tag{6-71}$$

式中，$\boldsymbol{t}_i \in \boldsymbol{R}^n$ 称为得分向量或主元，$\boldsymbol{p}_i \in \boldsymbol{R}^m$ 称为负荷向量。令 $\boldsymbol{T} = [\boldsymbol{t}_1\ \boldsymbol{t}_2 \cdots\ \boldsymbol{t}_n]$ 为得分矩阵，$\boldsymbol{P} = [\boldsymbol{p}_1\ \boldsymbol{p}_2 \cdots \boldsymbol{p}_m]$ 为负荷矩阵，则式(6-71) 可写为矩阵形式

$$\boldsymbol{X} = \boldsymbol{T}\boldsymbol{P}^{\mathrm{T}} \tag{6-72}$$

如果在上述矩阵分解过程中适当选择得分向量和负荷向量，使得：①各个得分向量之间是正交的；②各个负荷向量之间是正交的且每个负荷向量的模都为 1，即

$$\begin{cases} \boldsymbol{t}_i^{\mathrm{T}}\boldsymbol{t}_j = 0, & i \neq j \\ \boldsymbol{p}_i^{\mathrm{T}}\boldsymbol{p}_j = 0, & i \neq j \\ \boldsymbol{p}_i^{\mathrm{T}}\boldsymbol{p}_j = 1, & i = j \end{cases} \tag{6-73}$$

则将式(6-73) 两边同乘 $\boldsymbol{p}_i$，得到

$$t_i = Xp_i \tag{6-74}$$

式(6-74)说明每一个得分向量实际上是数据矩阵 X 在和这个得分向量相对应的负荷向量方向上的投影，向量 t_i 的模反映了 X 在 p_i 方向上的覆盖程度。当矩阵 X 中的变量间存在一定程度的相关时，X 的变化将主要体现在 t_i 的模较大的几个负荷向量方向上，数据矩阵 X 在其余几个负荷向量上的投影很小，它们主要是由样本测量噪声引起的。如果 $T=[t_1 \quad t_2 \quad \cdots \quad t_n]$ 中的分量是按模的大小排序的，就可以将 X 进行如下主元分解

$$X = t_1 p_1^{\mathrm{T}} + t_2 p_2^{\mathrm{T}} + \cdots + t_k p_k^{\mathrm{T}} + E \tag{6-75}$$

式中，E 为分解误差矩阵，代表 X 在非主元 $p_{k+1}, p_{k+2}, \cdots, p_m$ 负荷方向上的变化，一般 $k \ll m$。为实现对 X 的降维处理，消除样本测量噪声对 X 的不良影响，在式(6-75)中去除 E，得到

$$X \approx t_1 p_1^{\mathrm{T}} + t_2 p_2^{\mathrm{T}} + \cdots + t_k p_k^{\mathrm{T}} = X_p \tag{6-76}$$

式(6-76)即为数据矩阵 X 的主元模型。实际上，对矩阵 X 进行主元分析等效于对 X 的协方差矩阵 $X^{\mathrm{T}}X$ 进行特征向量分析，其过程可由矩阵 X 的奇异值分解实现。经过这样的处理，具有相关信息的原始数据矩阵 X 就变换成以主元为变量的降维无关矩阵 X_p，两者相差一个测量噪声项 E，或等效认为 X 中的信息变化可以用 X 的前 k 个主元来解释。

如果矩阵 Y 的 l 个因变量之间是不相关的，则可用 X_p 与 Y 进行回归分析，得到主元回归模型

$$Y = TB + E_r = b_1 t_1 + b_2 t_2 + \cdots + b_k t_k + E_r \tag{6-77}$$

式中，$T=[t_1 \quad t_2 \quad \cdots \quad t_k]$是因变量主元，$B=[b_1 \quad b_2 \quad \cdots \quad b_k]^{\mathrm{T}}$ 为主元回归模型参数，可以利用最小二乘方法计算，得

$$B = (T^{\mathrm{T}}T)^{-1}T^{\mathrm{T}}Y \tag{6-78}$$

E_r 为模型误差随机矩阵。由于主元之间是正交的，所以上式中的模型参数计算不会出现矩阵奇异问题。由式(6-74)，$T=XP$，代入式(6-77)，得

$$Y = XPB + E_r \tag{6-79}$$

比较式(6-70)，PB 即为以 X 中原始变量作为自变量的模型参数矩阵 θ，即

$$\theta = PB = P(T^{\mathrm{T}}T)^{-1}T^{\mathrm{T}}Y \tag{6-80}$$

主元回归方法解决了因自变量间相关性而引起的问题，同时由于忽略了次要的变量元，起到了抑制样本测量噪声对模型参数的不良影响作用。

如果因变量间亦存在不容忽视的相关性，则可采用偏最小二乘方法来同时对自变量数据矩阵 X 和因变量数据矩阵 Y 进行主元分解，即

$$X = TP^{\mathrm{T}} + E \tag{6-81}$$

$$Y = UQ^{\mathrm{T}} + F \tag{6-82}$$

并对 Y 主元 U 和 X 主元 T 进行线性回归

$$U = TB + H \tag{6-83}$$

式中，Q 为关于 Y 的负荷矩阵，F 为关于 Y 分解误差矩阵，H 为主元回归误差矩阵。式(6-81)、式(6-82)称为偏最小二乘的外部关系式，式(6-83)称为内部关系式。

将式(6-83)中除去回归误差外的主元对应关系代入式(6-82)，再注意到式(6-74)，可得

$$Y = TBQ^{\mathrm{T}} + F = XPBQ^{\mathrm{T}} + F \tag{6-84}$$

将式(6-84)与式(6-70)对比，可知

$$\theta = PBQ^{\mathrm{T}} \tag{6-85}$$

因此，若 $\boldsymbol{X}$ 和 $\boldsymbol{Y}$ 分别是自变量和因变量的样本数据矩阵，则式(6-79) 和式(6-84) 即为多元统计投影意义下的偏最小二乘回归模型，式(6-80) 和式(6-85) 分别是模型的参数矩阵。

实际应用中，如果直接用式(6-81)、式(6-82) 分别进行主元分解后，再利用式(6-83) 进行回归计算，所得到的模型并没有完全表达矩阵 $\boldsymbol{Y}$ 的主元 $\boldsymbol{U}$ 和矩阵 $\boldsymbol{X}$ 的主元 $\boldsymbol{T}$ 之间的全部相关关系，因为 $\boldsymbol{Y}$ 和 $\boldsymbol{X}$ 的主元分析是在各自独立的情况下进行的。为最大限度地用自变量主元 $\boldsymbol{T}$ 来估计或预测因变量主元 $\boldsymbol{U}$，应在尽可能保持 $\boldsymbol{T}$ 和 $\boldsymbol{U}$ 的相关性的前提下进行 $\boldsymbol{X}$ 和 $\boldsymbol{Y}$ 的主元分解，如下算法可以较好地实现这一目的。

偏最小二乘算法

① 令 $\boldsymbol{u}$ 取因变量数据矩阵 $\boldsymbol{Y}$ 的某一列（一般是具有最大方差的列）。

② 定义一个计算权矩阵 $\boldsymbol{w}$，$\boldsymbol{w}^{\mathrm{T}}=\boldsymbol{u}^{\mathrm{T}}\boldsymbol{X}/\boldsymbol{u}^{\mathrm{T}}\boldsymbol{u}$。

③ 归一化权矩阵，$\boldsymbol{w}^{\mathrm{T}}=\boldsymbol{w}^{\mathrm{T}}/\|\boldsymbol{w}^{\mathrm{T}}\|$。

④ 计算 $\boldsymbol{X}$ 的主元，$\boldsymbol{t}=\boldsymbol{X}\boldsymbol{w}/\boldsymbol{w}^{\mathrm{T}}\boldsymbol{w}$。

⑤ 进行 $\boldsymbol{Y}$ 与 $\boldsymbol{t}$ 的回归计算，$\boldsymbol{q}^{\mathrm{T}}=\boldsymbol{t}^{\mathrm{T}}\boldsymbol{Y}/\boldsymbol{t}^{\mathrm{T}}\boldsymbol{t}$。

⑥ 计算 $\boldsymbol{Y}$ 的主元，$\boldsymbol{u}=\boldsymbol{Y}\boldsymbol{q}/\boldsymbol{q}^{\mathrm{T}}\boldsymbol{q}$。

⑦ 检查 $\boldsymbol{Y}$ 的主元 $\boldsymbol{u}$ 的收敛性：如果已经满足收敛条件，转⑧；否则转②。

⑧ 计算 $\boldsymbol{X}$ 的负荷向量，$\boldsymbol{p}=\boldsymbol{X}^{\mathrm{T}}\boldsymbol{t}/\boldsymbol{t}^{\mathrm{T}}\boldsymbol{t}$。

⑨ 负荷向量归一化，$\boldsymbol{p}^{\mathrm{T}}=\boldsymbol{p}^{\mathrm{T}}/\|\boldsymbol{p}^{\mathrm{T}}\|$。

⑩ 求解内部关系向量，$\boldsymbol{b}=\boldsymbol{u}^{\mathrm{T}}\boldsymbol{t}/\boldsymbol{t}^{\mathrm{T}}\boldsymbol{t}$。

⑪ 计算主元分解的残差矩阵 $\boldsymbol{E}=\boldsymbol{X}-\boldsymbol{t}\boldsymbol{p}^{\mathrm{T}}$，$\boldsymbol{F}=\boldsymbol{Y}-\boldsymbol{b}\boldsymbol{t}\boldsymbol{q}^{\mathrm{T}}$。

⑫ 若残差矩阵已经满足建模的精度要求，结束求解过程；否则，令 $\boldsymbol{X}=\boldsymbol{E}$，$\boldsymbol{Y}=\boldsymbol{F}$，循环迭代① 到⑪。

考虑到数据矩阵 $\boldsymbol{X}$ 和 $\boldsymbol{Y}$ 中样本测量噪声的存在对主元分析和回归分析结果的影响，$\boldsymbol{T}$ 中所保留的主元数目（即偏最小二乘正交回归模型中保留的自变量的个数）必有一个最优值。该值既能保证最终的模型很好地描述 $\boldsymbol{X}$ 和 $\boldsymbol{Y}$ 的内在相关关系，又能充分消除测量噪声对建模结果的影响。也就是说，过少的主元数目不足以表达 $\boldsymbol{X}$ 和 $\boldsymbol{Y}$ 的内在关系，过多的主元数目又给模型带入了测量噪声的不良影响。通常可以用交叉检验技术来决定主元个数。把用以建立模型的数据矩阵 $\boldsymbol{X}$ 和 $\boldsymbol{Y}$ 按采样序号分为两部分，一部分用于建立模型，另一部分用来即时检验所建立的模型。在算法中通过保留不同数目的主元，交叉建立若干个正交回归模型，然后利用检验数据测试这些模型，并从中选出模型检验误差最小的那个模型。

一般来说，实际应用问题中不同变量的样本采集数据具有不同的物理单位和不同的数据尺度，样本数据往往缺乏可比性，因此数据矩阵 $\boldsymbol{X}$ 和 $\boldsymbol{Y}$ 的主元分析和回归分析结果会随着变量所用尺度的变化而变化。为消除尺度因素对偏最小二乘分析算法的影响，应在分析前对数据矩阵进行数据归一化处理：减去均值并除以标准方差。

【例 6-4】 轧钢加热炉是钢材热轧生产线上的关键设备之一，其主要作用是把炉内钢坯加热到后续轧钢工艺所要求的范围内，以保证钢坯的正常轧制。因此，钢坯在炉内的温度分布尤其是在出炉口处钢坯表面和中心的温度对于实现加热炉的闭环最优控制和预测钢坯的轧制效果具有重要的意义，是加热炉运行中钢坯加热的主要质量指标。但是，至今在实际的工业生产中，人们还无法直接测量移动钢坯在炉内的温度分布。因此，通过数学模型对钢坯在炉内的温度分布进行预测是当前解决这一问题的有效方法。

图 6-4 是一个典型的推钢式板坯加热炉示意图。该加热炉由预热段、加热段、均热段和

炉头段构成，每段分上、下两个段区，除预热段外，其余三个燃烧段每段均设有上、下烧嘴，使用天然气或混合煤气作为燃料，炉内钢坯由水冷滑管支持，并在推钢机的推动下不断向炉出口方向移动。出炉钢坯沿着辊道送往后续轧机，经粗轧、精轧等工序，制成成品或半成品。这一过程的反复运行，便构成加热炉的连续生产过程。

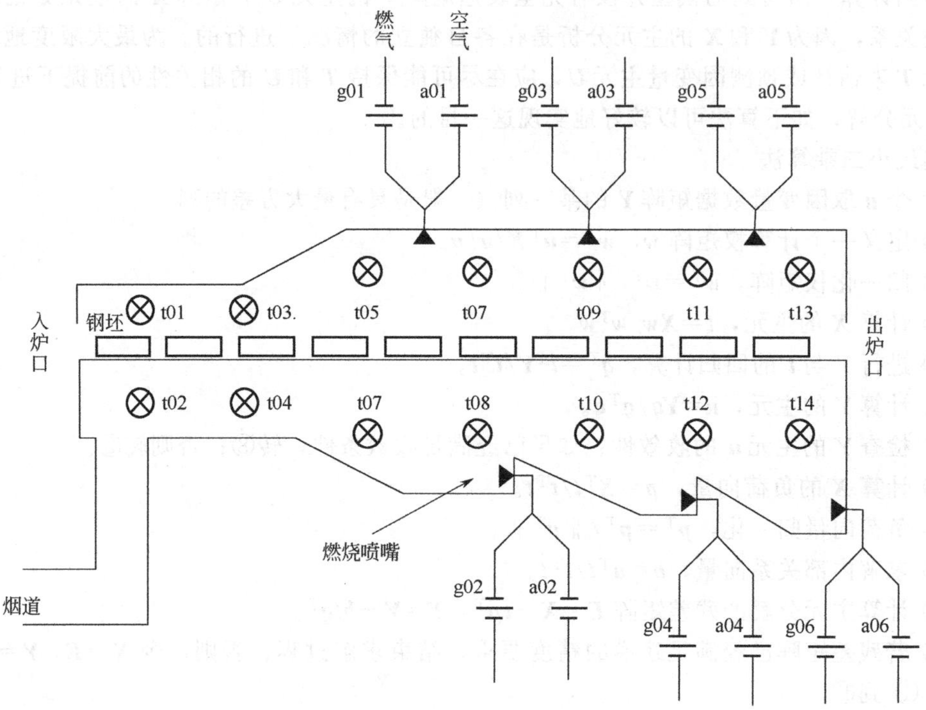

图 6-4 轧钢加热炉生产过程

解 为实现以上目标，轧钢加热炉采用计算机集散控制系统对设备的运行加以控制和操作，主要的过程变量（自变量）和质量变量（因变量）如表 6-4 所示。

表 6-4 轧钢加热炉的过程变量和质量变量分布

过程变量序号	过程变量名	测点位置	描 述
1,3,5	g01,g03,g05	三个燃烧段的上区	喷嘴燃气流量
2,4,6	g02,g04,g06	三个燃烧段的下区	喷嘴燃气流量
7,9,11	a01,a03,a05	三个燃烧段的上区	喷嘴空气流量
8,10,12	a02,a04,a06	三个燃烧段的下区	喷嘴空气流量
13,14,15,16,17,18,19	t01,t03,t05,t07,t09,t11,t13	四个段的上区	沿炉长方向分布的七个炉温检测量
20,21,22,23,24,25,26	t02,t04,t06,t08,t10,t12,t14	四个段的下区	沿炉长方向分布的七个炉温检测量
27	p01	炉膛	炉膛压力
28	p02	燃气总管	燃气总管压力
29	p03	空气总管	空气总管压力
30	o01	烟道	烟气含氧量
1	T_1		钢坯的下表面温度
2	T_2		钢坯的中心温度
3	T_3		钢坯的上表面温度

由轧钢加热炉生产过程的工艺原理可知，钢坯温度指标主要由各段的炉温分布所决定，而各段的炉温分布又直接受到各段燃气流量和空气流量的控制。根据表 6-4，计有 14 个温度测量点、6 个燃气流量测量点、6 个空气流量测量点共 26 个与钢坯温度相关的过程变量被选为自变量，因此数据矩阵 $\boldsymbol{X}$ 由这 26 个过程变量构成了列元素。数据矩阵 $\boldsymbol{Y}$ 由钢坯下表面温度、中心温度、上表面温度共 3 个质量变量构成了列元素。设在采样试验中共测取两组试验数据，每组 500 个数据样本，分别记为（$\boldsymbol{X}_1 \in \boldsymbol{R}^{500\times 26}$，$\boldsymbol{Y}_1 \in \boldsymbol{R}^{500\times 3}$），（$\boldsymbol{X}_2 \in \boldsymbol{R}^{500\times 26}$，$\boldsymbol{Y}_2 \in \boldsymbol{R}^{500\times 3}$），并以前者作为建模数据，后者作为模型验证数据，示意图如图 6-5 所示（图中不计诸变量的坐标单位）。

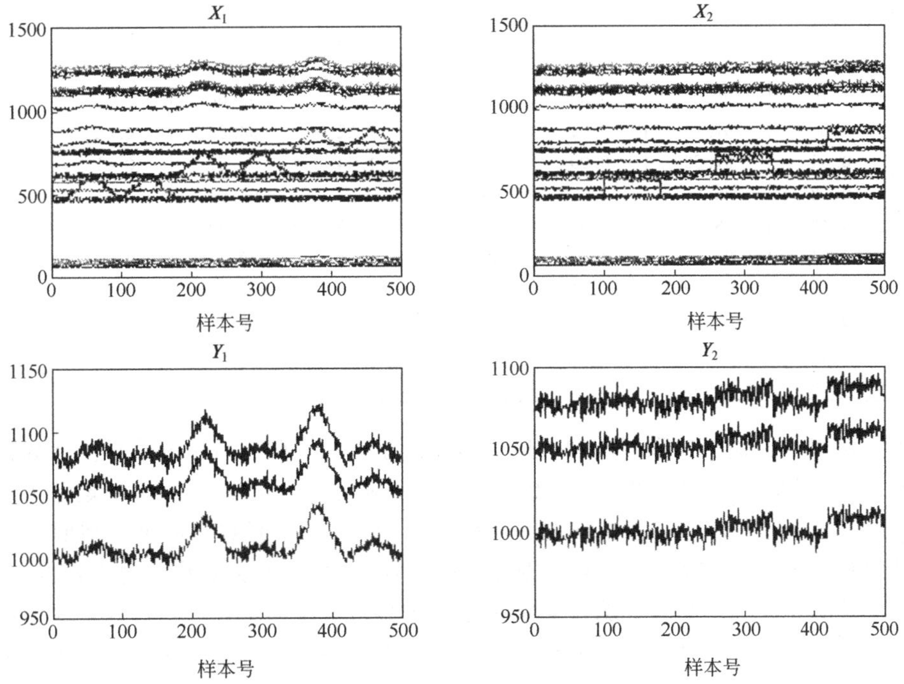

图 6-5 建模数据与模型验证数据示意图

用建模数据（$\boldsymbol{X}_1,\boldsymbol{Y}_1$）按式(6-79）和式(6-84）进行偏最小二乘回归计算，得到主元分解结果如表 6-5 所示。从表 6-5 中可以看出三点，一是在同样主元数目的条件下，偏最小二乘回归模型中对质量变量的回归解释程度比一般的多元最小二乘回归（PCR）要高（例如，一主元、二主元、三主元时偏最小二乘回归中对 $\boldsymbol{Y}$ 数据阵的累积方差百分比分别为 96.48,98.17,98.36，超过多元最小二乘回归的 92.24,97.58,97.91），即偏最小二乘回归的建模精度比一般的多元最小二乘回归要高；二是随着主元数目的增加，偏最小二乘回归和一般的多元最小二乘回归两者在建模精度方面的差异趋于减小；三是就主元对 $\boldsymbol{X}$ 数据阵的累积方差百分比而言，同样数目主元条件下一般的多元最小二乘回归比偏最小二乘回归为优，这是因为偏最小二乘回归的主元分解要同时顾及两个数据阵之间的相关关系，延缓了相应的收敛速度。

表 6-5 PCR 模型和 PLS 模型获取的方差百分比

主元序号	一般的多元最小二乘回归				偏最小二乘回归			
	X 数据阵		**Y** 数据阵		**X** 数据阵		**Y** 数据阵	
	本主元	累积	本主元	累积	本主元	累积	本主元	累积
1	34.55	34.55	92.24	92.24	34.30	34.30	96.48	96.48
2	17.06	51.62	5.33	97.58	16.81	51.11	1.69	98.17

续表

主元序号	一般的多元最小二乘回归				偏最小二乘回归			
	X 数据阵		Y 数据阵		X 数据阵		Y 数据阵	
	本主元	累积	本主元	累积	本主元	累积	本主元	累积
3	9.61	61.23	0.34	97.91	7.57	58.69	0.19	98.36
4	9.03	70.26	0.00	97.92	7.46	66.14	0.06	98.42
5	8.71	78.97	0.00	97.92	2.74	68.88	0.18	98.60
6	5.49	84.46	0.35	98.27	4.24	73.12	0.18	98.78
7	3.68	88.14	0.01	98.28	5.98	79.10	0.11	98.89
8	3.57	91.71	0.05	98.33	1.89	80.99	0.19	99.07
9	1.83	93.54	0.01	98.33	5.62	86.61	0.12	99.19
10	1.65	95.19	0.01	98.35	3.96	90.57	0.15	99.34
11	1.19	96.39	0.00	98.35	2.49	93.06	0.05	99.40
12	0.83	97.22	0.01	98.36	1.81	94.88	0.04	99.44
13	0.61	97.83	0.00	98.36	1.44	96.31	0.01	99.45
14	0.52	98.35	0.02	98.38	0.63	96.94	0.01	99.45
15	0.42	98.77	0.03	98.40	0.98	97.92	0.00	99.45
16	0.34	99.11	0.03	98.43	0.48	98.40	0.00	99.45
17	0.30	99.41	0.01	98.44	0.50	98.90	0.00	99.45
18	0.28	99.69	0.00	98.45	0.43	99.32	0.00	99.45
19	0.25	99.94	0.02	98.46	0.33	99.65	0.00	99.45
20	0.06	100.00	0.99	99.45	0.35	100.00	0.00	99.45

为确定保留在偏最小二乘回归和一般的多元最小二乘回归模型中的最佳主元数目，首先观察表 6-5。当保留 10 个主元时，这 10 个主元对一般的多元最小二乘回归模型中 $\boldsymbol{X}$ 数据阵的解释程度达 95.19%，对 $\boldsymbol{Y}$ 数据阵的解释程度达 98.35%，而对偏最小二乘回归模型中 $\boldsymbol{X}$ 数据阵的解释程度达 90.57%，对 $\boldsymbol{Y}$ 数据阵的解释程度达 99.34%，由此可见，保留 10 个主元已足以保证两个模型的精度。为了更精确地确定尽可能少的主元数目，并体现偏最小二乘回归和一般的多元最小二乘回归两种模型在结构方面的差异，观察由交叉检验算法形成的模型预测误差（图 6-6）。

可以看出，一般的多元最小二乘回归模型中当保留 8 个主元时，模型预测误差基本达到最小；偏最小二乘回归模型中，由于保留 4 个主元时与保留更多主元时百分比误差低于 2，根据经验规则可以保留 4 个主元。这说明，偏最小二乘回归模型较一般的多元最小二乘回归模型在同等精度的情况下含有更少的形式变量。

由式(6-79)、式(6-80)、式(6-84) 和式(6-85)，根据（$\boldsymbol{X}_1$，$\boldsymbol{Y}_1$）建立的一般的多元最小二乘回归模型和偏最小二乘回归模型具有如下形式。

① 一般的多元最小二乘回归模型

$$\boldsymbol{Y}=\boldsymbol{X}\boldsymbol{\theta}_{\mathrm{PCR}}$$

$$\boldsymbol{\theta}_{\mathrm{PCR}}=\boldsymbol{P}\boldsymbol{B}=\boldsymbol{P}(\boldsymbol{T}^{\mathrm{T}}\boldsymbol{T})^{-1}\boldsymbol{T}^{\mathrm{T}}\boldsymbol{Y}$$

② 偏最小二乘回归模型

$$\boldsymbol{Y}=\boldsymbol{X}\boldsymbol{\theta}_{\mathrm{PLS}}$$

$$\boldsymbol{\theta}_{\mathrm{PLS}}=\boldsymbol{P}\boldsymbol{B}\boldsymbol{Q}^{\mathrm{T}}$$

再根据上述模型交叉检验的结论，当一般的多元最小二乘回归模型的主元数目取为 8、偏最小二乘回归模型的主元数目取为 4 时，模型参数矩阵 $\boldsymbol{\theta}_{\mathrm{PCR}}$ 和 $\boldsymbol{\theta}_{\mathrm{PLS}}$ 分别如图 6-7 所示。

为考察上述模型对钢坯温度分布的预测精度，利用数据（$\boldsymbol{X}_2$，$\boldsymbol{Y}_2$）进行模型验证，即

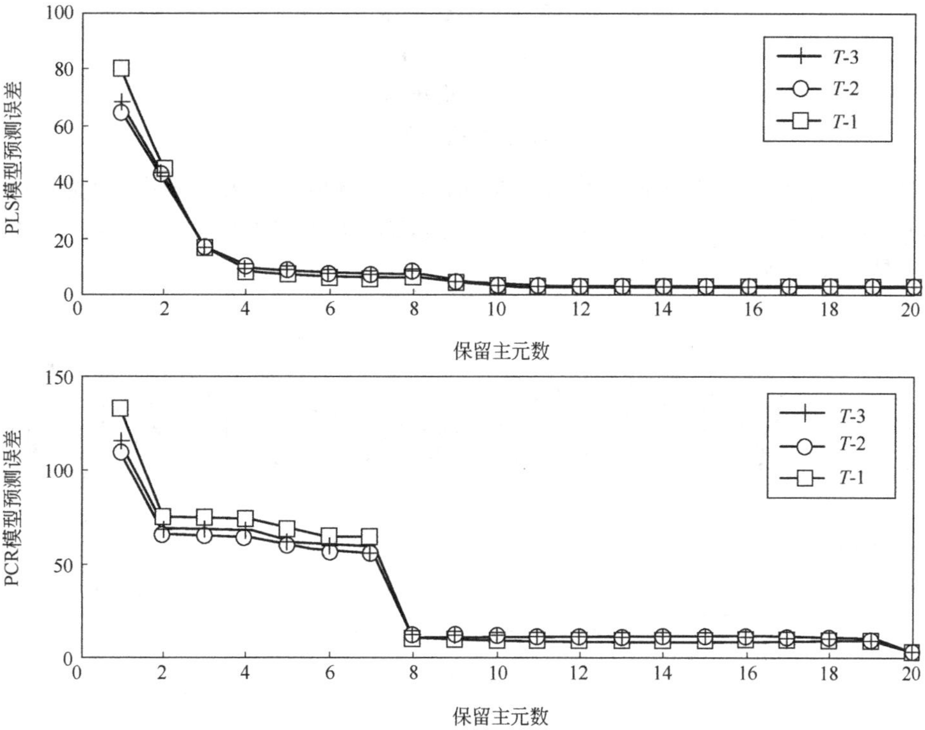

图 6-6 交叉检验的模型预测误差

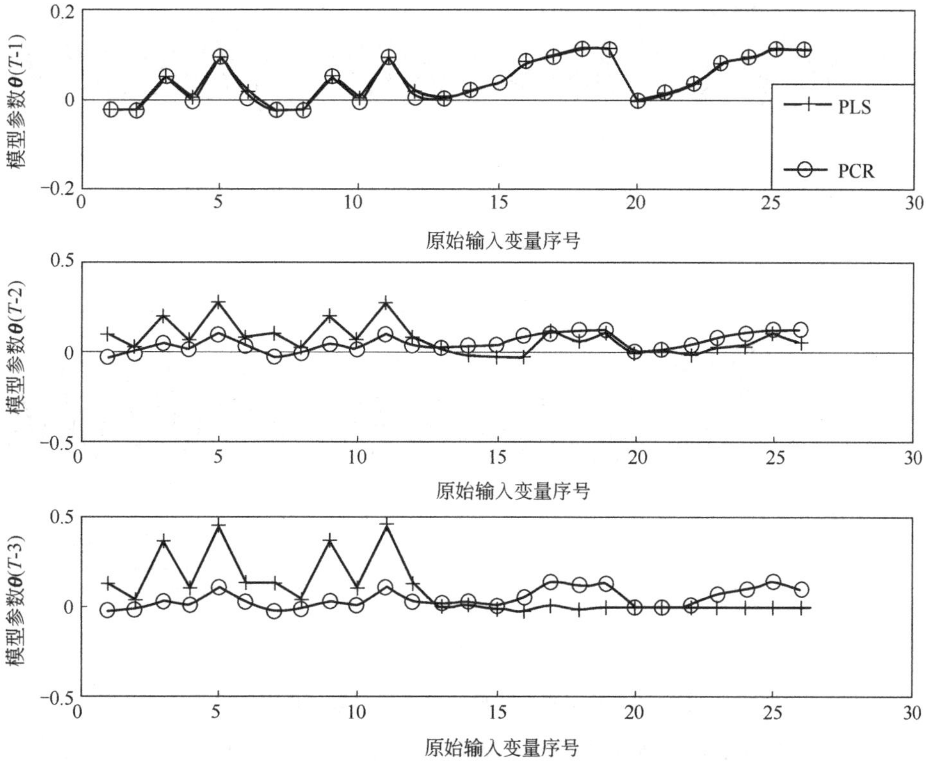

图 6-7 模型参数矩阵 $\boldsymbol{\theta}_{PCR}$ 和 $\boldsymbol{\theta}_{PLS}$

$$\hat{\boldsymbol{Y}}_{2\mathrm{PCR}}=\boldsymbol{X}_2\boldsymbol{\theta}_{\mathrm{PCR}}$$

$$\boldsymbol{E}_{\mathrm{PCR}}=\boldsymbol{Y}_2-\hat{\boldsymbol{Y}}_{2\mathrm{PCR}}$$

$$\hat{\boldsymbol{Y}}_{2\mathrm{PLS}}=\boldsymbol{X}_2\boldsymbol{\theta}_{\mathrm{PLS}}$$

$$\boldsymbol{E}_{\mathrm{PLS}}=\boldsymbol{Y}_2-\hat{\boldsymbol{Y}}_{2\mathrm{PLS}}$$

式中，$\hat{\boldsymbol{Y}}_{2\mathrm{PCR}}$，$\hat{\boldsymbol{Y}}_{2\mathrm{PLS}}$是基于测试数据阵 $\boldsymbol{X}_2$ 的模型预测值，如图 6-8 所示（为曲线清晰起见，图中仅截取了 500 个数据中的 100 个），$\boldsymbol{E}_{\mathrm{PCR}}$，$\boldsymbol{E}_{\mathrm{PLS}}$是模型预测误差，如图 6-9 所示（图中 $\boldsymbol{E}_{\mathrm{MECH}}$是机理模型的预测误差）。

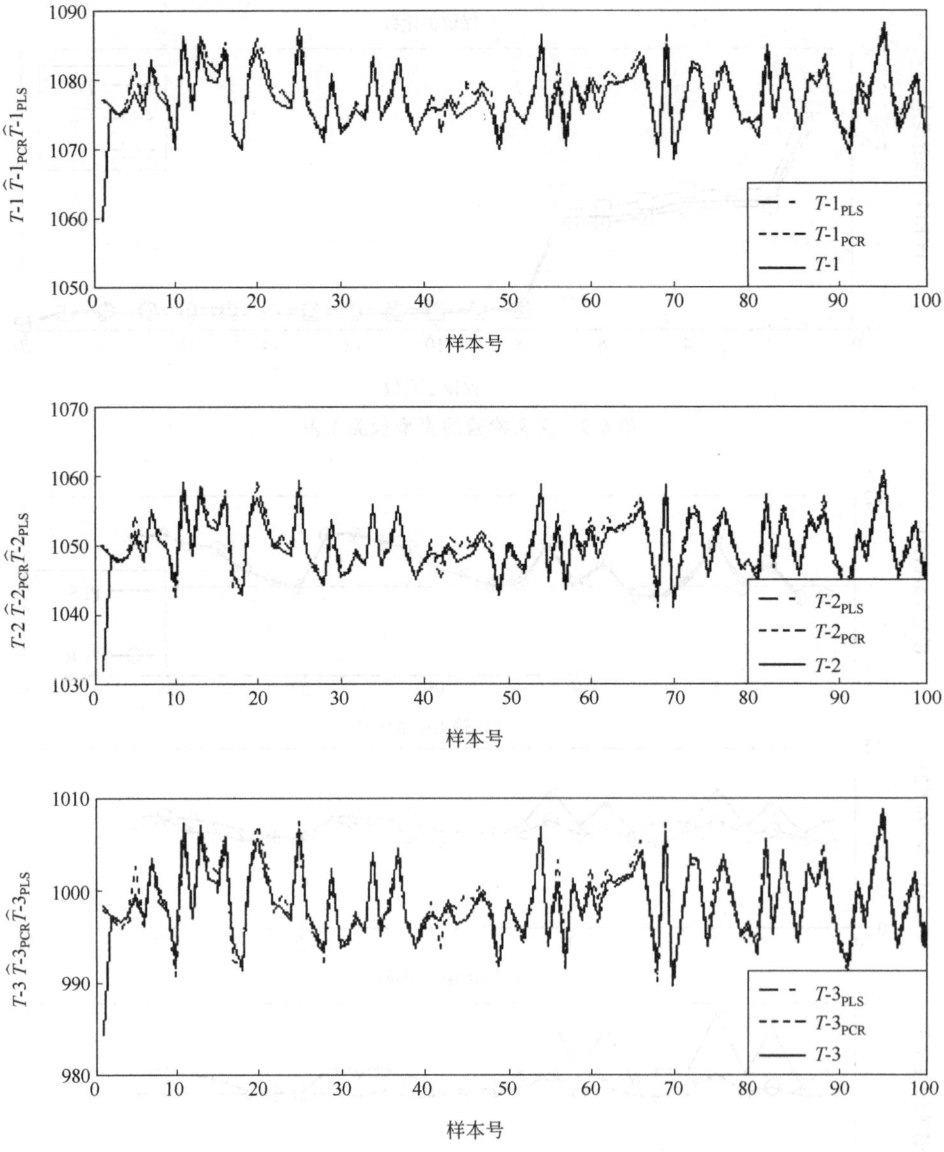

图 6-8　基于测试数据的模型预测值与真实值

从图 6-9 中可以看出，系统进入稳定状态后，偏最小二乘回归模型的预测误差最小，一般的多元最小二乘回归模型的预测误差其次，机理模型的预测误差最大；并且计算结果表明，模型预测值与实测值最大相对误差小于 4%，满足工业应用的精度要求。

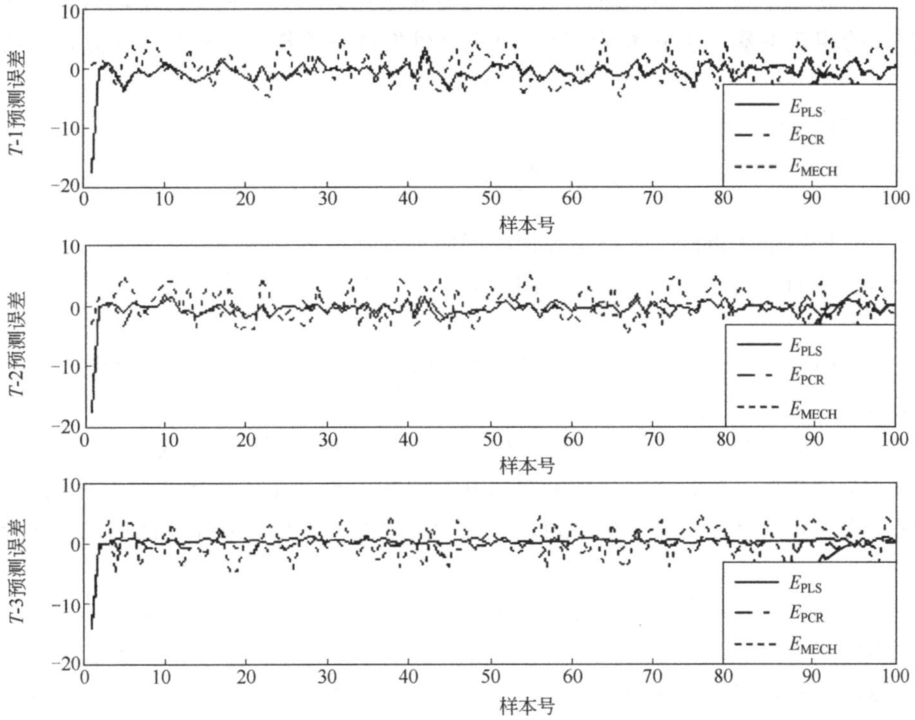

图 6-9 PCR、PLS 和机理模型的预测误差

6.7 时间序列分析模型

前面介绍的回归分析预测方法本质上是一种与时间因素无关的建模方法。例如，对于满足独立采样条件而得到的 n 个样本，不论如何打乱其样本顺序，采用回归分析所建立的预测模型总是相同的，有时称这类方法是基于稳态数据的建模方法。然而，实际中还有这样一大类系统，其数据与系统演变的过程本身有关，或者说时间是样本数据的一个重要特征，预测模型的构造中必须包含时间因素在内，这类方法称之为基于动态数据的建模方法。时间序列分析就是一类典型的动态建模方法，在自然、工程、经济、金融、天文气象、社会等许多领域有广泛的应用。

6.7.1 平稳时间序列与白噪声

系统中某一变量或指标的数值或统计观测值按时间顺序排成一个数值序列 $\{x_i\}$，$i=1,2,\cdots$ 就称为时间序列。例如，雨季时长江的水位观测、一年四季的室外温度测量、企业的月产值、人体 24h 的体温变化和血压变化等，都是时间序列的典型例子。由于电子计算机的普遍使用，对连续观测的随机过程进行等间隔采样，可得到样本时间序列数据，通过对此序列的分析、建模，从中发现变量或参数变化的统计规律，这是技术领域经常使用的分析方法。

时间序列 $\{x_i\}$，$i=1,2,\cdots$ 中的每个 x_i 都被看作为随机变量，所以时间序列实际上是随机变量序列，或称为随机序列。随机序列中不同时刻的 x_i 和 x_j 有一定的相互依赖关系，研究和分析这些关系是时间序列分析的基本内容。为此，首先考察一下时间序列的类型。

从统计分析角度，时间序列中的每一个 x_i 作为随机变量都应有均值 $\overline{x_i}=E\{x_i\}=M_i$ 和方差 $\sigma_i^2=E\{(x_i-\overline{x_i})^2\}$。若将之看作为时间变量，则 $E\{x_i\}$ 是 i 的函数，称为均值函数，

$E\{(x_i-\overline{x}_i)^2\}$是方差函数。除此而外，在研究时间序列时，人们还关心不同时刻的序列数据值 x_i 与 x_j 的相互关系，这是体现时间序列动态性能的重要指标，称为自协方差函数，即

$$\gamma_{ij}=E\{(x_i-M_i)(x_j-M_j)\} \tag{6-86}$$

由此引入 x_i 与 x_j 的自相关函数

$$\rho_{ij}=\frac{\gamma_{ij}}{\sqrt{\gamma_{ii}\gamma_{jj}}} \tag{6-87}$$

然而，对这些重要指标，并不是任何时间序列都可以容易地得到。下面，我们讨论一类理论上较为简单的时间序列——平稳时间序列。平稳时间序列是大多数时间序列分析的研究对象。

定义 时间序列 $\{x_i\}$，$i=1,2,\cdots$称为是平稳的，如果 $E\{x_i^2\}<\infty$，而且

① $E\{x_i\}=M_i=M$ 与 i 无关；

② $\gamma_{ij}=E\{(x_i-M)(x_j-M)\}=\gamma_{i-j}$ 为只与 $(i-j)$ 有关的一元函数。

换句话说，如果一个时间序列的期望和方差取常值且其相关函数只是时间间隔的函数，与时间起点无关，则该序列是平稳序列。在统计理论上，平稳时间序列能保证统计指标的可估计性。

时间序列的含义非常广泛，平稳序列只是其中的一种特殊类型，但是，由于平稳序列具有非常普遍的实际背景，而且又有比较完善的理论基础，这使得平稳序列在时间序列分析中占有重要地位，或者说，迄今为止具有应用价值的时间序列分析方法中，绝大多数直接或间接地与平稳序列有联系。

在平稳序列中，最简单而又最基本的是白噪声序列，或简称白噪声，记为 $\{\varepsilon_i\}$，其中 ε_i 为相互独立、相同分布的随机序列，且满足

$$\begin{aligned}E\{\varepsilon_i\}&=0\\E\{\varepsilon_i^2\}&=\sigma^2\end{aligned} \tag{6-88}$$

白噪声在时间序列分析中有非常重要的地位，因为许多重要的平稳序列是由白噪声变换产生的。对于白噪声序列 $\{\varepsilon_i\}$ 有

$$\begin{aligned}\gamma_k&=E\{\varepsilon_i\varepsilon_{i+k}\}=0,\quad \forall k\neq 0\\\gamma_0&=E\{\varepsilon_i^2\}=\sigma^2\end{aligned} \tag{6-89}$$

进一步地，当 $\sigma=1$ 时，称为单位白噪声。

6.7.2 自回归滑动平均模型——ARMA 模型

在平稳时间序列的范畴内，许多实际时间序列可以由最简单的平稳时间序列元素——白噪声叠加生成，称为线性时间序列。

设 $\{x_i\}$，$i=1,2,\cdots$为一零均值平稳时间序列，它满足下列线性差分方程

$$x_i-\varphi_1x_{i-1}-\varphi_2x_{i-2}-\cdots-\varphi_px_{i-p}=\varepsilon_i-\theta_1\varepsilon_{i-1}-\theta_2\varepsilon_{i-2}-\cdots-\theta_q\varepsilon_{i-q} \tag{6-90}$$

式中，$\{\varepsilon_i\}$ 是式(6-88) 所示的白噪声，且满足

$$E\{x_i\varepsilon_j\}=0,\quad i<j \tag{6-91}$$

其中 $\varphi_1,\varphi_2,\cdots,\varphi_p$ 和 $\theta_1,\theta_2,\cdots,\theta_q$ 都是常数，p，q 为非负整数。

用 z^{-1}表示后向移位算子，$z^{-1}x_i=x_{i-1}$，$z^{-k}x_i=x_{i-k}$，并定义

$$\varphi(z^{-1})=1-\varphi_1z^{-1}-\varphi_2z^{-2}-\cdots-\varphi_pz^{-p} \tag{6-92}$$

$$\theta(z^{-1})=1-\theta_1z^{-1}-\theta_2z^{-2}-\cdots-\theta_qz^{-q} \tag{6-93}$$

为后向移位算子多项式，则式(6-90) 可以表示为

$$\varphi(z^{-1})x_i=\theta(z^{-1})\varepsilon_i \tag{6-94}$$

满足上式的线性模型又常分为以下三种形式进行讨论。

(1) 自回归模型——*AR*(*p*)

式(6-94) 中，若 $q=0$ 且 $\varphi(z^{-1})=0$ 的根皆在单位圆内，则称 $\{x_i\}$ 满足 p 阶平稳自回归模型（Autoregressive Model)，记作 $AR(p)$，p 称为模型的阶，此时有

$$\varphi(z^{-1})x_i=\varepsilon_i \tag{6-95}$$

(2) 滑动平均模型——*MA*(*q*)

式(6-94) 中，若 $p=0$ 且 $\theta(z^{-1})=0$ 的根皆在单位圆内，则称 $\{x_i\}$ 满足 q 阶可逆滑动平均模型（Moving Average Model)，记作 $MA(q)$，q 称为模型的阶，此时有

$$x_i=\theta(z^{-1})\varepsilon_i \tag{6-96}$$

(3) 自回归滑动平均模型——*ARMA*(*p*,*q*)

设 $\{x_i\}$，$i=1,2,\cdots$满足式(6-94)，$\varphi(z^{-1})=0$ 和 $\theta(z^{-1})=0$ 的根皆在单位圆内，且 $\varphi(z^{-1})=0$ 和 $\theta(z^{-1})=0$ 无重根，则称 $\{x_i\}$ 满足平稳自回归滑动平均模型（Autoregressive Moving Average Model)，记作 $ARMA(p,q)$，p 和 q 为模型的阶。此时，$\{x_i\}$ 称为 ARMA 序列。

将式(6-94) 两边同除以 $\varphi(z^{-1})$，则得到 $\{x_i\}$ 的 $ARMA$ 模型平稳解

$$x_i=\varphi^{-1}(z^{-1})\theta(z^{-1})\varepsilon_i\overset{\Delta}{=}\psi(z^{-1})\varepsilon_i=\sum_{k=0}^{\infty}\psi_k\varepsilon_{i-k} \tag{6-97}$$

其中

$$\psi(z^{-1})=\varphi^{-1}(z^{-1})\theta(z^{-1})=\sum_{k=0}^{\infty}\psi_k z^{-k}$$

ARMA 序列的自相关函数是刻画 ARMA 序列的重要数字特征。可以证明，式(6-96) 的 MA 序列的自相关函数为

$$\rho_k\overset{\Delta}{=}\frac{\gamma_k}{\gamma_0}=\begin{cases}1, & k=0\\ \dfrac{-\theta_k+\theta_1\theta_{k+1}+\cdots+\theta_{q-k}\theta_q}{1+\theta_1^2+\theta_2^2+\cdots+\theta_q^2}, & 1\leqslant k\leqslant q\\ 0, & k>q\end{cases} \tag{6-98}$$

$$\rho_k=\rho_{-k},\quad k<0$$

其中，自协方差函数

$$\gamma_k\overset{\Delta}{=}E\{x_ix_{i-k}\}=\begin{cases}\sigma^2(1+\theta_1^2+\theta_2^2+\cdots+\theta_q^2), & k=0\\ \sigma^2(-\theta_k+\theta_1\theta_{k+1}+\cdots+\theta_{q-k}\theta_q), & 1\leqslant k\leqslant q\\ 0, & k>q\end{cases} \tag{6-99}$$

$$\gamma_k=\gamma_{-k},\quad k<0$$

从式(6-99) 中可以看出，$MA(q)$的自相关函数 ρ_k 在 $k>q$ 以后全部为零，此性质称为“截尾”性，这是 $MA(q)$模型的特性。

例如，对于 $MA(1)$模型 $x_i=\varepsilon_i-\theta_1\varepsilon_{i-1}$，其自相关函数为

$$\rho_k=\begin{cases}1, & k=0\\ -\theta_1/(1+\theta_1^2), & k=\pm 1\\ 0, & \text{其他}\end{cases}$$

同样，式(6-95) 的 AR 序列的自相关函数满足差分方程

$$\rho_k=\varphi_1\rho_{k-1}+\varphi_2\rho_{k-2}+\cdots+\varphi_p\rho_{k-p},\quad k>0 \tag{6-100}$$

即 $$\varphi(z^{-1})\rho_k=0 \tag{6-101}$$

根据差分方程理论，当 $\varphi(z^{-1})=0$ 无 z^{-1} 的重根时，ρ_k 可以直接由式(6-101)求出

$$\rho_k=c_1(z_1^{-1})^{-k}+c_2(z_2^{-1})^{-k}+\cdots+c_p(z_p^{-1})^{-k},\quad k>-p \tag{6-102}$$

式中，$z_1^{-1},z_2^{-1},\cdots,z_p^{-1}$ 是 $\varphi(z^{-1})=0$ 的以 z^{-1} 为变量的根，$c_1,c_2,\cdots,c_p$ 是解的待定系数，可由下列方程组解出，即

$$\sum_{i=1}^{p}c_i=1$$

$$\sum_{i=1}^{p}c_i[(z_i^{-1})^k-(z_i^{-1})^{-k}]=0,\quad k=1,2,\cdots,p-1$$

对于 $AR(p)$序列来说，ρ_k 不是截尾序列，但由于其解式(6-102)受负指数函数控制，所以具有"拖尾"性。

将 $MA(q)$和 $AR(p)$的上述讨论结果相结合，可得到 $ARMA(p,q)$的自相关函数。先利用式(6-97)求出 x_i 与 ε_i 的互协方差系数

$$\gamma_k(x,\varepsilon)\triangleq E\{x_i\varepsilon_{i+k}\}=\begin{cases}\sigma^2\psi_k, & k\leqslant 0\\ 0, & k>0\end{cases}$$

把式(6-94)两边同乘以 x_{i-k}，再求均值

$$\gamma_k-\varphi_1\gamma_{k-1}-\cdots-\varphi_p\gamma_{k-p}=\begin{cases}\gamma_k(x,\varepsilon)-\theta_1\gamma_{k-1}(x,\varepsilon)-\cdots-\theta_q\gamma_{k-q}(x,\varepsilon), & k\leqslant q\\ 0, & k>q\end{cases}$$

故当 $k>q$ 时，有 $\varphi(z^{-1})\rho_k=0$，这是类似于 $AR(p)$序列的情况，不同之处在于确定初始值的方法。如当 $\varphi(z^{-1})=0$ 无 z^{-1} 的重根时，知道了初始值 $\rho_q,\rho_{q-1},\cdots,\rho_{q-p+1}$，通解就可以写为

$$\rho_k=\sum_{i=1}^{p}c_i(z^{-1})^{-k},\quad k>q-p$$

6.7.3 ARMA 模型的参数估计

如果已经得到了时间序列的样本数据，并且也确定了 $ARMA(p,q)$的模型结构，则建立时间序列分析预测模型的首要任务是估计模型参数 $\varphi_1,\varphi_2,\cdots,\varphi_p$ 和 $\theta_1,\theta_2,\cdots,\theta_q$，为此先进行时间序列数字特征参数的估计。

(1) 均值估计

设 $x_1,x_2,\cdots,x_N$ 是平稳时间序列 $\{x_i\}$ 的一段样本值，N 为样本长度。设 $E\{x_i\}=\mu$，则样本均值 $\bar{x}$ 作为 μ 的估计为

$$\hat{\mu}=\bar{x}\triangleq\frac{1}{N}\sum_{i=1}^{N}x_i \tag{6-103}$$

(2) 自协方差函数估计

$$\hat{\gamma}_k\triangleq\frac{1}{N}\sum_{i=1}^{N-k}x_ix_{i+k},\quad k=0,1,2,\cdots,M$$
$$\hat{\sigma}^2=\hat{\gamma}_0 \tag{6-104}$$

(3) 自相关函数估计

$$\hat{\rho}_k=\frac{\hat{\gamma}_k}{\hat{\gamma}_0},\quad k=1,2,\cdots,M \tag{6-105}$$

ARMA 时间序列模型的参数估计有许多方法，常用的是矩估计法和最小二乘估计法。

(1) 矩估计法

利用时间序列模型中 γ_k 或 ρ_k 与模型参数 $\varphi_1,\varphi_2,\cdots,\varphi_p$ 和 $\theta_1,\theta_2,\cdots,\theta_q$ 的关系，从估计 $\hat{\gamma}_k$ 或 $\hat{\rho}_k$ 中计算出各模型参数的估计值，这种方法称为矩估计法。

1) $AR(p)$模型的参数矩估计　设 $AR(p)$模型为

$$x_i-\varphi_1 x_{i-1}-\varphi_2 x_{i-2}-\cdots-\varphi_p x_{i-p}=\varepsilon_i \tag{6-106}$$

待估计的参数为 $\varphi_1,\varphi_2,\cdots,\varphi_p$ 和 σ^2，可以证明，该问题的参数矩估计为

$$\begin{bmatrix}\hat{\varphi}_1\\ \hat{\varphi}_2\\ \vdots\\ \hat{\varphi}_p\end{bmatrix}=\begin{bmatrix}1 & \hat{\rho}_1 & \hat{\rho}_2 & \cdots & \hat{\rho}_{p-1}\\ \hat{\rho}_1 & 1 & \hat{\rho}_1 & \cdots & \hat{\rho}_{p-2}\\ \vdots & \vdots & \vdots & \ddots & \vdots\\ \hat{\rho}_{p-1} & \hat{\rho}_{p-2} & \hat{\rho}_{p-3} & \cdots & 1\end{bmatrix}^{-1}\begin{bmatrix}\hat{\rho}_1\\ \hat{\rho}_2\\ \vdots\\ \hat{\rho}_p\end{bmatrix} \tag{6-107}$$

$$\hat{\sigma}^2=\hat{\gamma}_0-\sum_{j=1}^{p}\hat{\varphi}_j\hat{\gamma}_j \tag{6-108}$$

式中，$\hat{\rho}_j$ 和 $\hat{\gamma}_j$ 由式(6-104) 和式(6-105) 根据数据样本算出。

2) $MA(q)$模型的参数矩估计　设 $MA(q)$模型为

$$x_i=\varepsilon_i-\theta_1\varepsilon_{i-1}-\theta_2\varepsilon_{i-2}-\cdots-\theta_q\varepsilon_{i-q}$$

待估计参数为 $\theta_1,\theta_2\cdots,\theta_q$ 和 σ^2。由式(6-99) 得估计式

$$\hat{\gamma}_k=\begin{cases}\sigma^2(1+\hat{\theta}_1^2+\hat{\theta}_2^2+\cdots+\hat{\theta}_q^2), & k=0\\ \sigma^2(-\hat{\theta}_k+\hat{\theta}_1\hat{\theta}_{k+1}+\cdots+\hat{\theta}_{q-k}\hat{\theta}_q), & 1\leqslant k\leqslant q\\ 0, & k>q\end{cases} \tag{6-109}$$

解出 $\hat{\theta}_1,\hat{\theta}_2\cdots,\hat{\theta}_q$ 和 σ^2 即可，不难得到如下关系

$$\begin{aligned}&\hat{\sigma}^2=\hat{\gamma}_0\Big(\sum_{i=1}^{q}\hat{\theta}_i^2\Big)^{-1},\quad \theta_0=1\\ &\hat{\theta}_k=-\frac{\hat{\gamma}_k}{\hat{\sigma}^2}+(\hat{\theta}_1\hat{\theta}_{k+1}+\cdots+\hat{\theta}_{q-k}\hat{\theta}_q),\quad 1\leqslant k\leqslant q\end{aligned} \tag{6-110}$$

式中，$\hat{\gamma}_k$ 由式(6-104) 算出。

【例 6-5】 求 $MA(1)$模型的估计参数。

解　由式(6-109) 和 $q=1$，有

$$\hat{\gamma}_0=\hat{\sigma}^2(1+\hat{\theta}_1^2)$$

$$\hat{\gamma}_1=-\hat{\theta}_1\hat{\sigma}^2$$

由第二式得 $\hat{\theta}_1=-\hat{\gamma}_1/\hat{\sigma}^2$，代入第一式化简得

$$(\hat{\sigma}^2)^2-\hat{\gamma}_0\hat{\sigma}^2+\hat{\gamma}_1^2=0$$

解方程，得

$$\hat{\sigma}^2=\frac{1}{2}(\hat{\gamma}_0\pm\sqrt{\hat{\gamma}_0^2-4\hat{\gamma}_1^2})$$

故

$$\hat{\theta}_1=-2\hat{\gamma}_1/(\hat{\gamma}_0\pm\sqrt{\hat{\gamma}_0^2-4\gamma_1^2})$$

考虑到 $\theta(z^{-1})$的根需皆在单位圆内，需 $|\theta_1|<1$，故

$$\hat{\theta}_1 = -2\hat{\gamma}_1 / (\hat{\gamma}_0 + \sqrt{\hat{\gamma}_0^2 - 4\hat{\gamma}_1^2})$$

$$\hat{\sigma}^2 = 2\hat{\gamma}_1 / (\hat{\gamma}_0 + \sqrt{\hat{\gamma}_0^2 - 4\hat{\gamma}_1^2})$$

3）$ARMA(p,q)$模型的参数矩估计　设$ARMA(p,q)$模型为

$$x_i - \varphi_1 x_{i-1} - \varphi_2 x_{i-2} - \cdots - \varphi_p x_{i-p} = \varepsilon_i - \theta_1 \varepsilon_{i-1} - \theta_2 \varepsilon_{i-2} - \cdots - \theta_q \varepsilon_{i-q}$$

待估计的参数为 $\varphi_1, \varphi_2, \cdots, \varphi_p$；$\theta_1, \theta_2, \cdots, \theta_q$；$\sigma^2$。首先按式(6-107) 的方式给出自回归部分的参数矩估计

$$\begin{bmatrix} \hat{\varphi}_1 \\ \hat{\varphi}_2 \\ \vdots \\ \hat{\varphi}_p \end{bmatrix} = \begin{bmatrix} \hat{\rho}_q & \hat{\rho}_{q-1} & \hat{\rho}_{q-2} & \cdots & \hat{\rho}_{q-p+1} \\ \hat{\rho}_{q+1} & \hat{\rho}_q & \hat{\rho}_1 & \cdots & \hat{\rho}_{q-p+2} \\ \vdots & \vdots & \vdots & \ddots & \vdots \\ \hat{\rho}_{q+p-1} & \hat{\rho}_{q+p-2} & \hat{\rho}_{q+p-3} & \cdots & \hat{\rho}_q \end{bmatrix}^{-1} \begin{bmatrix} \hat{\rho}_{q+1} \\ \hat{\rho}_{q+2} \\ \vdots \\ \hat{\rho}_{q+p} \end{bmatrix} \tag{6-111}$$

再令

$$\eta_i = x_i - \sum_{j=1}^{p} \hat{\varphi}_j x_{i-j} \tag{6-112}$$

其协方差函数为

$$\gamma_\eta(k) = E\{\eta_i \eta_{i+k}\} = \sum_{s,j=0}^{p} \hat{\varphi}_j \hat{\varphi}_s \gamma_{k+j-s} \tag{6-113}$$

记 $\hat{\varphi}_0 = -1$，则

$$\hat{\gamma}_\eta(k) = \sum_{s,j=0}^{p} \hat{\varphi}_s \hat{\varphi}_j \hat{\gamma}_{k+j-s} \tag{6-114}$$

用 η_i 近似式(6-90) 的左方，则可有 $MA(q)$序列

$$\eta_i = \theta(z^{-1})\varepsilon_i \tag{6-115}$$

用上面估计 $MA(q)$的方法求出 $\hat{\theta}_1, \hat{\theta}_2 \cdots, \hat{\theta}_q$ 和 $\hat{\sigma}^2$，从而就求出了 ARMA 模型全部参数的估计。

(2) 最小二乘估计法

另一种常用的时间序列分析模型参数估计是最小二乘估计方法。对于 $AR(p)$模型，令 $\boldsymbol{\varphi} = [\varphi_1 \quad \varphi_2 \quad \cdots \quad \varphi_p]^{\mathrm{T}}$，则 $\boldsymbol{\varphi}$ 的最小二乘估计 $\hat{\boldsymbol{\varphi}}$ 应使残差平方和 $s(\boldsymbol{\varphi})$达到最小，这里有

$$s(\boldsymbol{\varphi}) = \sum_{i=p+1}^{N} \varepsilon_i^2 = \sum_{i=p+1}^{N} (x_i - \sum_{j=1}^{p} \varphi_j x_{i-j})^2 \tag{6-116}$$

取 $\dfrac{\partial s(\boldsymbol{\varphi})}{\partial \boldsymbol{\varphi}} = 0$，则当 N 较大时，得到 $\boldsymbol{\varphi}$ 的最小二乘估计的近似解为

$$\begin{bmatrix} \hat{\varphi}_1 \\ \hat{\varphi}_2 \\ \vdots \\ \hat{\varphi}_p \end{bmatrix} \approx \begin{bmatrix} \hat{\gamma}_0 & \hat{\gamma}_1 & \hat{\gamma}_2 & \cdots & \hat{\gamma}_{p-1} \\ \hat{\gamma}_1 & \hat{\gamma}_0 & \hat{\gamma}_1 & \cdots & \hat{\gamma}_{p-2} \\ \vdots & \vdots & \vdots & \ddots & \vdots \\ \hat{\gamma}_{p-1} & \hat{\gamma}_{p-2} & \hat{\gamma}_{p-3} & \cdots & \hat{\gamma}_0 \end{bmatrix}^{-1} \begin{bmatrix} \hat{\gamma}_1 \\ \hat{\gamma}_2 \\ \vdots \\ \hat{\gamma}_p \end{bmatrix} \tag{6-117}$$

其中

$$\hat{\gamma}_{j-s} = \frac{1}{N} \sum_{i=p+1}^{N} x_{i-j} x_{i-s}$$

令 $\hat{\varepsilon}_i = x_i - \sum_{j=1}^{p}\hat{\varphi}_j x_{i-j}$， $i = p+1, p+2, \cdots, N$，则

$$\hat{\sigma}^2 = \frac{1}{N-p}\sum_{i=p+1}^{N}\hat{\varepsilon}_i^2 = \hat{\gamma}_0 - \hat{\varphi}_1\hat{\gamma}_1 - \cdots - \hat{\varphi}_p\hat{\gamma}_p \tag{6-118}$$

对于 $MA(q)$与 $ARMA(p,q)$时间序列模型，可引入函数

$$f_i(\boldsymbol{X}_i, \boldsymbol{\varphi}, \boldsymbol{\theta}) = \sum_{j=1}^{p}\varphi_j x_{i-j} - \sum_{s=1}^{q}\theta_s \varepsilon_{i-s} \tag{6-119}$$

式中

$$\boldsymbol{\varphi} = [\varphi_1 \quad \varphi_2 \quad \cdots \quad \varphi_p]^{\mathrm{T}}$$

$$\boldsymbol{\theta} = [\theta_1 \quad \theta_2 \quad \cdots \quad \theta_q]^{\mathrm{T}}$$

$$\boldsymbol{X}_i = [x_{i-1} \quad x_{i-2} \quad \cdots \quad x_{i-p}]^{\mathrm{T}}$$

由于只有 N 个样本 $\boldsymbol{X}_1, \boldsymbol{X}_2, \cdots, \boldsymbol{X}_N$，故取当 $i \leqslant 0$ 时 $\boldsymbol{X}_i = \boldsymbol{0}$，于是模型

$$\varphi(z^{-1})x_i = \theta(z^{-1})\varepsilon_i$$

可写成

$$x_i = f_i(\boldsymbol{X}_i, \boldsymbol{\varphi}, \boldsymbol{\theta}) + \varepsilon_i, \quad p+1 \leqslant i \leqslant N \tag{6-120}$$

对式(6-120) 施加递推算法求出 $\hat{\varepsilon}_i$，得

$$\hat{\varepsilon}_i = x_i - \sum_{j=1}^{p}\varphi_j x_{i-j} + \sum_{s=1}^{q}\theta_s\hat{\varepsilon}_{i-s}, \quad i = p+1, \cdots, N \tag{6-121}$$

式中，规定 $\hat{\varepsilon}_p = \hat{\varepsilon}_{p-1} = \cdots = \hat{\varepsilon}_{p+1-q} = 0$，残差平方和为

$$s(\boldsymbol{\varphi}, \boldsymbol{\theta}) = \sum_{i=p+1}^{N}\hat{\varepsilon}_i^2 \tag{6-122}$$

对每一组具体的参数（$\boldsymbol{\varphi}$，$\boldsymbol{\theta}$），可算出 $\hat{\varepsilon}_i$，$i=1,2,\cdots,N$ 和 $s(\boldsymbol{\varphi}, \boldsymbol{\theta})$，从中选出一个最小的 $s^*(\boldsymbol{\varphi}, \boldsymbol{\theta})$，它对应的参数（$\boldsymbol{\varphi}^*, \boldsymbol{\theta}^*$），即为所求的最小二乘估计，且

$$\hat{\sigma}^2 = \frac{1}{N-(p+q)}\sum_{i=p+1}^{N}\hat{\varepsilon}_i^2 \tag{6-123}$$

另外，求 $s(\boldsymbol{\varphi}, \boldsymbol{\theta})$的最小值问题可采用非线性规划中的各种数值解法。

【例 6-6】 求 $MA(1)$模型参数的最小二乘估计。

解 因 $p=0$，所以令 $\hat{\varepsilon}_0 = 0$，由式(6-121) 递推

$$\hat{\varepsilon}_1 = x_1 + \theta_1\hat{\varepsilon}_0 = x_1$$

$$\hat{\varepsilon}_2 = x_2 + \theta_1\hat{\varepsilon}_1 = x_2 + \theta_1 x_1$$

$$\vdots$$

$$\hat{\varepsilon}_k = x_k + \theta_1\hat{\varepsilon}_{k-1} = \sum_{j=0}^{k-1}\theta_1^j x_{k-j}$$

于是

$$s(\theta_1) = \sum_{k=1}^{N}\hat{\varepsilon}_k^2 = \sum_{k=1}^{N}(\sum_{j=0}^{k-1}\theta_1^j x_{k-j})^2$$

可采用数值解法求取使得 $s(\theta_1)$最小的 θ_1。

6.7.4 *ARMA*(*p*,*q*)模型的阶数估计

时间序列模型 $ARMA(p,q)$的两个重要模型结构参数是阶数 p 和 q。当 p 和 q 未知时，需要根据样本数据进行阶数估计。尽管有不少阶数估计的方法，但 AIC（Akaike Information Criterion）准则仍是应用最广泛的定阶技术，此准则能在模型极大似然估计的基础上对于 $ARMA(p,q)$ 的阶给出一种最佳估计。

设 $\{x_i\}$ 为平稳时间序列的 $ARMA(p,q)$ 序列，对于给定的 N 个样本，当 N 充分大时，$ARMA(p,q)$ 模型的对数似然函数可表示为

$$L_N(\hat{\boldsymbol{\varphi}},\hat{\boldsymbol{\theta}})\approx\frac{N}{2}\ln(2\pi)-\frac{N}{2}\ln(\hat{\sigma}^2)-\frac{s(\hat{\boldsymbol{\varphi}},\hat{\boldsymbol{\theta}})}{2\hat{\sigma}^2} \tag{6-124}$$

式中，$\hat{\boldsymbol{\varphi}},\hat{\boldsymbol{\theta}}$ 是式(6-119)中定义的 $\boldsymbol{\varphi}$ 和 $\boldsymbol{\theta}$ 的近似极大似然估计值，可以通过解方程

$$\frac{\partial}{\partial(\boldsymbol{\varphi},\boldsymbol{\theta})}s(\boldsymbol{\varphi},\boldsymbol{\theta})=0 \tag{6-125}$$

得到，且可证此时 $$\hat{\sigma}^2=\frac{1}{N}s(\hat{\boldsymbol{\varphi}},\hat{\boldsymbol{\theta}}),\quad s(\hat{\boldsymbol{\varphi}},\hat{\boldsymbol{\theta}})=\sum_{k=-\infty}^{N}\hat{\varepsilon}_k^2$$

所以 $$\hat{\varepsilon}_k\approx x_k-\sum_{j=1}^{p}\hat{\varphi}_j x_{k-j}+\sum_{s=1}^{q}\theta_s\hat{\varepsilon}_{k-s} \tag{6-126}$$

且约定 $\hat{\varepsilon}_k=0$，$k\leqslant q$，实际计算时取

$$\hat{\sigma}^2\approx\frac{1}{N-M}\sum_{k=M+1}^{N}\hat{\varepsilon}_k^2 \tag{6-127}$$

式中，M 的大小依模型和数据的具体情况而定，一般取 $M=5q\sim10q$。

在 N 充分大的条件下，$ARMA(p,q)$ 模型估计的 AIC 准则定义为

$$AIC(p,q)\stackrel{\Delta}{=}N\ln(\hat{\sigma}^2)+2(p+q+1) \tag{6-128}$$

当式(6-128) 达到最小时，有

$$AIC(\hat{p}^*,\hat{q}^*)\stackrel{\Delta}{=}\min_{0\leqslant p,q\leqslant L}AIC(p,q) \tag{6-129}$$

与之相适应的阶数 $\hat{p}^*$，$\hat{q}^*$ 就是在 AIC 准则下最佳的模型阶数，其中 L 是已知的 p 和 q 的某个上限。

6.7.5 时间序列分析预测

对样本数据进行时间序列分析、建模的主要目的之一，就是解决时间序列的预测问题。这里，我们将讨论 $ARMA(p,q)$ 模型参数已知的条件下相应平稳序列的预测问题。实际应用中需要先根据观测数据估计出模型的参数，然后再利用相应模型进行预测。

(1) $AR(p)$ 模型的预测

设 $\{x_i\}$ 满足如下 $AR(p)$ 模型

$$\varphi(z^{-1})x_i=\varepsilon_i,\quad \varphi(z^{-1})=1-\varphi_1 z^{-1}-\cdots-\varphi_p z^{-p}$$

则 $$x_i=\sum_{j=1}^{p}\varphi_j x_{i-j}+\varepsilon_i$$

式中，$\{\varepsilon_i\}$ 是白噪声，且 $\varphi(z^{-1})=0$ 满足根在单位圆内的条件。

考虑用 $\boldsymbol{X}_n=[x_1\quad x_2\quad\cdots\quad x_n]^{\mathrm{T}}$ 预测 x_{n+1} 的问题。为此，首先给定预测初值 $x_0,x_{-1},\cdots,x_{-p}$，则对于某一个 $\boldsymbol{X}_n$，x_{n+1} 的预测值可以由下式得到

$$\hat{x}_{n+1}=\sum_{j=1}^{p}\varphi_j x_{n-j+1} \tag{6-130}$$

【例 6-7】 多年来某地区年平均降雨量为 $\bar{x}=540\text{mm}$，用 x_i，$i=1,2,\cdots$ 表示该地区的逐